U0132178

高等院校计算机应用技术系列教材

系列教材主编　谭浩强

Visual FoxPro 数据库实践教程

孔庆彦　郝永华　韩雪娜　等编著

机 械 工 业 出 版 社

本书是《Visual FoxPro 数据库应用教程》的辅助教材，全书共分 8 章，包括 Visual FoxPro 基础、数据库和表的基本操作、结构化程序设计、查询和视图、表单设计和应用、报表和标签设计、菜单设计、项目管理器，每章内容包括知识结构图、知识点精炼、上机实训和习题。上机实训包括了对主教材《Visual FoxPro 数据库应用教程》中强化应用能力提高的操作，以及补充的与主教材内容紧密结合的实验，习题与主教材中的知识点配套，在习题选取方面注重了质和量的平衡。

本书建议与《Visual FoxPro 数据库应用教程》配合使用能让读者更好地理解和掌握 Visual FoxPro 的使用与操作。

本书既可以作为高校教材，也适合作为社会培训教材，更易于读者自学。

图书在版编目(CIP)数据

Visual Foxpro 数据库实践教程/孔庆彦等编著. —北京：机械工业出版社，2010.9
高等院校计算机应用技术系列教材
ISBN 978 - 7 - 111 - 31447 - 9

Ⅰ. ①V… Ⅱ. ①孔… Ⅲ. ①关系数据库—数据库管理系统，Visual Foxpro—教材 Ⅳ. ①TP311. 138

中国版本图书馆 CIP 数据核字（2010）第 147351 号

机械工业出版社（北京市百万庄大街 22 号 邮政编码 100037）
责任编辑：赵 轩
责任印制：杨 曦
北京蓝海印刷有限公司印刷
2010 年 9 月第 1 版 · 第 1 次印刷
184mm × 260mm · 16.5 印张 · 404 千字
0001—3000 册
标准书号：ISBN 978 - 7 - 111 - 31447 - 9
定价：28.00 元

凡购本书，如有缺页、倒页、脱页，由本社发行部调换

电话服务	网络服务
社服务中心：(010)88361066	门户网：http://www.cmpbook.com
销 售 一 部：(010)68326294	教材网：http://www.cmpedu.com
销 售 二 部：(010)88379649	**封面无防伪标均为盗版**
读者服务部：(010)68993821	

序

进入信息时代，计算机已成为全社会不可或缺的现代工具，每一个有文化的人都必须学习计算机，使用计算机。计算机课程是所有大学生必修的课程。

在我国 3000 多万大学生中，非计算机专业的学生占 95%以上。对这部分学生进行计算机教育将对影响今后我国在各个领域中的计算机应用的水平，影响我国的信息化进程，意义是极为深远的。

在高校非计算机专业中开展的计算机教育称为高校计算机基础教育。计算机基础教育和计算机专业教育的性质和特点是不同的，无论在教学理念、教学目的、教学要求、还是教学内容和教学方法等方面都不相同。在非计算机专业进行的计算机教育，目的不是把学生培养成计算机专家，而是希望把学生培养成在各个领域中应用计算机的人才，使他们能把信息技术和各专业领域相结合，推动各个领域的信息化。

显然，计算机基础教育应该强调面向应用。面向应用不仅是一个目标，而应该体现在各个教学环节中，例如：

教学目标：培养大批计算机应用人才，而不是计算机专业人才；

学习内容：学习计算机应用技术，而不是计算机一般理论知识；

学习要求：强调应用能力，而不是抽象的理论知识；

教材建设：要编写出一批面向应用需要的新教材，而不是脱离实际需要的教材；

课程体系：要构建符合应用需要的课程体系，而不是按学科体系构建课程体系；

内容取舍：根据应用需要合理精选内容，而不能漫无目的地贪多求全；

教学方法：面向实际，突出实践环节，而不是纯理论教学；

课程名称：应体现应用特点，而不是沿袭传统理论课程的名称；

评价体系：应建立符合培养应用能力要求的评价体系，而不能用评价理论教学的标准来评价面向应用的课程。

要做到以上几个方面，要付出很大的努力。要立足改革，埋头苦干。首先要在教学理念上敢于突破理论至上的传统观念，敢于创新。同时还要下大功夫在实践中摸索和总结经验，不断创新和完善。近年来，全国许多高校、许多出版社和广大教师在这领域上作了巨大的努力，创造出许多新的经验，出版了许多优秀的教材，取得了可喜的成绩，打下了继续前进的基础。

教材建设应当百花齐放，推陈出新。机械工业出版社决定出版一套计算机应用技术系列教材，本套教材的作者们在多年教学实践的基础上，写出了一些新教材，力图为推动面向应用的计算机基础教育作出贡献。这是值得欢迎和支持的。相信经过不懈的努力，在实践中逐步完善和提高，对教学能有较好的推动作用。

计算机基础教育的指导思想是：面向应用需要，采用多种模式，启发自主学习，提倡创新意识，树立团队精神，培养信息素养。希望广大教师和同学共同努力，再接再厉，不断创造新的经验，为开创计算机基础教育新局面，为我国信息化的未来而不懈奋斗！

全国高校计算机基础教育研究会荣誉会长　谭浩强

前 言

我国经过改革开放30年的高速发展，高等教育逐步普及，越来越多的高等院校将会面向国民经济发展的第一线，为企业培养各类高级应用型人才。目前，计算机应用能力已经成为社会从业人员工作能力的重要组成部分之一，而高等院校中计算机基础教学无疑是非专业学生掌握计算机应用能力的重要途径。

Visual FoxPro 数据库系统具有性能强大、应用工具丰富、界面友好、使用简单和易于学习等优点，特别是可视化编程和面向对象的程序设计方法，十分适合初学者作为学习计算机知识的起点工具。

本书由从事 Visual FoxPro 数据库设计课程教学的一线教师结合多年的教学经验积累编写而成，是《Visual FoxPro 数据库应用教程》的配套教材。

本书中的章内容与主教材《Visual FoxPro 数据库应用教程》中的章节内容对应，每章包括知识结构图、知识点精炼、上机实训和习题4大部分内容。

（1）知识结构图以图形的形式展示章和节中的主要知识点，让读者对本章的知识点一目了然。

（2）知识点精炼是对《Visual FoxPro 数据库应用教程》中知识点的细化提炼。一则对本章节的重点知识进一步强化理解，有助于后面的实训及习题部分的训练；二则对未使用主教材或使用其它版本教材的读者，也能起到提纲挈领的作用。

（3）上机实训内容的选取紧密结合主教材，由突出应用能力，与主教材内容紧密结合的实验组成。

（4）习题的设计与主教材内容相对应，紧密结合主教材中的知识点。

本书内容共8章，主要包括 Visual FoxPro 基础、数据库和表的基本操作、结构化程序设计、查询和视图、表单设计和应用、报表和标签设计、菜单设计、项目管理器。

第1、7、8章由郝永华、韩雪娜、关绍云、田洪玉、李欣编写，第2～6章由孔庆彦编写，最后由孔庆彦、王革非统稿、定稿。

在本书编写过程中，贾宗福教授对本书的编写提出了很好的建议和帮助，编者所在的学校也提供了大力支持和帮助，在此表示衷心的感谢。

由于编者水平所限，书中难免有不妥之处，敬请专家、读者批评指正。

编　者

目　录

第 1 章　Visual FoxPro 基础

知识结构图

Visual FoxPro 基础

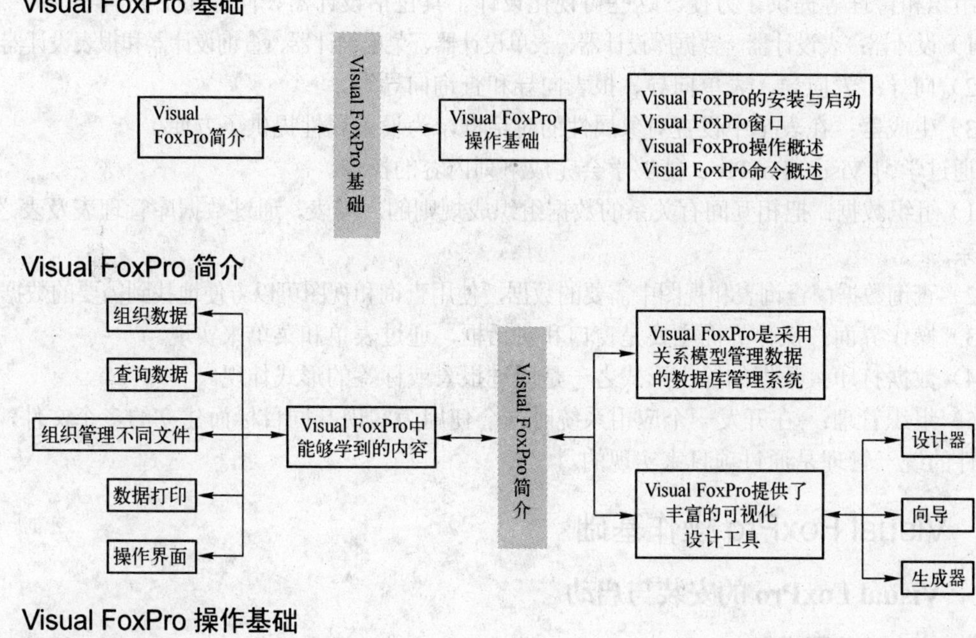

Visual FoxPro 操作基础

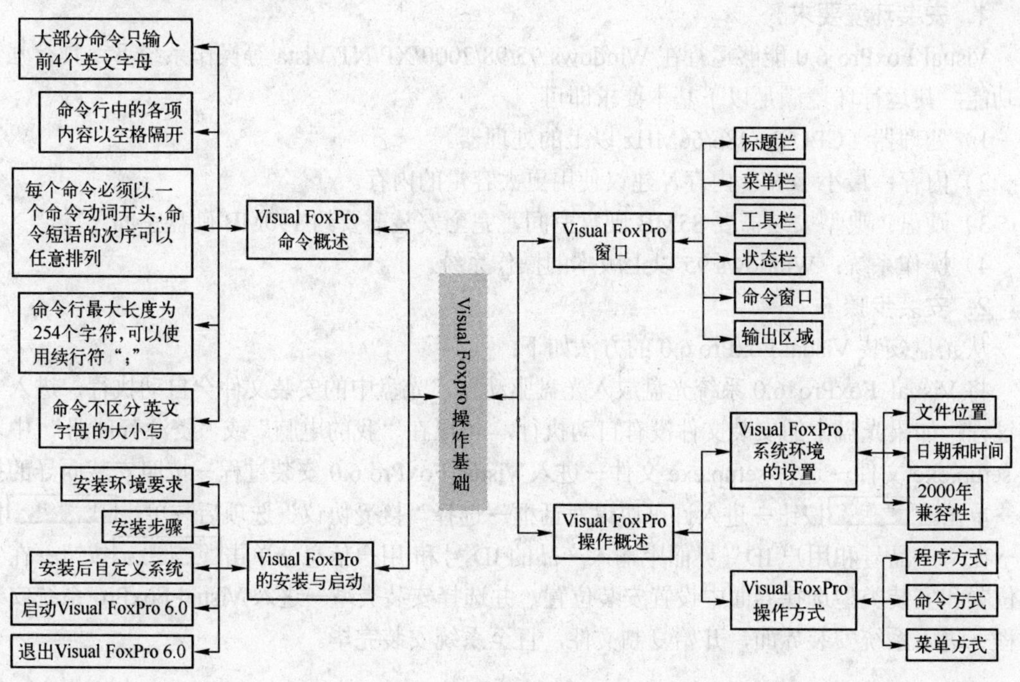

1.1 Visual FoxPro 简介

Visual FoxPro 是 Microsoft 公司推出的面向对象的关系数据库管理系统，是新一代小型数据库管理系统的杰出代表，适用于 Windows 操作系统，是功能较强的数据库管理系统之一。

Visual FoxPro 具有完善的性能、丰富的工具、极其友好的图形界面、简单的数据管理方式、良好的兼容性和真正的可编译性，使数据的组织、管理和应用等工作变得简单易行。

Visual FoxPro 提供了丰富的可视化设计工具，为开发应用系统中用到的人机界面设计、数据组织和管理等提供了方便。这些可视化设计工具包括设计器、向导和生成器等。

1）设计器：表设计器、数据库设计器、表单设计器、菜单设计器、查询设计器和报表设计器等。

2）向导：表向导、表单向导、报表向导和查询向导等。

3）生成器：在表单中设置对象属性的对话框，为设置属性提供了方便。

通过学习 Visual FoxPro，能够学会完成下列内容的操作。

1）组织数据：把相互间有关系的数据组织成规则的二维表，通过数据库管理表及表之间的关系。

2）查询数据：查询表和视图中需要的数据，使用查询和视图可以方便地找到需要的数据。

3）操作界面：操作界面主要是窗口和对话框，通过表单和菜单来实现。

4）数据打印：数据的输出形式之一是通过报表或标签的形式体现。

5）组织管理：在开发一个应用系统时，会使用为实现共同目标而建立的多个文件，这些文件的统一管理是通过项目来实现的。

1.2 Visual FoxPro 操作基础

1.2.1 Visual FoxPro 的安装与启动

1. 安装环境要求

Visual FoxPro 6.0 能够运行在 Windows 95/98/2000/XP/NT/Vista 等操作系统下，具有强大的功能，其运行环境满足以下基本要求即可。

1）处理器（CPU）：486/66MHz 以上的处理器。

2）内存：最小 16MB 内存，建议使用更大容量的内存。

3）硬盘：典型安装需要 85MB 硬盘空间，完全安装需要约 190MB 硬盘空间。

4）操作系统：Windows 95 以上版本的操作系统。

2. 安装步骤

从光盘安装 Visual FoxPro 6.0 的方法如下：

将 Visual FoxPro 6.0 系统光盘放入光盘驱动器，光盘中的安装文件会自动执行，进入安装过程；如果光盘中的安装文件没有自动执行，可以在“我的电脑”或“资源管理器”中双击 setup.exe 文件→运行 setup.exe 文件→进入 Visual FoxPro 6.0 安装过程→按照安装向导的提示→单击 下一步(N) > 按钮→进入许可协议对话框→选择“接受协议”选项后→单击 下一步(N) > 按钮→在“产品号和用户 ID”界面中输入产品的 ID 号和 用户信息→单击 下一步(N) > 按钮→在安装位置和安装类型选择界面中设置安装位置，并选择安装类型→进入 Visual FoxPro 系统安装过程→进入系统安装界面，开始复制文件，直至系统安装完毕。

3．安装后自定义系统

自定义 Visual FoxPro 系统，包括添加或删除 Visual FoxPro 6.0 的某些组件、更新 Windows 注册表中的注册项、安装 ODBC 数据源等，其操作方法为：

打开 Windows 操作系统的“控制面板”→单击“添加/删除程序”图标按钮→在弹出的对话框的“当前安装的程序”列表中选择“Microsoft Visual FoxPro 6.0 （简体中文）”选项→单击[更改/删除]按钮→弹出“Visual FoxPro 6.0 安装程序”对话框→单击[添加/删除(A)...]按钮→弹出“Visual FoxPro 6.0-自定义安装”对话框→根据需要选择或清除对话框中的选项来添加或删除组件→单击[继续(C)]按钮，系统将根据所选定的组件进行安装或删除已经安装的组件。

4．启动 Visual FoxPro 6.0

方法 1：选择“开始”→“所有程序”→“Visual FoxPro 6.0”。

方法 2：双击桌面上的 Visual FoxPro 6.0 的快捷方式。

方法 3：在 Visual FoxPro 6.0 的安装位置找到 VFP6.exe→双击 VFP6.exe 文件。

5．Visual FoxPro 6.0 的退出

方法 1：选择系统控制菜单中的“关闭”命令。

方法 2：单击 Visual FoxPro 6.0 应用程序窗口中的“关闭”按钮。

方法 3：选择“文件”菜单中的“退出”命令。

方法 4：在命令窗口中输入“QUIT”命令。

方法 5：使用〈Alt+F4〉组合键。

方法 6：双击系统控制菜单图标。

1.2.2 Visual FoxPro 窗口

Visual FoxPro 6.0 窗口主要包括标题栏、菜单栏、工具栏、状态栏、命令窗口和输出区域等内容，如图 1-1 所示。

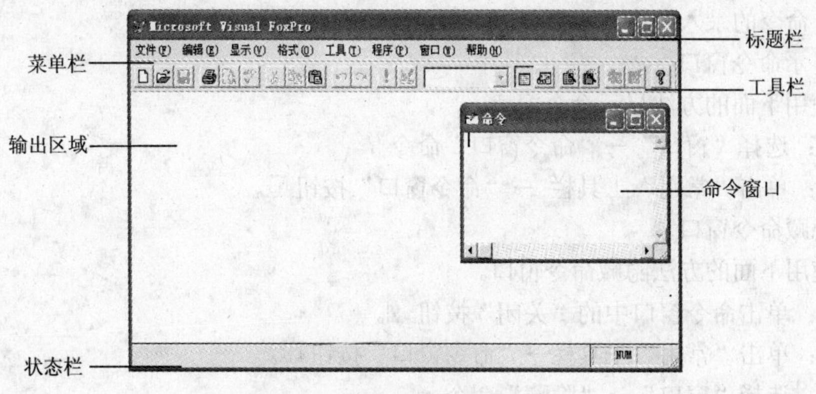

图 1-1　Visual FoxPro 6.0 窗口

1．标题栏

标题栏用于显示正在运行的应用程序名，最左端是系统控制菜单图标，最右端是窗口的最小化按钮、最大化按钮（或还原按钮）、关闭按钮。

2．菜单栏

菜单栏是 Visual FoxPro 提供的命令及操作的集合，并按功能进行分组。菜单栏中包含的

菜单项会随着当前操作的状态作相应变化。

3．工具栏

工具栏以图标按钮的形式给出 Visual FoxPro 的命令，工具栏有两种类型。

一种类型是“常用”工具栏，由常用命令的快捷按钮组成，通过快捷按钮，可以快速访问相应的菜单命令。

另一种类型是具有专门用途的工具栏，如“表单控件”工具栏、“报表控件”工具栏、“报表设计器”工具栏和“表单设计器”工具栏等。

工具栏的显示和隐藏，可以采用下面两种方法。

方法 1：单击“显示”→“工具栏”命令→弹出“工具栏”对话框→单击要显示或隐藏的工具栏→单击“确定”按钮。

方法 2：右击窗口中的工具栏→弹出快捷菜单→单击所需的工具栏名称。

4．状态栏

状态栏在 Visual FoxPro 窗口的底部，给出了 Visual FoxPro 当前的工作状态。

5．命令窗口

命令窗口用来接收 Visual FoxPro 中的命令，是以交互方式执行命令的窗口。Visual FoxPro 中的大部分命令都可以在命令窗口中执行。

（1）命令窗口的特点

特点 1：可以在命令窗口中直接输入 Visual FoxPro 中的大部分命令并按回车键执行。

特点 2：如果要重复执行命令窗口中已有的命令，可以将光标定位到此命令行并按回车键执行。

特点 3：可以选择命令窗口中的多条命令，按回车键执行。选择多条命令的方法是按住〈Shift〉键，移动上下箭头选择或用鼠标拖曳选择。

特点 4：通过菜单方式执行操作时，对应的命令会自动显示在命令窗口中。

特点 5：可以进行命令行的编辑操作，如修改、删除、剪切、复制和粘贴等，从而节省时间并且便于命令的录入和修改。

（2）显示命令窗口

可以使用下面的方法显示命令窗口。

方法 1：选择“窗口”→“命令窗口”命令。

方法 2：单击“常用”工具栏 →“命令窗口”按钮。

（3）隐藏命令窗口

可以使用下面的方法隐藏命令窗口。

方法 1：单击命令窗口中的“关闭”按钮。

方法 2：单击“常用”工具栏→“命令窗口”按钮。

方法 3：选择“窗口”→“隐藏”命令。

6．输出区域

输出区域是输出程序或命令运行结果的区域。

1.2.3 Visual FoxPro 操作概述

1．Visual FoxPro 的操作方式

Visual FoxPro 有两种操作方式，即交互方式和程序方式，其中交互方式又可分为菜单方

式和命令方式。

（1）菜单方式

菜单操作方式是利用菜单栏中的菜单项或工具栏按钮执行命令功能，它能够在交互方式下实现人机对话，完成菜单操作可以采用以下 3 种方法。

方法 1：鼠标操作。

用鼠标左键单击菜单，引出下拉菜单，再单击下拉菜单中的子菜单。

方法 2：键盘操作。

在按住〈Alt〉键的同时按下所选菜单对应的热键，激活主菜单，再按下子菜单的热键，如在按住〈Alt〉键的同时按下〈F〉键，激活“文件”主菜单，再按下〈O〉键，激活“打开”子菜单，即执行打开操作；或在按住〈Ctrl〉键的同时，直接按下子菜单的热键，如在按住〈Ctrl〉键的同时按下〈O〉键，直接执行打开操作。

方法 3：方向键操作。

首先用〈Alt〉键激活菜单栏，通过左、右方向键定位主菜单，再按回车键激活子菜单，然后通过上、下方向键定位子菜单项，再按回车键执行相应的操作。

（2）命令方式

命令方式是指在命令窗口中直接输入命令进行交互操作，实现命令功能。在命令窗口中直接输入要执行的命令，再按回车键，可以立即执行该命令。

（3）程序方式

程序方式是将完成某一功能的命令语句按照一定的顺序排列，并保存在程序文件中一次性连续执行，该种方式称为程序方式。

2．Visual FoxPro 可视化设计工具

Visual FoxPro 提供了各种向导、设计器和生成器等可视化设计工具，以便于用户方便、灵活、快速地开发应用程序。

向导通过交互方式提问、用户回答来完成设计任务。

设计器是可视化的开发工具，以窗口的形式提供了创建（或修改）数据库、表、查询、视图、表单、报表和标签等操作的平台。

生成器是简化开发过程的另一工具，是一种带有选项卡的、可以简化表单及表单中复杂控件等设置操作的工具。

3．Visual FoxPro 系统环境的设置

在安装了 Visual FoxPro 系统后，可以根据需要自行设置环境参数。

单击“工具”→“选项”命令→弹出“选项”对话框。

“选项”对话框由“常规”选项卡、“区域”选项卡和“文件位置”选项卡等 12 个选项卡组成，用于实现系统环境设置。

（1）“文件位置”选项卡

“文件位置”选项卡包括了 Visual FoxPro 中各种类型文件的有效位置，一般需要对“默认目录”进行设置，让系统到指定的工作路径存取文件。

切换到“选项”对话框的“文件位置”选项卡→单击“文件类型”列表中的“默认目录”选项→单击 修改(M)... 按钮→弹出“更改文件位置”对话框→选择“使用默认目录”复选框→单击“定位默认目录”文本框右边的按钮 ... →弹出“选择目录”对话框→选择默认目录所在

的驱动器和目录→单击 选定 按钮返回“更改文件位置”对话框→在“更改文件位置”对话框中单击 确定 按钮→返回“选项”对话框→在“选项”对话框中单击 设置为默认值 按钮→完成默认目录的设置→单击 确定 按钮，退出“选项”对话框。

（2）“区域”选项卡

在“区域”选项卡中设置日期和时间格式，以及货币和数字格式。

在“日期和时间”选项中→单击“日期格式”右边的▼按钮→设置日期格式，用于控制Visual FoxPro系统显示的日期型数据形式。

在“货币和数字”选项中→设置货币格式和数字格式。

（3）“常规”选项卡

在“常规”选项卡中→设置2000年兼容性的严格日期级别，用于控制Visual FoxPro系统接收的日期型数据形式。

1.2.4 Visual FoxPro 命令概述

Visual FoxPro中的命令是有限的，将这些命令按照合理的规则组织起来，能实现各种功能。用户只有按照规定的格式使用命令，才能正确实现命令的功能。

在书写Visual FoxPro命令时，要注意以下方面：

1）每个命令必须以一个命令动词开头，命令短语的次序可以任意排列。

2）命令行中的各项内容以空格隔开。

3）命令行的最大长度为254个字符，如果命令行的命令太长，可以使用续行符“;”，然后回车换行，接着输入命令中的其他内容。

4）Visual FoxPro中的命令不区分英文字母的大小写。

5）Visual FoxPro中的命令都是系统保留字，大部分命令只输入前4个英文字母即可被Visual FoxPro识别。

6）Visual FoxPro中的输入命令是以回车键作为结束标志的。

7）一行只能输入一条命令。

8）对于Visual FoxPro中的命令可以添加注释，以增强程序的可读性，且系统不执行注释语句。Visual FoxPro的注释语句分为两种，用*或NOTE作行注释，用&&作语句注释。

1.3 上机实训

实训——Visual FoxPro 操作基础

【实训目标】

1）了解Visual FoxPro启动和退出的操作。

2）掌握Visual FoxPro运行环境的设置。

3）掌握Visual FoxPro命令窗口的操作方式。

【实训内容】

1）启动Visual FoxPro。

2）Visual FoxPro可视化操作界面。

3）退出 Visual FoxPro。

4）Visual FoxPro 运行环境的配置。

【操作过程】

1．启动 Visual FoxPro

可以选择下面的方法启动 Visual FoxPro。

方法 1：单击“开始”→“所有程序”→“Visual FoxPro 6.0”。

方法 2：双击桌面上的 Visual FoxPro 6.0 快捷图标。

方法 3：在“资源管理器”中的 Visual FoxPro 的安装位置找到 VFP6.exe 文件并双击执行。

2．Visual FoxPro 可视化操作界面

Visual FoxPro 界面主要包括菜单栏、工具栏、命令窗口、输出区域和状态栏，如图 1-2 所示。

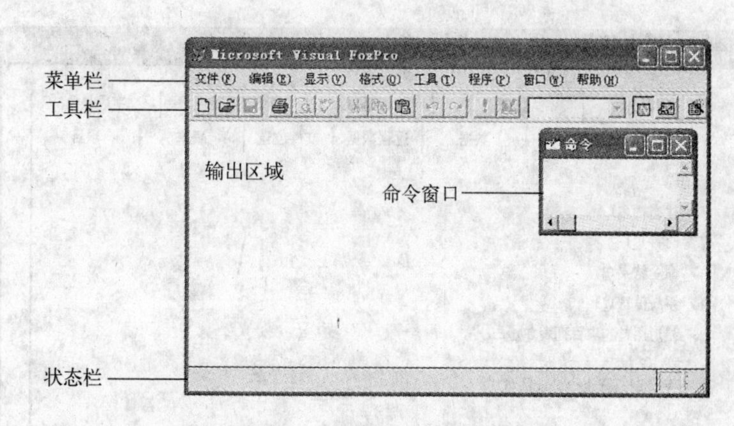

图 1-2　Visual FoxPro 界面

1）工具栏的显示与隐藏。工具栏的显示和隐藏，可以采用下面两种方法。

方法 1：单击“显示”菜单，选择“工具栏”命令，弹出“工具栏”对话框，单击要显示或隐藏的工具栏，然后单击 确定 按钮。

方法 2：右击窗口中的工具栏，在弹出的快捷菜单中单击所需的工具栏。

2）命令窗口的显示与隐藏。可以使用下面的方法显示命令窗口。

方法 1：单击“窗口”菜单，选择“命令窗口”命令。

方法 2：单击“常用”工具栏中的“命令窗口”按钮。

3）隐藏命令窗口。可以使用下面的方法隐藏命令窗口。

方法 1：单击命令窗口中的“关闭”按钮。

方法 2：单击“常用”工具栏中的“命令窗口”按钮。

方法 3：单击“窗口”菜单，选择“隐藏”命令。

在命令窗口中输入下列命令，在输出区域中观察结果。

?23+45　　　　　　　　　结果为 ____________________

?"BEIJING"+"CHINA"　　　　结果为 ____________________

?DATE()　　　　　　　　　结果为 ____________________

?TIME()　　　　　　　　结果为 ________________

?YEAR(DATE())　　　　　结果为 ________________

3．退出 Visual FoxPro

可以选择下面的方法退出 Visual FoxPro。

方法 1：单击 Visual FoxPro 界面右上角的“关闭”按钮☒。

方法 2：单击“文件”菜单，选择“退出”命令。

方法 3：在命令窗口中输入“QUIT”命令，然后按回车键。

4．Visual FoxPro 运行环境的配置

Visual FoxPro 运行环境的配置主要在“选项”对话框中完成，首先弹出“选项”对话框，然后在不同的选项卡中配置 Visual FoxPro 的运行环境。

1）选择“工具”菜单中的“选项”命令，即可弹出“选项”对话框，如图 1-3 所示。

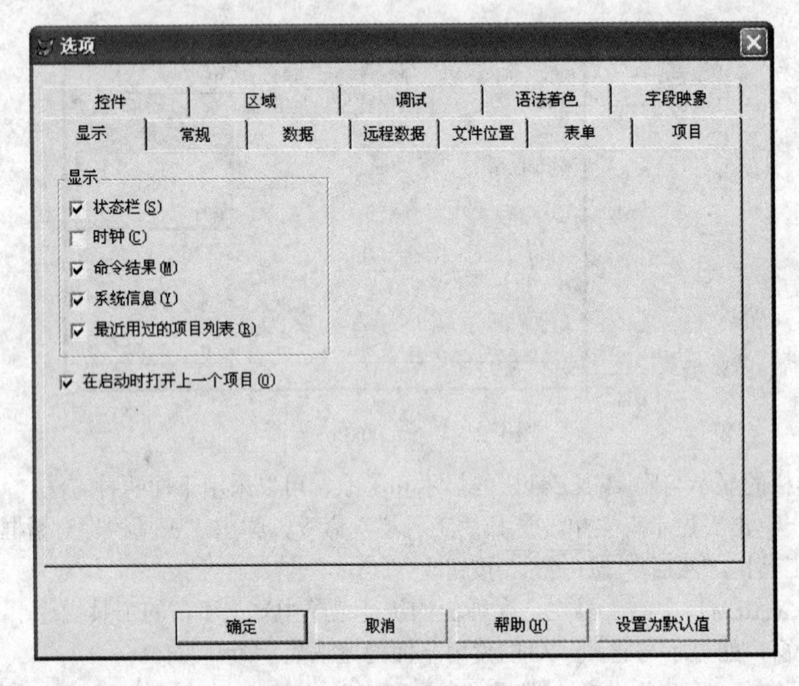

图 1-3 “选项”对话框

2）设置日期时间格式和货币格式。

① 将“选项”对话框切换到“区域”选项卡，如图 1-4 所示。

② 在“日期格式”列表中选择汉语，则日期即变为年月日的格式，如果选择短格式，则日期变为 YYYY-MM-DD 格式。

③ 在“货币符号”文本框中输入“￥”，则货币格式即显示中国人民币符号，同时还可设置货币的小数位数等。

3）设置语法着色。

① 将“选项”对话框切换到“语法着色”选项卡，如图 1-5 所示。

选项

显示 | 常规 | 数据 | 远程数据 | 文件位置 | 表单 | 项目

控件 | 区域 | 调试 | 语法着色 | 字段映象

使用系统设置(Y)

日期和时间

日期格式(D): 汉语

1998年11月23日，17:45:36

日期分隔符(T):

12 小时(O)

计秒(S)

24 小时(U)

年份(1998 或 98)(C)

货币和数字

货币格式(F): ¥1

¥1,234.57

货币符号(M): ¥

小数分隔符(E): .

千位分隔符(P): ,

小数位数(I): 2

星期开始于(W): 星期日

一年的第一周(R): 含一月一日

确定 取消 帮助(H) 设置为默认值

图 1-4 “区域”选项卡

② 在“区域”下拉列表框中选择“关键字”，在“字体”下拉列表框中选择“自动”，在“前景”下拉列表框中选择“蓝色”，在“背景”下拉列表框中选择“自动”。

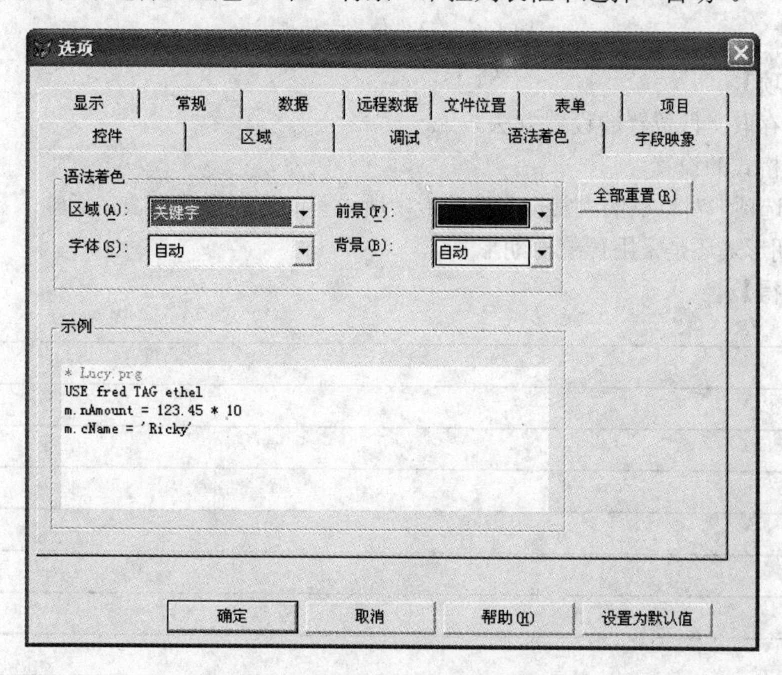

图 1-5 “语法着色”选项卡

4）设置文件位置。

① 将“选项”对话框切换到“文件位置”选项卡，如图 1-6 所示。

② 在“文件类型”列表框中选择“默认目录”，单击 修改(M)... 按钮，设置以后建立文件

的默认存储位置。

5）将选定参数设置为默认值。

将需要的环境参数设置完毕后，单击“选项”对话框中的 设置为默认值 按钮。在以后重新启动 Visual FoxPro 系统时，本次设置同样有效。

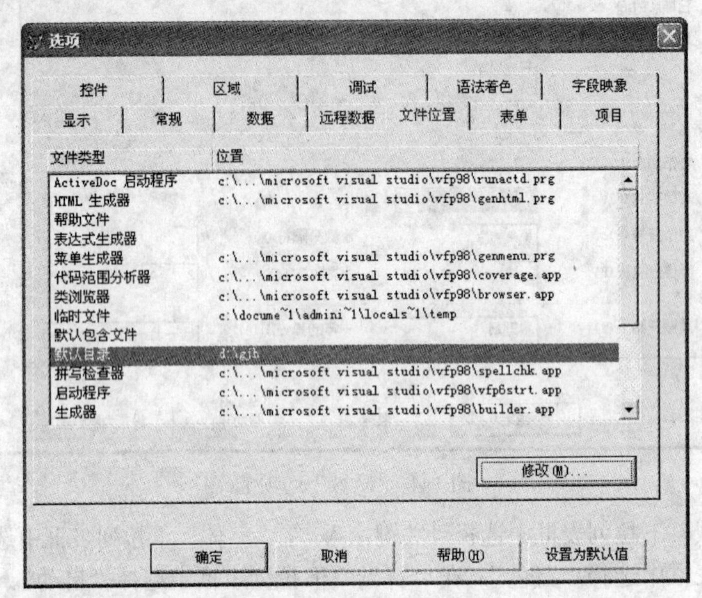

图 1-6 “文件位置”选项卡

【注意事项】

1）默认存取文件位置的设置方法。

2）日期格式的设置。

3）在“选项”对话框的“常规”选项卡中所设置的日期形式，决定了输入日期型数据是采用严格日期形式还是采用传统日期形式。

【实训心得】

1.4 习题

（一）选择题

1．用户启动 Visual FoxPro 后，若要退出 Visual FoxPro 回到 Windows 环境，可在命令窗口中输入（　　）命令。

A．QUIT　　B．EXIT　　C．CLOSE　　D．CLOSE ALL

2．退出 Visual FoxPro 的操作方法是（　　）。

A．从“文件”菜单中选择“退出”命令

B．用鼠标左键单击“关闭”按钮

C．在命令窗口中直接输入“QUIT”命令

D．以上方法都可以

3．显示与隐藏命令窗口的操作是（　　）。

A．单击“常用”工具栏中的“命令窗口”按钮

B．通过“窗口”菜单下的“命令窗口”或“隐藏”命令来切换

C．直接按〈Ctrl+F2〉或〈Ctrl+F4〉组合键

D．以上方法都可以

4．下面关于工具栏的叙述错误的是（　　）。

A．可以创建用户自己的工具栏　　B．可以修改系统提供的工具栏

C．可以删除用户创建的工具栏　　D．可以删除系统提供的工具栏

5．在“选项”对话框的“文件位置”选项卡中可以设置（　　）。

A．表单的默认大小　　B．默认目录

C．日期和时间的显示格式　　D．程序代码的颜色

6．Visual FoxPro 6.0 的工作方式有（　　）。

A．利用菜单系统实现人机对话

B．利用各种生成器自动产生程序，或者编写 Visual FoxPro 程序，然后执行程序

C．在命令窗口中直接输入命令进行交互操作

D．以上说法都正确

（二）填空题

1．Visual FoxPro 是运行于 Windows 平台的 ________________系统。

2．安装 Visual FoxPro 之后，系统自动用一些默认值来设置环境。要定制自己的系统环境，应单击________________菜单下的________________命令。

3．打开“选项”对话框之后，要设置日期和时间的显示格式，应当切换到“选项”对话框的________________选项卡。

4．Visual FoxPro 支持两种工作方式，即________________和________________。

（三）判断题

1．命令窗口可以显示命令执行结果。（　　）

2．Visual FoxPro 中文版是一个关系数据库管理系统。（　　）

3．在命令窗口中输入的命令，按回车键才能执行。（　　）

4．在命令窗口中执行 QUIT 命令不能关闭 Visual FoxPro。（ ）

5．Visual FoxPro 支持菜单和命令两种方式。（ ）

6．Visual FoxPro 窗口由标题栏、菜单栏、工具栏和状态栏等组成。（ ）

7．Visual FoxPro 不是可视化系统。（ ）

（四）思考题

1．Visual FoxPro 6.0 的安装方式有几种。

2．在安装 Visual FoxPro 6.0 时，安装位置如何更改。

3．Visual FoxPro 6.0 有两种工作方式，各是什么，各有什么特点。

第 2 章　数据库和表的基本操作

知识结构图

数据库和表的基本操作

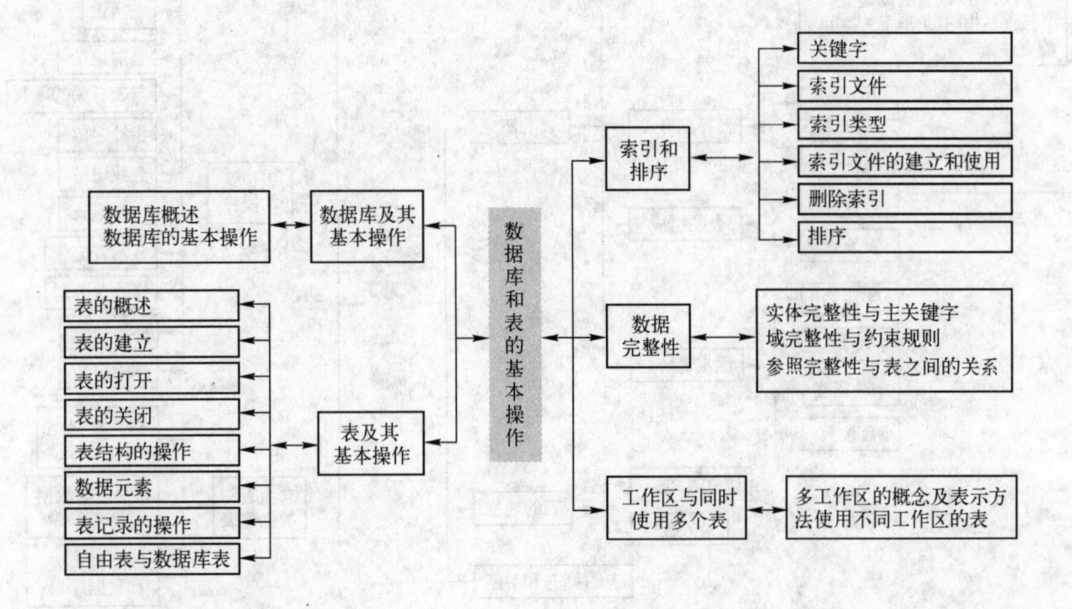

数据库及其基本操作

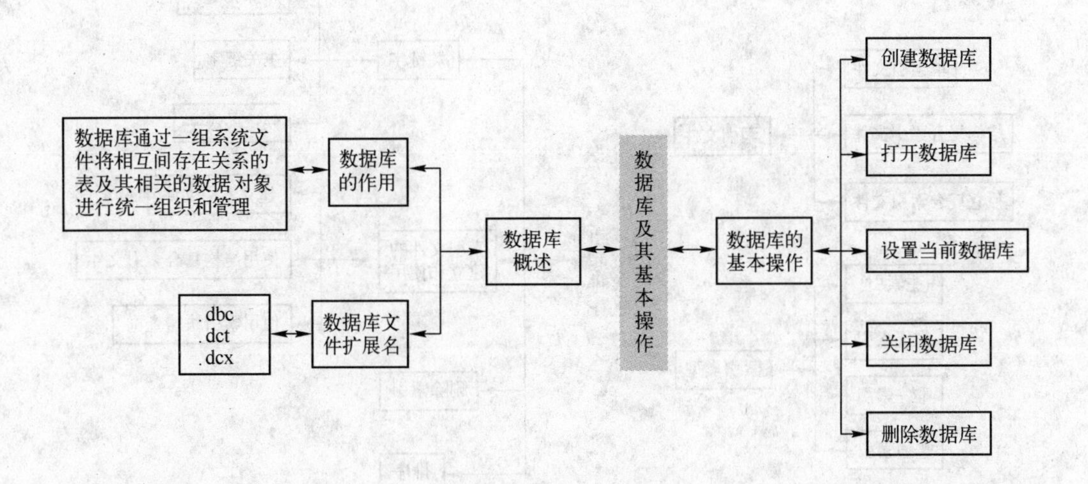

表及表的基本操作

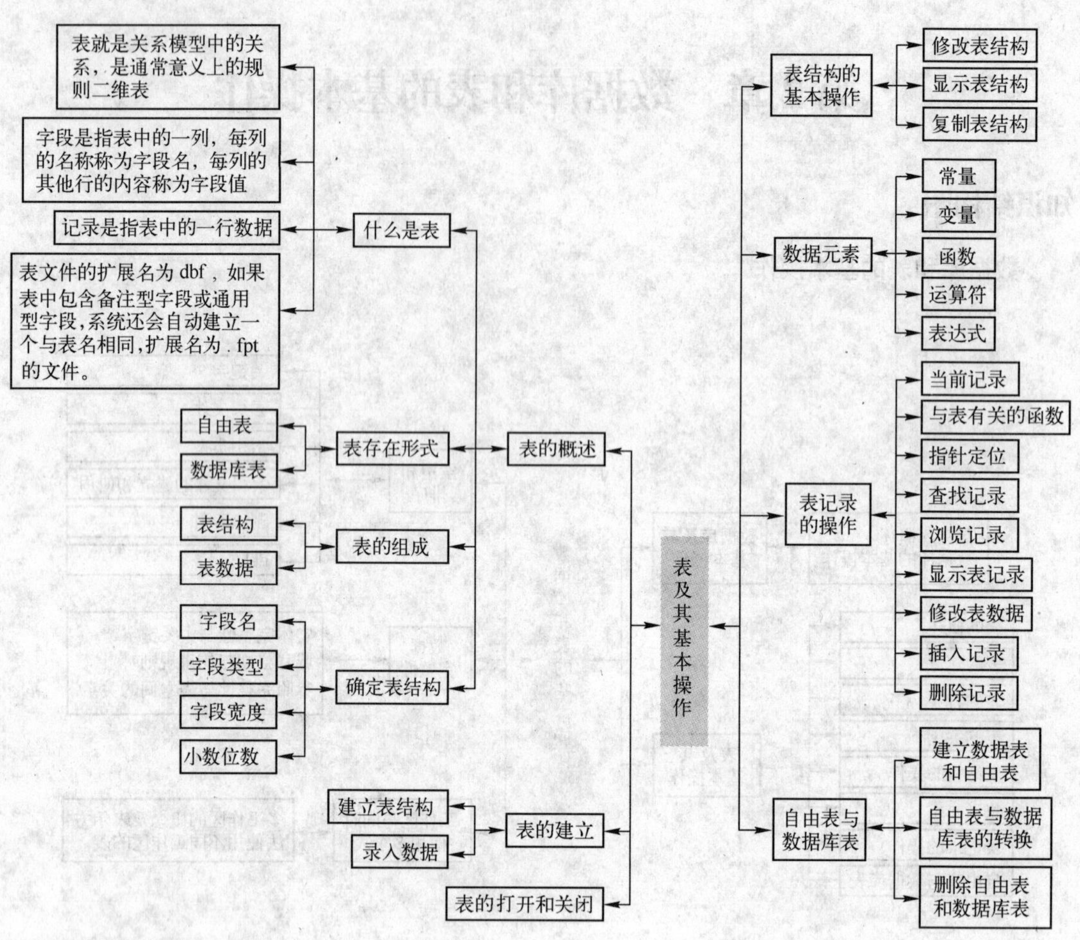

索引和排序

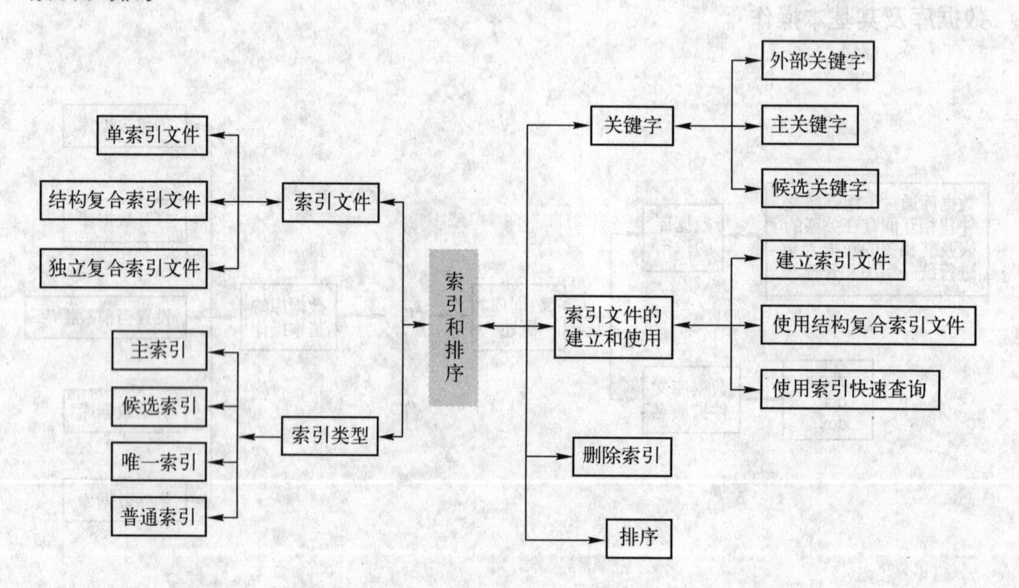

数据完整性

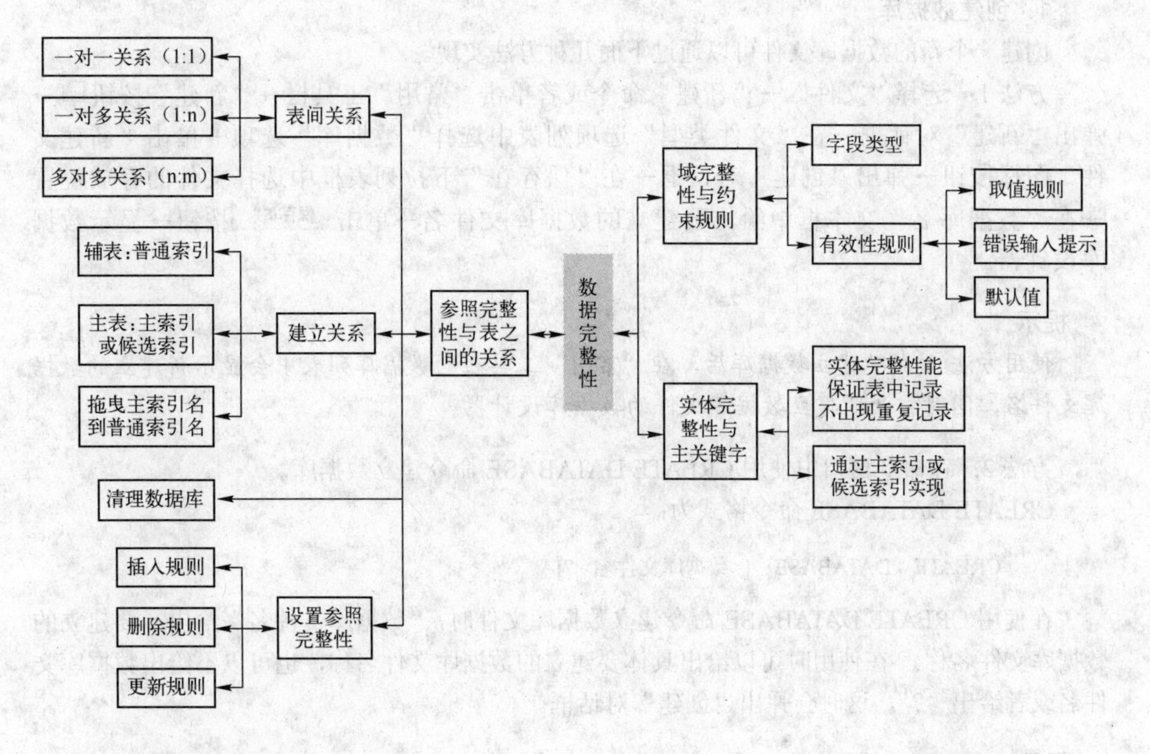

工作区与同时使用多个表

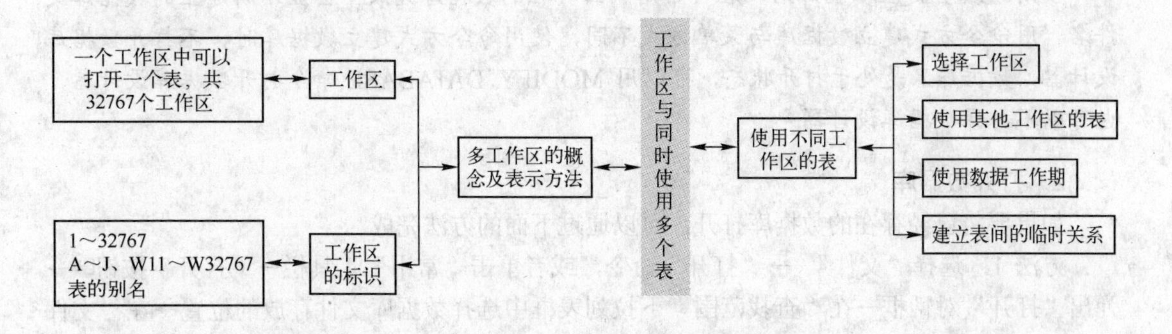

2.1 数据库及其基本操作

2.1.1 数据库概述

数据库以文件的形式保存在外部存储器中。数据库文件扩展名为“.dbc”，与之相关的还有扩展名为“.dct”的数据库备注文件和扩展名为“.dcx”的数据库索引文件，其中“.dct”和“.dcx”两个文件是供Visual FoxPro数据库管理系统使用的，用户直接使用的是扩展名为“.dbc”的文件。

2.1.2 数据库的基本操作

1. 创建数据库

创建一个新的数据库文件可以通过下面几种方法实现。

方法 1：选择“文件”→“新建”命令或者单击“常用”工具栏→“新建”按钮→弹出“新建”对话框→在“文件类型”选项列表中选择“数据库”选项→单击“新建文件”图标按钮→弹出“创建”对话框→在“保存在”下拉列表框中选择文件的存放位置→在“数据库名”文本框中给出要建立的数据库文件名→单击 保存(S) 按钮→显示数据库设计器。

☞ 提示

使用方法 1 成功建立数据库后，在“常用”工具栏的数据库列表中会显示新建立的数据库文件名，同时打开所建立数据库文件的数据库设计器。

方法 2：在命令窗口中使用 CREATE DATABASE 命令建立数据库。

CREATE DATABASE 命令格式为：

```
CREATE   DATABASE   [<数据库文件名>|?]
```

在使用 CREATE DATABASE 命令建立数据库文件时，“数据库文件名”给出了要建立的数据库文件名称。在使用时可以给出具体要建立的数据库文件名称，也可以不给出数据库文件名或者给出“?”，这时会弹出“创建”对话框。

☞ 提示

使用方法 2 建立数据库后，在“常用”工具栏的数据库列表中会显示新建立的数据库文件名。用命令方式建立数据库与菜单方式不同，使用命令方式建立数据库时，不打开数据库设计器，数据库只是处于打开状态，可以用 MODIFY DATABASE 命令打开数据库设计器，也可以不打开数据库设计器。

2. 打开数据库

如果要将已经存在的数据库打开，可以通过下面的方法完成。

方法 1：选择“文件” →“打开”命令，或者单击“常用”工具栏→“打开”按钮→弹出“打开”对话框→在“查找范围”下拉列表框中选择数据库文件存放的位置→在“文件类型”下拉列表框中选择文件类型为“数据库（*.dbc）” →在文件列表中选择要打开的文件名→单击 确定 按钮。

☞ 提示

使用方法 1 打开数据库的同时也打开了数据库设计器。

方法 2：用命令打开数据库，打开数据库文件的命令格式为：

```
OPEN   DATABASE [<数据库文件名>|?]
MODIFY   DATABASE [<数据库文件名>|?]
```

1）如果在命令中给出具体的数据库文件名，表示在命令中明确指出了要打开的数据库文件名。

2）如果没有给出数据库文件名，而是给出了“?”，则在执行命令时，将弹出“打开”对话框，选择要打开的数据库名并单击 确定 按钮即可。

3）如果命令中没有给出具体的数据库文件名，也没有给出“?”，使用 OPEN DATABASE 命令也弹出“打开”对话框，然后选择要打开的数据库文件名并单击 确定 按钮即可。

4）如果命令中没有给出具体的数据库文件名，也没有给出“?”，使用 MODIFY DATABASE 命令，如果在“常用”工具栏数据库列表中显示了已经打开的数据库，则打开此数据库的设计器；如果在“常用”工具栏数据库列表中没有显示打开的数据库，则弹出 “打开”对话框，选择要打开的数据库文件名并单击 确定 按钮。

☞ 提示

使用方法 2 打开数据库时，如果只打开数据库，不需要打开数据库设计器，则使用 OPEN DATABASE 命令。如果既要打开数据库，又要打开数据库设计器，则使用 MODIFY DATABASE 命令。在数据库打开，而数据库设计器未打开时，使用 MODIFY DATABASE 命令可以将数据库设计器打开。

3．设置当前数据库

设置当前数据库可以采用下面 3 种方法。

方法 1：使用 SET DATABASE 命令设置当前数据库。其命令格式为：

```
SET DATABASE TO [<数据库文件名>]
```

在命令中如果给出具体的数据库文件名，则指定此数据库为当前数据库。

☞ 提示

如果在命令窗口中执行命令：

```
SET DATABASE TO
```

表示不指定任何数据库为当前数据库。

方法 2：单击“常用”工具栏→数据库下拉列表中的数据库文件名。

方法 3：在数据库设计器打开的前提下，单击数据库设计器的标题栏。

4．关闭数据库

要关闭当前数据库，可以使用 CLOSE DATABASE 命令。CLOSE DATABASE 命令格式为：

```
CLOSE DATABASE
```

要关闭所有打开的数据库，则使用 CLOSE ALL 命令。CLOSE ALL 命令格式为：

```
CLOSE ALL
CLOSE DATABASE ALL
```

☞ 提示

关闭数据库设计器并不是关闭数据库。

5．删除数据库

删除数据库使用 DELETE DATABASE 命令。其命令格式为：

DELETE DATABASE <数据库文件名>|?　[DELETETABLES] [RECYCLE]

1）如果命令中给出数据库文件名，则指出了要删除的数据库。

2）如果不给出要删除的数据库文件名，而是给出了“?”，则会弹出“删除”对话框，选择要删除的数据库文件，单击 删除 按钮即可。

3）在命令中可以给出“DELETETABLES”短语，表示在删除数据库的同时，删除数据库中的表。

4）在命令中可以给出“RECYCLE”短语，表示删除的内容放入了回收站。

2.2 表及其基本操作

Visual FoxPro 是采用关系模型管理数据的数据库管理系统。关系模型是用规则二维表表示实体及实体间关系的模型。实体是现实世界中的客观事物。相同类型的实体集合称为实体集。

在关系模型中，把实体集看成是一个二维表，每一个二维表称为一个关系，每个关系有一个名称，称为关系名。关系中的每一行称为一个元组。关系中的每一列称为属性，每一个属性均有属性名和属性值。

关系模型的主要特点包括关系中的每一个数据项不可再分，是最基本的单位；每一列数据项属性相同，列数根据需要进行设置，且各列的顺序是任意的；每一元组由一个实体的诸多属性项构成，元组的顺序可以是任意的；一个关系就是一张二维表，不允许有相同的属性名。

2.2.1 表的概述

1．什么是表

在 Visual FoxPro 中，表就是关系模型中的关系，也就是通常意义上的规则的二维表格。关系中的一个元组就是表中的一条记录，关系中的一个属性就是表中的一个字段，属性名对应字段名，属性值对应字段值。

把表中的每一列称为一个字段，每列的名称称为字段名，每列的其他行的内容称为字段值。把表中除第一行以外的其他内容称为数据，一行数据称为一条记录。

表以文件形式保存在外部存储器中，表文件的扩展名为.dbf，如果表中包含备注型字段或通用型字段，则 Visual FoxPro 系统还会自动建立一个与表名相同，扩展名为.fpt 的文件。

2．表的存在形式

在 Visual FoxPro 中，表有两种存在形式，即自由表和数据库表。一个表如果存在于数据库中，就表示该表归该数据库管理，这样的表称为数据库表。一个表只能存在于一个数据库中，不能同时存在于不同数据库中。不存在于任何数据库中的表称为自由表。

3. 表的组成

要建立表，首先要将表中每个字段的字段名、字段类型、字段宽度和小数位数等确定下来，然后再录入数据。

把每个字段的字段名、字段类型、字段宽度和小数位数等称为表的结构，填写的数据称为表中的记录。表的结构和表中的记录组成了 Visual FoxPro 中的表。

4. 表结构的确定方法

确定表的结构也就是规定表中每个字段的字段名、类型、宽度和小数位数等属性。

（1）字段名

字段名必须以字母、汉字或下画线开头，可以包括字母、汉字、数字和下画线，数据库表的字段名最多可以是 128 个字节，自由表的字段名最多可以是 10 个字节。字段名最好采用与字段内容相关的名称。

（2）字段类型

字段类型是对应字段值的类型，即表中每列输入数据的类型。字段类型可以根据需要在表 2-1 中进行选择。

表 2-1 数据类型说明

字段类型	字段宽度	小数位数	说明
C	N	—	字符型字段（Character），宽度为 N
D	8	—	日期型（Date）字段
T	8	—	日期时间型（Date Time）字段
N	N	D	数值型字段，宽度为 N，小数位数为 D（Numeric）
F	N	D	浮动型字段，宽度为 N，小数位数为 D（Float）
I	4	—	整数型（Integer）字段
B	8	D	双精度型（Double）字段
Y	8	—	货币型（Currency）字段
L	1	—	逻辑型（Logical）字段
M	4	—	备注型（Memo）字段
G	4	—	通用型（General）字段

在选取字段类型时可以参考以下建议。

1）字符型（C）和二进制字符型（C）：对应字段值填写的数据可以是任何字符，包括汉字、英文字母、数字和各种符号等。

如果一个列中填写的数据包含汉字、英文字母或各种符号，该字段的类型就可以定义为字符型。如果填写的数据是数字，但不需要对数字做数学运算，最好也定义为字符型。

字段类型为二进制字符型，其字段值是以二进制格式保存的，当代码页更改时字符值不变有着特殊的功能。

2）数值型（N）、浮动型（F）和双精度型（B/8）：对应字段值填写的数据可以是带小数点的数据，根据运算精度要求的不同，可选择下列 3 种数值类型。

① 数值型（N）：在表中可以根据需要确定宽度和小数位数。

② 双精度型（B/8）：在表中固定宽度为 8，但可以定义小数位数。

③ 浮动型（F）：在表中可以根据需要确定宽度和小数位数。

3）货币型（Y/8）：在表示钱的数量时，定义为货币型。

4）整型（I/4）：对应字段值填写的数据是不带小数点的数据，并且其填写的数据位数不超过 4。

5）日期型（D/8）和日期时间型（T/8）：对应字段值填写的数据是表示年月日或年月日时分秒的数据。

6）逻辑型（L/1）：对于字段值填写的内容是带有判断性的字段，且其字段值只有两个选项，可以把这样的字段类型定义为逻辑型，逻辑型数据值只有.T.和.F.。

7）备注型（M/4）和二进制备注型（M/4）：对于字段值的内容比较多，字符内容不能限定宽度时，可以把这样的字段类型定义为备注型。

8）通用型（G/4）：如果字段的内容是图形、图像等 OLE 嵌入对象，就可以规定为通用型。

（3）字段宽度

字段宽度是表中每列填写数据的最大宽度。当字段类型为数值型、浮动型或字符型时，需要指定字段宽度，其他数据类型的字段宽度由系统规定，用户可以参见表 2-1。

1）数值型和浮动型字段的宽度包括正数或负数的符号位、数字和小数点，它们各占一个字节。例如，填写的数据最多位数是“××××.××”，那么字段的宽度至少要定义为 8 个字节，小数位数为 2 个字节。

2）货币型、双精度型、日期型和日期时间型的宽度系统规定为 8 个字节。

3）逻辑型的宽度系统规定为 1 个字节。

4）整型、备注型、二进制备注型和通用型的宽度系统规定宽度为 4 个字节。

（4）小数位数

数值型字段、浮动型字段和双精度型字段可规定小数位数，小数位数至少应比该字段的宽度值小 2。

（5）NULL

在建立新表时，可以指定表字段是否接受 NULL 值。使用 NULL 值表示不确定的值。

2.2.2 表的建立

1. 建立表结构

建立表可以采用打开表设计器，在设计器中建立表结构，也可以不用表设计器，用命令直接建立表结构。

方法 1：用菜单方式打开表设计器并在表设计器中建立表结构。

选择“文件”→“新建”命令→弹出“新建”对话框→在“文件类型”选项列表中选择“表”选项→单击“新建文件”图标按钮→弹出“创建”对话框→在“创建”对话框中给出表的文件名→单击 保存(S) 按钮→弹出表设计器。

方法 2：使用 CREATE 命令打开表设计器，建立表结构。CREATE 命令格式为：

```
CREATE  [<表文件名>|?]
```

使用 CREATE 命令建立表结构，如果给出表文件名，系统将直接进入表设计器；如果没有给出文件名或给出“？”，系统弹出“创建”对话框。

方法 3：打开数据库设计器→右击数据库的空白区域→在弹出的快捷菜单中选择“新建表”命令→弹出“新建表”对话框→单击“新建表”图标按钮→弹出“创建”对话框→输入要创建的表名→单击 保存(S) 按钮→弹出表设计器。

用上面的 3 种方法建立表结构，都会打开表设计器。在表设计器中确定每个字段的属性：

1）直接用鼠标单击字段名处，输入字段名。

2）在类型列表中单击类型列表按钮，显示字段类型列表，选择需要的字段类型。

3）字段宽度可以直接输入字段宽度的值，也可以通过宽度右边的按钮调整字段宽度。字符型、数值型、浮动型的类型宽度根据需要确定，其他类型的宽度由系统根据所选择的类型在宽度位置自动给出。

4）如果字段类型是数值型、双精度型或浮动型，可以根据需要在小数位数位置给出小数位数。

在定义每个字段后，单击 确定 按钮，完成表结构的建立过程，同时显示要求确认是否输入数据的对话框。

方法 4：使用 CREATE TABLE 命令不打开表设计器，直接建立表结构。

CREATE TABLE 命令部分内容格式为：

```
CREATE  TABLE | DBF  <表名>  [FREE]
(字段名1 字段类型 [(宽度 [,小数位数])]
[, 字段名2…] )
```

表 2-2 列出了使用 CREATE TABLE 命令建立表结构可以使用的数据类型及说明。

表 2-2 数据类型说明

字段类型	字段宽度	小数位数	说明
C	N	—	字符型字段（Character），宽度为 N
D	—	—	日期型（Date）字段
T	—	—	日期时间型（Date Time）字段
N	N	D	数值型字段，宽度为 N，小数位数为 D（Numeric）
F	N	D	浮动型字段，宽度为 N，小数位数为 D（Float）
I	—	—	整数型（Integer）字段
B	—	D	双精度型（Double）字段
Y	—	—	货币型（Currency）字段
L	—	—	逻辑型（Logical）字段
M	—	—	备注型（Memo）字段
G	—	—	通用型（General）字段

在使用 CREATE TABLE 定义表结构时，需要注意以下几点：

1）表的所有字段用括号括起来。

2）字段之间用逗号分隔。

3）字段名和字段类型之间用空格分隔。

4）字段的宽度用括号括起来。

5）只有数据库表才可以设置数据字典信息。

6）FREE 短语表示建立的表是自由表。

2．录入数据

录入数据时根据表的操作过程和表所处的状态不同，采用不同方法录入。

方法 1：直接录入数据。

建立表结构后，在提示要求确认是否输入数据的对话框中选择“是（Y）”，可以直接录入表数据，该种录入数据的方式只有建立表结构的过程结束时才能使用，称为直接录入数据。

对于已经建立好的表，在表浏览状态下要录入数据却不能录入，则可以采用追加方式录入。追加录入数据既可以使用菜单方式，也可以使用命令方式。

方法 2：使用菜单方式追加录入多条记录。

在表浏览状态下，选择“显示”→“追加方式”命令。使用该种方式可以追加录入多条记录。

方法 3：使用菜单方式追加录入一条记录。

在表浏览状态下，选择“表”→“追加新记录”命令。使用该种方式可以追加录入一条记录并直接录入该条记录。

方法 4：在命令窗口中，可以使用 APPEND 命令追加数据。APPEND 命令可以实现在表的末尾追加记录，根据命令中是否选择了 BLANK 短语，分别实现追加多条记录或追加一条空记录。

命令格式：

```
APPEND    [BLANK]
```

短语 BLANK 表示追加一条空记录，不进入录入数据状态。如果不选择 BLANK 短语，则可以追加多条记录，并同时进入录入数据状态。

在使用前面 4 种方法追加录入数据时，各种数据录入参考下面几点。

1）字符型和数值型数据直接输入。

2）逻辑型数据输入 F 表示.F.，输入 T 表示.T.。

3）日期型数据根据系统中区域的日期格式输入，默认的日期格式为“mm/dd/yy”。区域的日期格式设置方法为：单击“工具”→“选项”命令→弹出“选项”对话框→切换到该对话框的“区域”选项卡→设置“日期和时间”格式。

4）备注型字段接收字符型数据，在录入数据时，只要双击 memo，即可打开备注型数据的录入窗口。按〈CTRL+W〉组合键或者单击“关闭”按钮 ☒，可关闭备注型字段的录入窗口。

5）通用型数据通常接收图形、图表等数据，在录入数据时，双击 gen，打开通用型数据的录入窗口，选择“编辑” →“插入对象”命令，根据对话框的提示做出选择即可。按〈Ctrl+W〉组合键或者单击“关闭”按钮，可关闭通用型字段的录入窗口。

6）字段如果接受 NULL 值，可以使用 “Ctrl+0（零）”组合键输入。

方法 5：从其他文件向打开的表中追加记录。

如果有两个表，其中一个表（表 1）需要的数据在另一个表（表 2）中已经存在，则可以使用 APPEND FROM 命令将表 2 中的数据追加到表 1 中。

APPEND FROM 命令格式为：

```
APPEND FROM <文件名> [FIELDS <字段名表>] [FOR <条件>]
```

☞ **提示**

在执行追加命令之前，要先把表 1 打开。<文件名>为表 2 的文件名。

2.2.3 表的打开和关闭

1．表的关闭

方法 1：在表打开的情况下，当新建一个表或打开一个表时，原来打开的表会自动关闭。

方法 2：在命令窗口或程序中使用 USE 命令关闭表。其命令格式为：

```
USE
```

方法 3：在“数据工作期”窗口中关闭表。

当操作的表多于一个表时，也可以在“数据工作期”窗口中选择要关闭的表。单击“窗口”→“数据工作期”命令→打开“数据工作期“窗口→选择要关闭的表→单击 关闭(C) 按钮。

2．表的打开

方法 1：单击“常用”工具栏→“打开”按钮。

方法 2：选择“文件”→“打开”命令。

方法 3：单击“窗口”→“数据工作期”命令→打开 “数据工作期”窗口→单击 打开(O) 按钮。

使用上述 3 种方法中的任意一种，都会弹出 “打开”对话框。在“打开”对话框中选择打开文件的类型为“表（*.dbf）” →选择要打开的表文件→选择“独占”方式→单击 确定 按钮。

☞ **提示**

在“打开”对话框中打开表文件时，一定要选择“独占”复选框，否则表以只读方式打开，即只能查看表的内容，不能修改表。

方法 4：使用 USE 命令打开表。USE 命令格式为：

```
USE <表文件名>
```

2.2.4 表结构的操作

1．修改表结构

在修改表结构时，可以根据需要先打开表设计器，然后在表设计器中完成字段属性的更改、字段的插入、字段的删除等操作。也可以直接使用 ALTER TABLE 命令在不打开表设计器的情况下，直接修改表结构。

方法 1：在表打开的状态下，选择“显示”→“表设计器”命令。

方法 2：在数据库设计器中右击数据库表→在弹出的快捷菜单中选择“修改”命令。

方法 3：在命令窗口中输入 MODIFY STRUCTURE 命令。其命令格式为：

```
MODIFY    STRUCTURE
```

以上 3 种方法都能打开表设计器，在表设计器中完成修改操作。

方法 4：使用 ALTER TABLE 命令直接修改表结构。

ALTER TABLE 命令可以在不打开表设计器的情况下直接修改表结构。ALTER TABLE 命令有 3 种格式，在此主要介绍其中两种。不同的格式可以完成不同的修改操作。

格式 1

该种格式的 ALTER TABLE 命令可以删除字段，更改字段名等。其命令格式为：

```
ALTER TABLE    <表名>    [DROP [COLUMN] <字段名>] [RENAME COLUMN <原字段名  TO  新字段名>]
```

1）命令中使用“DROP [COLUMN]”短语删除字段，COLUMN 可以省略。

2）命令中使用“RENAME COLUMN”短语更改字段名。

格式 2

该种格式的 ALTER TABLE 命令可以添加（ADD）新的字段或修改（ALTER）已有的字段等。其命令格式为：

```
ALTER TABLE <表名> ADD | ALTER    [COLUMN] <字段名> <字段类型> [(字段宽度  [,小数位数])]
```

2．显示表结构

使用 LIST STRUCTURE 命令或 DISPLAY STRUCTURE 命令只显示表结构，不能修改表结构。其命令格式为：

```
LIST | DISPLAY STRUCTURE
```

执行命令后结果将显示在输出区域，所显示的表中各字段的宽度总计比表中各字段实际的宽度之和多 1 个字节，多出的 1 个字节用来存放删除标记。

☞ **提示**

LIST 和 DISPLAY 的作用都是显示表的结构。区别体现在要显示的内容较多时，LIST 命令不分屏显示，DISPLAY 命令分屏显示。

3．复制表结构

如果要建立的表结构与已经建立的表结构中部分字段或全部字段完全相同，可以使用 COPY STRUCTURE 命令复制表结构，取其部分或全部字段。其命令格式为：

```
COPY STRUCTURE TO  <文件名>  [FIELDS <字段名表>]
```

1）命令中的“<文件名>”是指新表的名称。

2）如果只复制部分字段，使用“FIELDS <字段名表>”短语指出要复制的字段。

2.2.5 Visual FoxPro 数据元素

1. 常量

常量是指以相应类型数据形态直接出现在命令中的数据，常量的值在程序运行中是固定不变的。常量有 6 种类型：字符型常量、数值型常量、货币型常量、日期型常量、日期时间型常量和逻辑型常量，不同类型常量的表现形式如表 2-3 所示。

表 2-3 Visual FoxPro 中的常量

常量类型	内容组成	表现形式
数值型常量	由数字“0～9”、正负号“+”、“-”及小数点“.”组成	56、-90.8、2.34E-6
货币型常量	在数值型常量的前面加前置符号“$”，不能用科学计数形式表示	$24.46
字符型常量	用界限符" "、[ ]和' '将字母、数字、空格、符号及标点等括起来的数据。界限符本身是字符型常量的一部分时，应该使用其他界限符	"李明"、'345'、[FG$5]、["教材"]
日期型常量	用定界符{}把表示年、月、日序列的数据括起来，表示年、月、日序列的数据用“/”、“-”、“.”和空格等分隔。日期型常量有传统的日期格式和严格的日期格式两种	
	严格日期格式：形如{^yyyy/mm/dd}	{^1967-04-23}
	传统的日期格式：形如{yy/mm/dd}、{yyyy/mm/dd}、{ mm/dd/yy }或{ mm/dd/yyyy }等	{67-04-23}、{1967.04.23}
日期时间型常量	在日期型常量后面加上表示时间的序列 hh:mm:ss a|p，其中，hh 表示小时，mm 表示分钟，ss 表示秒，a 或 p 表示 AM（上午）或 PM（下午），严格日期时间常量格式为{^yyyy-mm-dd[,][hh[:mm[:ss]][a|p]]}，其中方括号中的内容是可选项，若不选则以 00 记，省略 a|p 则默认为是 AM	{^2004-5-22 9:45AM}
逻辑型常量	真和假两种值，真用.T.、.t.、.Y.、.y.表示，假用.F.、.f.、.N.、.n.表示	.T.、.F.

☞ **提示**

采用年月日形式或日月年等形式与“选项”对话框的“区域”选项卡中的日期和时间设置有关。

严格的日期格式用形如{^yyyy/mm/dd}的格式表示，其中，年必须用 4 位表示，如{^1967-04-23}。严格日期格式在任何情况下均可以使用，而传统日期格式只能在 SET STRICTDATE TO 0 状态下使用。当设置 SET STRICTDATE TO 1 或 SET STRICTDATE TO 2 时，只能使用严格日期格式。

设置日期格式可以单击“工具” →“选项”命令→将“选项”对话框切换到“常规”选项卡→在“2000 年兼容性”区域中设置严格的日期级别。若选择 0，则可以使用传统日期格式；若选择 1，则必须使用严格日期格式；若选择 2，则可以使用严格日期格式或用 CTOD()函数表示日期型常量。

2. 变量

变量是指其值在程序运行过程中可以改变的数据对象。变量分为内存变量、字段变量和系统变量。字段变量是依赖于表而存在的变量，是多值变量；内存变量是不依赖于表可以单独存在的变量，是单值变量；系统变量是由系统定义的变量，在需要的时候可以直接使用。

变量命名要符合以下规则：

1）以字母、汉字、下画线开头，可以包含字母、数字、汉字和下画线。

2）不能用 Visual FoxPro 中的系统保留字作变量名。

3）尽量按照见名知意的原则为变量命名。

内存变量名和字段变量名允许同名，在同名时字段变量优先，此时需要用如下形式才能访问内存变量。

M.内存变量名　或　M->内存变量名

3. 函数

每个函数有且必须有一个结果，称为函数值或返回值。在调用函数时通常用函数名加一对圆括号，并在括号内给出参数的形式来调用函数，即函数调用的一般形式为：

函数名([<参数表>])

其中，有些函数在调用时可以不给出参数，但函数名后面的括号不能省略。

函数大致可以分为数值函数、字符函数、日期和时间函数、类型转换函数、测试函数等。各类函数及作用如表 2-4～表 2-8 所示。

表 2-4　数值函数

函　数	作　用	举　例
ABS(<数值表达式>)	用于返回数值表达式值的绝对值	ABS(34)的结果是 34 ABS(-34)的结果是 34
SIGN(<数值表达式>)	用于返回数值表达式的符号。当表达式的结果为正数时返回 1，为负数时返回-1，为零时返回 0	SIGN(3)的结果是 1 SIGN(-3)的结果是-1 SIGN(0)的结果是 0
INT(<数值表达式>)	对数值表达式进行取整，即舍掉表达式的小数部分	INT(34.56)的结果是 34
FLOOR(<数值表达式>)	对数值表达式向下取整，即取小于或等于指定数值表达式的最大整数	FLOOR(34.56)的结果是 34 FLOOR(-34.56)的结果是-35
CEILING(<数值表达式>)	对数值表达式向上取整，即取大于或等于指定数值表达式的最小整数	CEILING(34.56)的结果是 35 CEILING(-34.56)的结果是-34
ROUND(<数值表达式 1>,<数值表达式 2>)	对<数值表达式 1>根据<数值表达式 2>进行四舍五入处理	ROUND(34.5645,2)的结果是 34.56 ROUND(34.5645,0)的结果是 35 ROUND(34.5645,-1)的结果是 30
SQRT(<数值表达式>)	计算一个数的平方根，其中，数值表达式的值应该大于等于 0	SQRT(9)的结果是 3
MOD(<数值表达式 1>,<数值表达式 2>)	计算<数值表达式 1>除以<数值表达式 2>所得到的余数	MOD(9,4)的结果是 1
MAX(参数 1,参数 2[,参数 3…])	从所给的若干个参数中找出最大值。在同一函数中，各参数的类型必须一致	MAX(34,45,1,4,78,9)的结果是 78 MAX("34","45","78","9")的结果是 9
MIN(参数 1,参数 2[,参数 3…])	从所给的若干个参数中找出最小值。在同一函数中，各参数的类型必须一致	MIN(34,45,4,78,9)的结果是 4 MIN("12","4","78","9")的结果是 12

表 2-5　字符函数

函　数	作　用	举例
LEFT(<字符表达式>,<数值表达式>)	从<字符表达式>的左部取<数值表达式>指定的若干个字符	LEFT("中国北京",4)的结果是"中国" LEFT（"Visual FoxPro",6）的结果是"Visual"
RIGHT(<字符表达式>,<数值表达式>)	从<字符表达式>的右部取<数值表达式>指定的若干个字符	RIGHT("中国北京",4)的结果是"北京" RIGHT（"Visual FoxPro",6）的结果是"FoxPro"
SUBSTR(<字符表达式>,<数值表达式 1>,<数值表达式 2>)	在<字符表达式>中，从<数值表达式 1>指定位置开始取<数值表达式 2>个字符，组成一个新的字符串	SUBSTR("中国首都是北京",5,4)的结果是"首都" SUBSTR("中国首都是北京",5)的结果是"首都是北京"
LEN(<字符表达式>)	计算字符串的长度	LEN("中国北京")的结果是 8 LEN("Visual")的结果是 6
UPPER(<字符表达式>)	将字符串中的所有小写字母转换为大写字母	UPPER("Visual")的结果是"VISUAL"
LOWER(<字符表达式>)	将字符串中的所有大写字母转换为小写字母	LOWER("Visual")的结果是"visual"
SPACE(<数值表达式>)	生成<数值表达式>个空格组成的字符串	SPACE(3)的结果是 3 个空格
ALLTRIM(<字符表达式>)	删除<字符表达式>首部和尾部的空格	ALLTRIM("　Visual　")的结果是"Visual"
LTRIM(<字符表达式>)	删除<字符表达式>首部的空格	"S"+LTRIM("　Information　　")+"S" 的结果是 SInformation　　S
RTRIM(<字符表达式>)	删除<字符表达式>尾部的空格	"S"+RTRIM("　Information　　")+"S" 的结果是 S　InformationS
&字符型内存变量[.表达式]	去掉字符型内存变量值的界限符。其中，"."用来终止&函数的作用范围	假设 X=12，Y="X" 则&Y 的结果是 12
AT|ATC(<字符表达式 1>,<字符表达式 2> [,<数值表达式>])	计算<字符表达式 1>在<字符表达式 2>中出现的位置，如果<字符表达式 1>没有在<字符表达式 2>中出现，则返回 0。<数值表达式>用于指定求<字符表达式 1>第几次出现的位置 AT 区分大小写	AT("TE","COMPUTER TEST")的结果是 6 AT("TE","COMPUTER TEST"，2)的结果是 10 AT("TU","COMPUTER TEST")的结果是 0

表 2-6　日期和时间函数

函　数	作　用	举　例
DATE()	返回系统的当前日期，返回值的类型为日期型（D）	
TIME()	返回系统的当前时间，返回值的类型为字符型（C）	
DATETIME()	返回系统当前的日期和时间，返回值类型为日期时间型（T）	
YEAR(<参数>)	取日期型或日期时间型数据对应的年份，返回值为整数数值（N）	YEAR({^2009/9/19})的结果是 2009
MONTH(<参数>)	取日期型或日期时间型数据对应的月份，返回值为整数数值（N）	MONTH({^2009/9/19})的结果是 9
DAY(<参数>)	取日期型或日期时间型数据对应月份的天数，返回值为整数数值（N）	DAY({^2009/9/19})的结果是 19
CDOW(<参数>)	返回指定日期的英文星期名称	CDOW({^2009/9/19})的结果是"Saturday"

表 2-7 类型转换函数

函 数	作 用	举 例
STR(<数值表达式>[,<长度>[,<小数位数>]])	将数值型数据转换为字符型数据	STR(23.45)的结果是" 23" STR(23.45，5)的结果是" 23" STR(23.45,4,1) 的结果是" 23.5"
VAL(<字符型表达式>)	将字符串前面符合数值型数据要求的数字字符转换为数值型数据	VAL("23.45+6FG")的结果是 23.45 VAL("FG")的结果是 0.00
CHR(<数值型表达式>)	将数值表达式的值作为 ASCII 码，给出其所对应的字符	CHR(67)的结果是 C
ASC(<字符型表达式>)	给出字符型表达式最左边字符的 ASCII 码值	ASC("C")的结果是 67
CTOD(<字符型表达式>)	将日期格式的字符串转换为日期型的日期值	CTOD("9/19/2009")的结果是{09/19/09}
DTOC(<日期型数据>)	将日期值转换为字符串	DTOC({^2009/9/19})的结果是"09/19/09"

表 2-8 测试函数

函 数	作 用	举 例
IIF(<逻辑表达式>,<表达式 1>, <表达式 2>)	如果<逻辑表达式>的值为.T.，则表达式 1 为函数的结果，否则表达式 2 为函数的结果	假设 X=23 则 IIF(X>0,X,-X)的结果是 23
BETWEEN(<表达式 1>, <表达式 2>, <表达式 3>)	测试表达式 1 的值是否在[表达式 2，表达式 3]范围内，如果在测试范围内，则函数结果为.T.，否则函数结果为.F.	BETWEEN(23,10,30)的结果是.T. BETWEEN(43,10,30)的结果是.F.
VARTYPE(<表达式>, <逻辑表达式>)	测试表达式的数据类型，返回用字母代表的数据类型，函数值为字符型。未定义或表达式错误返回字母 U	VARTYPE(23)的结果是"N" VARTYPE("23")的结果是"C" VARTYPE(P)的结果是"U"

4．运算符和表达式

运算符包括算术运算符、字符运算符、日期时间运算符、关系运算符和逻辑运算符等。表达式是通过运算符将常量、变量、函数等按一定规则合理地组合在一起的形式。各类运算符和表达式如表 2-9～表 2-13 所示。

（1）算术运算符及表达式

由算术运算符连接的表达式称为算术表达式，算术表达式中参加运算的数据类型和运算结果类型都是数值型。算术运算符含义和实例如表 2-9 所示。

表 2-9 算术运算符含义及运算实例

运 算 符	含 义	优 先 级	运 算 实 例	结 果
^或**	乘方	1	3^3	27
*	乘	2	5*(50-3)	235
/	除	2	50/10	5
%	取余	2	50%3	2
+	加	3	12+3	15
-	减	3	100-50	50

（2）字符运算符及表达式

字符表达式中参加运算的数据类型和运算结果类型都是字符。字符运算符含义和实例如表 2-10 所示。

表 2-10　字符运算符含义及运算实例

运 算 符	含 义	运 算 实 例	结 果
+	原样连接	C1+C2	"中国␣␣␣北京"
−	第一个字符串尾部空格移到整个连接结果的尾部	C1−C2	"中国␣北京␣␣"

注：C1、C2 为字符型变量，且 C1="中国␣␣"，C2="␣北京"，␣表示一个空格。

（3）关系运算符及表达式

关系运算符用于表达式值的比较运算，运算的结果为逻辑值.T.或.F.。关系运算符的含义和实例如表 2-11 所示。

表 2-11　关系运算符含义及运算实例

运 算 符	含 义	运 算 实 例	说 明
>	大于	8>X	8 大于 X 不成立，表达式结果为.F.
>=	大于等于	100>=Y	100 大于等于 Y 成立，结果为.T.
<	小于	50<Z	50 小于 Z 成立，结果为.T.
<=	小于等于	X<=10	X 小于等于 10 成立，结果为.T.
=	等于	X=Y	X 等于 Y 不成立，结果为.F.
= =	精确等于	"AS"= ="AS"	“AS”精确等于“AS”，结果为.T.
!=或#或<>	不等于	X!=Y	X 不等于 Y 成立，结果为.T.
$	包含	"A" $ "GAF"	“A”包含在“GAF”中，结果为.T.

注：X、Y、Z 为数值型变量，其中 X=10，Y=80，Z=100。

包含运算符“$”只能用于字符型数据。其他运算符可以用于数值型、字符型和日期型等数据类型的比较运算，但运算符两边的运算对象的数据类型必须相同。

“=”在进行字符串比较时，其结果与 SET EXACT ON|OFF 的状态有关，若为 ON，则是精确比较，“=”两边内容必须完全相同；若为 OFF，则“=”左边从第一个字符开始包含“=”右边的字符串，结果为.T.。系统默认状态为 SET　EXACT　OFF。

（4）逻辑运算符及表达式

逻辑运算符要求运算的数据必须是逻辑值，运算结果也是逻辑值。逻辑运算符的含义和实例如表 2-12 所示。

表 2-12　逻辑运算符含义及运算规则

运 算 符	含 义	优 先 级	运 算 实 例	结 果
NOT	取运算数据的相反值	1	NOT .T. NOT .F.	.F. .T.
AND	运算数据都为.T.，结果为.T.，其他情况都为.F.	2	.T. AND .T. .T. AND .F. .F. AND .T. .F. AND .F.	.T. .F. .F. .F.
OR	运算数据都为.F.，结果为.F.，其他情况都为.T.	3	.F. OR .F. .T. OR .T. .T. OR .F. .F. OR .T.	.F. .T. .T. .T.

（5）日期和日期时间运算符及表达式

日期和时间运算符为加号（+）和减号（-），其运算符含义和实例如表 2-13 所示。其中，加号可以完成日期或日期时间与数值数据的相加运算，表示在日期或日期时间数据上加上天数或秒数，结果为日期或日期时间数据。减号可以完成两个日期或日期时间数据的减法运算，结果为相差的天数或秒数。也可以完成日期或日期时间与数值数据的减法运算，表示在日期或日期时间数据上减去天数或秒数，其结果为日期或日期时间数据。

表 2-13　日期运算符含义及运算实例

运 算 符	含　义	运 算 实 例	结　果
+	日期加天数，结果为日期	D1+N	09/20/06
-	日期减天数，结果为日期	D1-N	08/31/06
-	两日期相减，结果为天数	D2-D1	30
+	日期时间加秒数，结果为日期时间	T1+N	09/10/06 10:20:20
-	日期时间减秒数，结果为日期时间	T1-N	09/10/06 10:20:00
-	两日期时间相减，结果为秒数	T2-T1	70

注：D1、D2 为日期型变量，T1、T2 为日期时间型变量，N 为数值型变量，表示天数或秒数。其中，D1={^2006/09/10}，D2={^2006/10/10}，N=10，T1={^2006/09/10 10:20:10}，T2={^2006/09/10　10:21:20}。

（6）运算符的优先级

当不同类型的运算符在同一个表达式中出现时，先执行算术运算、字符运算和日期时间运算，其次执行关系运算，最后执行逻辑运算。

在算术运算符中，先括号内，再括号外。算术运算符运算顺序为先^（或**），其次*、/、%，最后+、-；字符运算符优先级相同；关系运算符优先级相同；逻辑运算符优先级先 NOT 运算，再 AND 运算，最后 OR 运算。

5．表达式值的显示

在 Visual FoxPro 中，显示表达式的值可以使用命令“?”或“??”，其命令格式为：

```
?[<表达式表>]
??[<表达式表>]
```

其功能是计算表达式的值并将结果输出。“?”和“??”的区别在于“?”先换行，再输出表达式的值；“??”在当前位置输出表达式的值。

2.2.6　表记录的操作

1．当前记录

在表浏览状态下，表的最左侧有一个三角箭头称其为记录指针，三角箭头所指的记录称为当前记录。某一时刻，一个表中只能有一条记录是当前记录。

在 Visual FoxPro 中，按照输入记录的顺序，确定记录的原始排列顺序，用记录号来表示，但在表浏览状态下不显示记录号。

2．与表有关的函数

通过与表有关的函数，可以了解表中记录指针的位置和记录的状态，表 2-14 给出了与表有关的函数。

表 2-14　与表有关的函数

函　数	作　用	说　明
RECCOUNT()	计算并返回当前表或指定表中记录的个数	如果表中有 7 条记录， 则 RECCOUNT()的结果是 7
RECNO()	返回当前表或指定表的当前记录号	如果当前记录为 3， 则 RECNO()的结果是 3
BOF()	如果记录指针在表头则返回.T.，否则返回.F.	表头位置是： GO TOP SKIP -1 这时 BOF()的结果是.T.
EOF()	如果当前记录指针在表尾，则返回.T.，否则返回.F.	表尾位置是： GO BOTTOM SKIP 1 这时 EOF()的结果是.T.
DELETED()	测试当前记录是否有删除标记（*），如果有则返回.T.，否则返回.F.	如果当前记录被逻辑删除了， 则 DELETED()的结果是.T.
FOUND()	在表中执行查找命令时，测试查找结果，如果找到，则返回.T.，否则返回.F.	常用的查找操作有 LOCATE、FIND 和 SEEK 等

3．指针定位

指针定位操作用于改变记录指针的位置。

（1）绝对定位

绝对定位与当前记录无关，直接通过绝对定位命令 GO 或 GOTO 将记录指针指向需要的记录。

其命令格式为：

```
GO|GOTO   n | TOP   | BOTTOM
```

（2）相对定位

相对定位是在考虑当前记录位置的情况下，从当前记录位置向前或向后移动记录指针的定位方式。

其命令格式为：

```
SKIP [N]
```

1）N 可以是正整数或负整数。

2）如果是正整数，则从当前记录向其后移动 N 条记录；如果是负整数，则从当前记录向其前移动 N 条记录。

3）SKIP 按逻辑顺序定位，即如果使用索引，则按索引项的顺序定位。

4）不加参数的 SKIP 表示向后移动一条记录。

4．查找记录

要将记录指针指向满足条件的记录，可以使用 LOCATE 命令。

其命令格式为：

```
LOCATE   [<范围>]   FOR   <条件>
```

其中，FOR<条件>是定位的条件，主要是关系表达式或逻辑表达式。

该命令执行后将记录指针定位到指定范围内满足条件的第 1 条记录上，可以使用 CONTINUE 命令继续查找满足条件的其他记录，直到没有记录满足条件为止。

为了判段 LOCATE 或 CONTINUE 命令是否找到了满足条件的记录，可以使用 FOUND() 函数测试查找操作是否成功，若找到满足条件的记录，则函数返回.T.，否则返回.F.。

5．浏览表记录

当表中记录处于浏览状态时，有浏览和编辑两种显示形式，可选择"显示"→"浏览"命令或"编辑"命令进行切换。

浏览表中记录通常使用以下 3 种方法。

方法 1：在表打开的状态下选择"显示"→"浏览"命令。

方法 2：在命令窗口或程序中使用 BROWSE 命令浏览表中的记录。

其命令格式为：

```
BROWSE
```

方法 3：在数据库设计器中用鼠标右击要浏览记录的数据库表，然后在弹出的快捷菜单中选择"浏览"命令。

6．显示表记录

显示记录可以使用 LIST 命令或 DISPLAY 命令。其命令格式为：

```
LIST | DISPLAY   [[FIELDS] <字段名表>] [FOR   <条件>]
[WHILE   <条件>] [<范围>] [<OFF>]
```

1）命令中的字段名表是用逗号隔开的字段名列表，若省略将显示全部字段。在字段名表前面可以选择 FIELDS 短语。

2）条件指关系表达式或逻辑表达式，如果使用 FOR 短语指定条件，则显示满足条件的所有记录；如果使用 WHILE 短语指定条件，则遇到第一个不满足条件的记录就结束命令。

3）命令中的范围短语有 4 个，即 ALL、NEXT N、RECORD N 和 REST。其中，ALL 表示操作表中的所有记录，NEXT N 表示操作从当前记录开始的 N 条记录，RECORD N 表示操作第 N 条记录，REST 表示操作从当前记录开始的所有记录。

4）命令中的 OFF 短语用来确定显示记录时是否显示记录号，如果是 OFF，则不显示记录号。

二者的主要区别在于，当不使用条件和范围短语时，LIST 显示全部记录，而 DISPLAY 只显示当前记录。

7．修改表数据

对于有规律的大批量数据的修改，可以使用 REPLACE 命令或 UPDATE 命令来完成。REPLACE 命令只能用于在表打开时修改表中数据；UPDATE 命令是 SQL 语言中的命令，对表打开或关闭没有限制。

方法 1：使用 REPLACE 命令修改表中数据。

其命令格式为：

```
REPLACE   <字段名 1>   WITH   <表达式 1>   [,<字段名 2>   WITH   <表达式 2>…]
  [FOR <条件>]   [<范围>]
```

该命令的功能是使用<表达式 1>的值替换<字段名 1>的字段值，从而达到修改记录值的目的。该命令一次可以用多个表达式的值修改多个字段的值。如果不使用FOR条件短语和范围短语，则只修改当前记录；如果使用FOR条件短语或范围短语，则修改指定范围内满足条件的所有记录。

方法2：使用UPDATE命令修改表中数据。

UPDATE命令格式为：

```
UPDATE <表名>
SET <字段名 1= 表达式 1> [,字段名 2 = 表达式 2…]
[WHERE <条件>]
```

使用 WHERE 短语来指定修改的条件，条件是关系表达式或逻辑表达式；WHERE 短语用来限定修改记录需满足的条件；如果不使用 WHERE 短语，则更新全部记录，并且一次可以更新多个字段。

☞ **提示**

在使用REPLACE命令修改表记录时，需要首先打开表，而如果用UPDATE命令修改表记录，则不需要打开表。REPLACE命令中的条件短语用FOR或者WHILE，而UPDATE命令中的条件短语用WHERE。

8．插入记录

Visual FoxPro支持两种插入记录方式，一种是使用INSERT命令将记录插入到当前记录的前面或后面，要求先打开表，再执行插入操作；另一种是使用INSERT INTO命令将记录插入到表的末尾，对表的打开和关闭没有限制。

在插入操作中要用到数组，首先介绍数组的用法。

（1）数组

数组是一组带下标的变量，同一数组中的变量具有相同的名称和不同的下标。用下标标识数组中的不同元素，数组中元素的值可以是任意类型的数据，且同一数组中的不同元素，数值的类型也可以不同。

1）数组的定义：通常情况下，数组需要先定义，再使用，但在 Visual FoxPro 中，有时也可以不定义而直接使用。定义数组可以使用DIMENSION或DECLARE命令，两者的作用相同，其格式为：

```
DIMENSION|DECLARE <数组名 1(下标 1[,下标 2])>[,数组名 2(下标 1[,下标 2])]…
```

Visual FoxPro支持一维数组和二维数组，在定义数组时给出一个下标，表示定义的是一维数组；给出两个下标，表示定义的是二维数组。

定义了数组，但未给数组元素赋值时，数组元素具有相同的值且为逻辑值.F.。

2）数组的使用：数组在使用时，实际使用的是数组中的元素，而数组元素的使用与简单内存变量的使用一样，对简单变量操作的命令，均可以对数组元素进行操作，简单变量出现的位置，数组元素也可以出现。

（2）插入记录的方法

方法 1：使用 INSERT 命令。其命令格式为：

```
INSERT [BEFORE] [BLANK]
```

命令中的短语 BEFORE 用于指出插入记录的位置是在当前记录的前面还是在当前记录的后面，当不使用 BEFORE 短语时在当前记录的后面插入新记录。短语 BLANK 表示插入一条空记录。

方法 2：使用 INSERT INTO 命令，有两种格式。

格式 1：

```
INSERT   INTO <表名> [(字段名表) ]   VALUES   (表达式表)
```

1）命令中的“INSERT　INTO 表名”短语指明向表名所指定的表中插入记录。

2）当插入的各字段值不是完整的记录时，需要用字段名表给出要插入字段值的字段名列表；如果按顺序给出表中全部字段的值，则字段名表选项可以省略。“VALUES　(表达式表)”短语给出具体的，与字段名列表中给出的字段顺序相同及类型相同的值。

格式 2：

```
INSERT   INTO   <表名>   FROM   ARRAY   <数组名>
```

命令中的“FROM　ARRAY 数组名”短语说明从指定的数组中插入记录值。

9．删除记录

表中记录的删除包括逻辑删除和物理删除，逻辑删除记录是给要删除的记录加删除标记，逻辑删除的记录还可以恢复，即去掉删除标记。物理删除记录是将记录从表中真正删除，物理删除的记录不能再恢复。

（1）逻辑删除记录

如果想要将表中不需要的记录做一个记号，等到需要的时候再进一步处理，则可以执行逻辑删除记录操作。

如果要逻辑删除记录，可以采用下面的 3 种方法。

方法 1：在表浏览状态下单击“表”→“删除记录”命令→弹出“删除”对话框→在“作用范围”下拉列表框中选择要删除记录的范围→在 FOR 文本框或 WHILE 文本框中输入要删除记录满足的条件→单击 删除 按钮。

方法 2：使用 DELETE 命令，该命令要求先打开表。其命令格式为：

```
DELETE   [FOR <条件>]   [<范围>]
```

DELETE 命令用于实现逻辑删除指定范围内满足条件的记录，当不给出范围和条件短语时，只删除当前记录。

可以用 DELETE()函数检测记录的删除标记，如果带删除标记，则函数返回值为.T.，否则函数返回值为.F.。

方法 3：用 SQL 语言中的 DELETE FROM 命令删除，该命令不要求表打开或关闭。

DELETE FROM 命令格式：

```
DELETE   FROM   <表名>   [WHERE   <条件>]
```

1）命令中的 FROM 短语用于指定从哪个表中删除数据。

2）WHERE 短语给出被删除记录所需满足的条件。命令中如果不使用 WHERE 短语，则逻辑删除该表中的全部记录。

（2）恢复被逻辑删除的记录

如果要恢复逻辑删除的记录，可以采用下面两种方法。

方法 1：在表浏览状态下单击“表”→“恢复记录”命令→弹出“恢复记录”对话框→在对话框中选择恢复记录的范围和条件。

方法 2：用 RECALL 命令恢复逻辑删除的记录。其命令格式为：

```
RECALL  [FOR <条件>]  [<范围>]
```

RECALL 命令用于恢复（即去掉删除标记）指定范围内满足条件的记录，当不给出范围和条件短语时，只恢复当前记录。

（3）物理删除记录

对于已经打上删除标记的记录，如果确定不再需要了，则可以将其物理删除。使用下面 3 种方法均可以实现物理删除记录的操作。

方法 1：要在表浏览状态下删除带删除标记的记录，可以选择“表”→“彻底删除”命令。

方法 2：使用 PACK 命令物理删除带删除标记的记录。

其命令格式为：

```
PACK
```

方法 3：如果确定要物理删除表中所有的记录，可以不经过逻辑删除，直接删除所有记录。完成该删除操作使用 ZAP 命令。

其命令格式为：

```
ZAP
```

2.2.7 自由表与数据库表

数据库管理的重要对象之一就是表，归数据库管理的表称为数据库表，不归任何数据库管理的表称为自由表。自由表可以添加到数据库中，成为数据库表；反之，数据库表也可以从数据库中移出，成为自由表。

自由表与数据库表建立表结构的过程是相同的，但是表设计器是有区别的。另外，自由表与数据库表的主要区别还表现在以下几方面。

1）数据库表可以使用长表名，在表中可以使用长字段名。

2）自由表不能建立主索引，而数据库表可以建立主索引。

3）在两个数据库表之间可以建立永久关系，而两个自由表之间只可以建立临时关系。

4）数据库表可以设置字段有效性等数据字典信息，而自由表不可以。

1．建立数据库表

在“常用”工具栏的数据库列表中，如果显示了数据库名称，则此时建立的表就是数据库表，所建立的表归该数据库管理。

2. 建立自由表

在执行建立表操作时，如果不存在当前数据库，则所建立的表就是自由表。

3. 自由表转换为数据库表

方法 1：在数据库设计器中添加表。

打开数据库设计器→右击数据库设计器的空白区域→在弹出的快捷菜单中选择“添加表”命令→弹出“打开”对话框→在“打开”对话框中选择要添加的表→单击 确定 按钮。

方法 2：使用 ADD TABLE 命令。

ADD TABLE 命令用于将一个自由表添加到当前数据库中。

命令格式为：

```
ADD   TABLE   [<自由表名>|?]
```

命令中给出参数“？”或不给出参数，都能弹出“添加”对话框，要求进一步选择要添加的表文件。

方法 3：打开数据库设计器→单击“数据库”→“添加表”命令→在“打开”对话框中选择要添加的表→单击 确定 按钮。

☞ **提示**

一个表只能归一个数据库管理，当把已经存在于其他数据库中的表添加到另一个数据库中时，会出现错误提示。解决办法是将要添加的表从原来的数据库中移去，然后执行添加表操作。

4. 数据库表转换为自由表

方法 1：从数据库设计器中移出表。

打开数据库设计器→右击要移出数据库的表→在弹出的快捷菜单中选择“删除”命令→弹出“移出表”对话框→在对话框中单击 移去(R) 按钮。

在“移出表”对话框中给出了可以选择的操作，如果单击 移去(R) 按钮，则表示将表移出数据库，成为自由表；如果单击 删除(D) 按钮，则表示将表移出数据库的同时删除该表；如果单击 取消 按钮，则表示取消移出表的操作。

方法 2：使用 REMOVE TABLE 命令可以将数据库表从数据库中移出。其命令格式为：

```
REMOVE   TABLE   <表名>   [<DELETE>]   [<RECYCLE>]
```

命令中的 DELETE 短语表示在移出表的同时删除表。RECYCLE 短语表示将删除的表放入回收站。

方法 3：打开数据库设计器→单击要移去的表→单击“数据库”→“移去”命令→在弹出的“移出表”对话框中单击 移去(R) 按钮。

5. 删除数据库表

数据库表的删除操作与移出操作基本相同，即在“移出表”对话框中单击 删除(D) 按钮完成数据库表的删除操作。要删除数据库表，最好打开数据库表所在的数据库，进行删除操作。

6．删除自由表

删除自由表使用 DELETE FILE 命令，其命令格式为：

DELETE FILE <表名>

☞ 提示

在使用 DELETE FILE 命令删除自由表时，扩展名不能省略，并且需要先关闭要删除的表，然后再执行删除操作。

2.3 索引和排序

可以将表中记录的顺序按照某一个或某几个字段的值重新排列，一种排序方式是采用逻辑上的重新排列，称为索引。另一种排序方式是采用物理上的重新排列，称为排序。

不管是索引还是排序，记录的排序方式都分为升序和降序两种。

建立索引之后产生的结果是索引文件，原来的表文件的记录顺序根据索引文件在逻辑上排列记录，当索引文件关闭时，表中记录的顺序仍然是初始录入顺序。

建立排序，即根据排序关键字值的顺序重新产生一个新的表。要使用排序结果，只要直接使用排序产生的表就可以了。

2.3.1 关键字

在建立索引或排序时，需要确定根据哪个或哪几个字段的组合将记录的顺序重新排列。这样的字段或字段组合称为关键字。

1．候选关键字

凡是在表中能够唯一区分不同记录的字段或字段组合，都可以称为候选关键字，候选关键字可以有多个。

2．主关键字

在候选关键字中选择其中一个作为关键字，则称该候选关键字为该表的主关键字，主关键字只能有一个。

3．外部关键字

当表中某个字段或字段组合不是该表的关键字，而是另一个表的主关键字时，此字段或字段的组合称为外部关键字。

2.3.2 索引文件

索引文件分为单索引文件和复合索引文件，复合索引文件中可以包含多个索引，单索引文件中只能包含一个索引。复合索引文件又分为独立复合索引文件和结构复合索引文件。

1．单索引文件

单索引文件是扩展名为“.idx”的索引文件，用命令方式建立，必须用命令明确地打开。

2．结构复合索引文件

结构复合索引文件是文件名与表名相同，扩展名为“.cdx”的复合索引文件，用命令方式和表设计器均可建立，随表文件打开而自动打开。

3．独立复合索引文件

独立复合索引文件是文件名与表名不同，扩展名为“.cdx”的复合索引文件，用命令方式建立，必须明确打开才可以使用。索引建立后，要使表中记录按照索引关键字值的顺序显示，则必须先打开索引。

2.3.3 索引类型

索引类型共有主索引、候选索引、唯一索引和普通索引 4 种。如果是自由表设计器，索引类型列表中的主索引是不可选的。

1．主索引

在 Visual FoxPro 中，主索引的重要作用在于其主关键字特性，主关键字的特性表现为：

1）主索引只能在数据库表中建立，且只能建立一个。

2）被索引的字段值不允许出现重复的值。

3）被索引的字段值不允许为空值。

如果一个表为空表，那么可以在该表中直接建立一个主索引。如果一个表中已经有记录，并且将要建立主索引的字段含有重复的字段值或者有空值，那么，Visual FoxPro 将产生错误信息。如果一定要在这样的字段上建立主索引，则必须先修改有重复字段值的记录或有空值的记录。

2．候选索引

候选索引和主索引具有相同的特性。建立候选索引的字段可以看作是候选关键字，一个表可以建立多个候选索引。候选索引与主索引一样，要求字段值的唯一性并决定了处理记录的顺序。在数据库表和自由表中均可以建立多个候选索引。

3．唯一索引

唯一索引只在索引文件中保留第一次出现的索引关键字值。唯一索引以指定字段的首次出现值为基础，选定一组记录，并对记录建立索引。在数据库表和自由表中均可以建立多个唯一索引。

4．普通索引

普通索引不仅允许字段中出现重复值，并且索引项中也允许出现重复值。它为每一个记录建立一个索引项，而不管被索引的字段是否有重复记录值。在数据库表和自由表中均可以建立多个普通索引。

主索引和候选索引具有相同的功能，除具有按升序或降序索引的功能外，还具有关键字的特性。建立主索引或候选索引的字段值，可以保证唯一性，其拒绝出现重复的字段值。

2.3.4 索引文件的建立和使用

1．建立索引文件

方法 1：在表设计器中建立结构复合索引文件。

打开表设计器→在表设计器的“字段”选项卡中单击要建立索引的字段→选择索引顺序为降序→切换到表设计器的“索引”选项卡→确定索引名、类型和表达式等信息→单击【确定】按钮→弹出确认操作对话框→单击【是(Y)】按钮。

在表设计器中，“索引”选项卡用来建立或编辑索引，主要包含以下内容。

1）索引名：通过索引名使用索引，索引名只要是定义的合法名称即可。

2）类型：指定索引类型，可以选择主索引、候选索引、普通索引和唯一索引。主索引只能在数据库表中建立，关键字值不能重复；候选索引可以在数据库表和自由表中建立，关键字值不能重复，用于不作为主关键字但字段值又必须唯一的字段；普通索引用于数据库表和自由表，关键字值可以有重复；唯一索引用于数据库表和自由表，关键字值可以有重复，但在索引结果中只保留关键字值相同的第一条记录。

3）表达式：指定索引的表达式，可以是包含表中字段的合法表达式。表达式可以是单独的一个字段，如学号；也可以是包含字段的表达式，如 SUBSTR(学号,7,2)；表达式还可以包含多个字段，当多个字段的类型不同时，需要统一类型，例如按性别（C）和出生日期（D）建立索引，正确的表达式应为性别+DTOC(出生日期)。这时，因为性别的类型是字符型，而出生日期的类型是日期型，类型不一致，需要转换为相同类型，通常转换为字符型。

4）筛选：指定筛选条件，可以是关系表达式或逻辑表达式，用于限定参加索引的记录。

5）↑按钮：单击该按钮，可以更改索引的排序方式，即更改升序或降序。

方法 2：用 INDEX 命令建立索引文件。

用 INDEX 命令不仅可以建立结构复合索引文件，还可以建立独立复合索引文件和单索引文件。

1）用 INDEX 命令建立结构复合索引文件的命令格式为：

INDEX ON <索引表达式> TAG <索引名> [UNIQUE | CANDIDATE]

命令中的<索引表达式>短语可以是字段名，也可以是包含字段名的表达式。短语 TAG<索引名>是索引标识，多个索引可以共同存在于一个索引文件中，索引标识是使用每个索引时要使用的名称，称为索引名。索引名的命名符合 Visual FoxPro 中的规定即可。短语 UNIQUE 表示建立唯一索引。短语 CANDIDATE 表示建立候选索引。当命令中无 UNIQUE 和 CANDIDATE 短语时，表示建立的是普通索引。

需要注意，使用 INDEX 命令可以建立普通索引、唯一索引（UNIQUE）和候选索引（CANDIDATE），但不能建立主索引。

2）用 INDEX 命令建立独立复合索引文件的命令格式为：

INDEX ON <索引表达式> TAG <索引名> [UNIQUE | CANDIDATE] OF <索引文件名>

3）用 INDEX 命令建立单索引文件的命令格式为：

INDEX ON <索引表达式> TO <索引文件名>

2．使用结构复合索引文件

尽管结构复合索引文件在打开表的同时能够自动打开，但是用某个特定索引进行查询或需要按某个特定索引顺序显示记录时，需要通过索引名指定起作用的索引。

方法 1：在表浏览状态下单击“表”→“属性”命令→弹出“工作区属性”对话框→在“索引顺序”下拉列表框中选择索引名。

方法 2：用 SET ORDER 命令可以指定索引，确定记录的逻辑排列顺序。其命令格式为：

```
SET ORDER TO [<索引序号>| [TAG]<索引名> ] [ASCENDING|    DESCENDING]
```

可以按索引序号或索引名指定当前起作用的索引。在结构复合索引中，索引序号是指建立索引先后顺序的序号。不管索引是按升序还是按降序建立的，在使用时都可以用 ASCENDING 或 DESCENDING 指定升序或降序。

☞ **提示**

表要先打开，再使用 SET ORDER 命令。

3．使用索引快速查询

如果表中已经按照某个字段建立了索引，要查询索引字段的值，可以使用 SEEK 命令。其命令格式为：

```
SEEK <表达式> [ORDER<索引序号> | <索引名>]
```

其中，表达式的值是索引关键字的值。可以用索引序号或索引名指定按哪个索引定位。如果表中已经按照某个索引排列记录，在使用 SEEK 命令时，可以省略 ORDER<索引序号> | <索引名>短语，直接给出要查找的内容。

2.3.5 删除索引

如果某个索引不再使用，可以将其删除。

方法 1：打开表设计器→在“索引”选项卡中选择要删除的索引→单击 删除(D) 按钮。

方法 2：用命令方式删除结构复合索引文件中的某一个索引，其命令格式为：

```
DELETE   TAG   <索引名>
```

如果要删除全部索引，可以使用命令：

```
DELETE   TAG   ALL
```

如果要删除单索引文件，可以使用命令：

```
DELETE   FILE   <索引文件名>
```

2.3.6 排序

SORT 命令可以实现记录值的物理排序操作，排序结果将产生一个新的表。其命令格式为：

```
SORT  TO  <文件名>  ON  <字段 1>  [/A|/D] , … [FIELDS <字段名表>] [<范围>] [FOR<条件>]
```

1）命令中的<文件名>是保存排序结果的表，一般是一个原来不存在的表。

2）命令中的<字段 1>是排序字段，可以根据多个字段排序。[/A|/D]给出了排序方式，给出/A 表示升序，给出/D 表示降序，当两者都不给出时，表示按升序排序。

3）[FIELDS <字段名表>]短语给出了排序结果表中包含的字段，如果省略此短语，则排序结果中包含所有字段。

4）[<范围>]短语给出了参加排序记录的范围，当不给出范围时指所有记录。

5）[FOR<条件>]短语给出了参加排序的记录要满足的条件。

6）[<范围>]和[FOR<条件>]都不给出时，所有记录都参加排序。

2.4 数据完整性

数据完整性是数据库系统中很重要的概念，在 Visual FoxPro 中，也对数据完整性提供了比较好的支持，即提供了保证完整性的方法和手段。

2.4.1 实体完整性与主关键字

在 Visual FoxPro 中，用关键字建立主索引或候选索引，使得表中的记录不能存在两条完全相同的记录，从而保证表中记录不出现重复记录，这种特性称为实体完整性。

实体完整性指保证表中记录唯一的特性，即在一个表中不允许有重复的记录。在 Visual FoxPro 中，使用主关键字（主索引）或候选关键字（候选索引）来保证表中的记录唯一，即保证实体唯一性。

2.4.2 域完整性与约束规则

表中的每个字段都规定了字段类型，字段类型限定了字段可以接受的数据类型，称为域完整性。除此之外，在数据库表中还可以限定字段的取值范围等约束规则。字段的约束规则也称为字段有效性规则，在插入或修改字段值时被激活，主要用于数据输入正确性的检验。

设置字段有效性规则可以采用下面两种方法。

方法 1：在表设计器中设置字段的有效性规则。

在表设计器的“字段”选项卡中，有一组定义字段有效性规则的选项，包括规则、信息和默认值。其中，规则是定义字段的有效性规则，用关系表达式或逻辑表达式表示；信息是输入字段值违背字段有效性规则时的提示信息，信息用字符型表达式表示；默认值是新追加或插入记录时字段的默认值，默认值的类型与字段类型相同。

打开表设计器→单击“字段”选项卡中要设置有效性规则的字段→在字段有效性规则输入框中输入规则→在信息输入框中输入信息提示→在默认值输入框中输入默认值。

方法 2：使用 SQL 语言中修改表结构的命令 ALTER TABLE 设置字段有效性。

ALTER TABLE 命令一共有 3 种格式，在 2.2.4 节已经介绍了 ALTER TABLE 命令的两种格式，在此介绍第 3 种格式。该种格式主要用于定义、修改和删除字段级的有效性规则和默认值定义等信息。其命令格式为：

```
ALTER TABLE  <表名>  ALTER  [COLUMN]  <字段名>
[SET DEFAULT <默认值>]
[SET  CHECK <表达式> [ERROR<字符型表达式>]]
```

[DROP DEFAULT]
[DROP CHECK]

1）命令动词 SET 用于定义或修改字段级的有效性规则和默认值的定义。

2）命令动词 DROP 用于删除字段级的有效性规则和默认值的定义。

2.4.3 参照完整性与表之间的关系

数据库用来管理相互间存在关系的表，在存在关系的表之间可以建立关系，并设置两个表之间的参照完整性。

在 Visual FoxPro 中，为了建立参照完整性，首先建立表之间的关系，其次清理数据库，最后设置参照完整性。

1．表间关系

在存在于数据库中的两个表之间可以有对应关系，该种对应关系有 3 种类型。

1）一对一关系（1:1）：一个表中的每一个实体在另一个表中有且只有一个实体与之有关系，反之亦然。

2）一对多关系（1:n）：一个表中的每一个实体在另一个表中有多个实体与之有关系，反之，另一个表中的每一个实体在表中最多只有一个实体与之有关系。

3）多对多关系（n:m）：一个表中的每一个实体在另一个表中有多个实体与之有关系，反之亦然。

2．建立关系

如果有两个表，存在这样的字段：在一个表中字段的值是不重复的，在另一个表中字段的值是可以重复的，通常把具有该种特性的字段称为这两个表的联接字段。字段值不重复的表称为主表或父表，字段值可以重复的表称为辅表或子表。如果两个表有联接字段，则这两个表就可以建立关系。

☞ 注意

联接字段的字段类型和值域要相同，字段名可以相同，也可以不同。

建立关系时，在主表中用联接字段建立主索引或候选索引；在辅表中用联接字段建立普通索引。在两个表的索引建立好以后，用鼠标左键拖曳主索引或候选索引到另一个表的普通索引处，则在两个索引间会出现连线，该连线表示了两个表间建立了关系，所建立的关系是一对多关系。

如果在建立关系时操作有误，随时可以编辑修改关系，操作方法是右击要修改的关系，从弹出的快捷菜单中选择“编辑关系”命令，弹出“编辑关系”对话框。

也可以右击要修改的关系，从弹出的快捷菜单中选择“删除关系”命令，删除两个表之间的关系。

3．清理数据库

建立好两个表之间的关系后，还不能马上设置两个表之间的参照完整性，而需要执行清理数据库的操作，在正确清理数据库后，才能设置参照完整性。

清理数据库操作：选择“数据库” →“清理数据库”命令。

☞ 提示

在清理数据库时，如果出现“数据库的表正在使用时不能发布 PACK 命令”提示对话框，则表示数据库中的表处于打开状态，需要关闭后才能正常完成清理数据库操作。用户可以在“数据工作期”窗口中关闭表。

4．设置参照完整性

对于同一个数据库中存在的多个表，可以按照联接字段建立两个表之间的关系，在建立关系的两个表之间可以定义参照完整性。

参照完整性是指当建立关系的表在插入、删除或修改表中的数据时，通过参照引用相互关联的另一个表中的数据，来检查对表中数据的操作是否正确。

清理数据库后，右击表之间的关系→从弹出的快捷菜单中选择“编辑参照完整性”命令→弹出“参照完整性生成器”对话框。

“参照完整性生成器”对话框由更新规则、删除规则和插入规则 3 个选项卡组成，可以在每个选项卡中选择相应的规则，也可以在其中的更新、删除、插入的规则列表中选择相应的规则。

1）更新规则规定当更新父表中的联接字段（主关键字）值时，如何处理相关子表中的记录。

- 如果选择“级联”，则用新的联接字段值自动修改子表中的相关记录。
- 如果选择“限制”，若子表中有相关的记录，则禁止修改父表中的联接字段值。
- 如果选择“忽略”，则不作参照完整性检查，即可以随意更新父表中联接字段的值。

2）删除规则规定当删除父表中的记录时，如何处理子表中的相关记录。

- 如果选择“级联”，则自动删除子表中的所有相关记录。
- 如果选择“限制”，若子表中有相关的记录，则禁止删除父表中的记录。
- 如果选择“忽略”，则不作参照完整性检查，即删除父表中的记录与子表无关。

3）插入规则规定当插入子表中的记录时，是否进行参照完整性检查。

- 如果选择“限制”，若父表中没有相匹配的联接字段值，则禁止插入子记录。
- 如果选择“忽略”，则不作参照完整性检查，即可以随意插入子记录。

2.5 工作区与同时使用多个表

2.5.1 多工作区的概念及表示方法

1．工作区

在 Visual FoxPro 中，事先在内存中分配好了若干个工作区，用户可以将一个表在任意工作区中打开，并通过工作区的标识引用指定的表或表中的字段。

2．工作区的标识

1）工作区可以用工作区号表示，最小的工作区号用 1 表示，最大的工作区号用 32767 表示。

2）工作区的表示也可以用别名表示，别名可以是系统规定的工作区别名，用 A～J 表示前 10 个工作区，用 W11～W32767 表示其他工作区。

3）别名也可以由用户定义，在使用 USE 命令打开表的同时，就确定了打开的表所在工作区的别名，即在打开表的命令中就已经包含了别名。在打开表时，如果使用了 ALIAS 短语，则 ALIAS 短语后的名称就是工作区的别名；如果没有使用 ALIAS 短语，则表名就是工作区的别名。

2.5.2 使用不同工作区的表

1．选择工作区

选择工作区使用 SELECT 命令。

其命令格式为：

```
SELECT <工作区号 >|<工作区别名>
```

1）如果工作区号是一个大于等于 0 的数字，用于指定工作区号。

2）如果工作区号为 0，则选择编号最小的尚未使用的工作区。

3）工作区别名可以是系统规定的别名，也可以是打开表时指定的别名。

2．使用其他工作区的表

Visual FoxPro 允许在一个工作区中使用另一个工作区中的表。

在打开表时选择 IN 短语，可以在当前工作区不变的情况下，在 IN 短语指出的工作区中打开表。其命令格式为：

```
IN   <工作区号> | <别名>
```

在一个工作区中还可以通过别名来引用另一个工作区中表的字段，其具体方法是在别名后加上分隔符“.”或“->”，后接字段名。

3．使用数据工作期

在“数据工作期”窗口中，可以方便地打开表、关闭表、浏览表，还可以对已经排序的两个表建立关系。

选择“窗口”→“数据工作期”命令，可以打开“数据工作期”窗口。

4．建立表间的临时关系

在建立临时关系的两个表之间要有共同字段，两个表之间存在主辅之分。建立了临时关系的两个表，一个表作为主表，另一个表作为辅表，当主表中的记录指针发生变化时，辅表的记录指针相应变化。

建立临时关系的步骤是：

1）选择一个空闲的工作区，打开辅表，并用两个表的共同字段建立索引。

2）选择另一个工作区，打开主表。

3）在主表所在工作区中使用 SET RELATION 命令建立临时关系。

SET RELATION 命令格式为：

```
SET RELATION TO 索引关键字 INTO 别名|工作区号
```

如果已经建立了临时关系，则可以使用 SET RELATION 命令取消临时关系。其命令格式为：

```
SET RELATION TO
```

2.6 上机实训

2.6.1 实训1——Visual FoxPro数据元素

【实训目标】

1）掌握Visual FoxPro中的各种数据类型。

2）掌握变量与常量的使用。

3）掌握运算符与表达式的使用。

4）掌握函数的使用。

【实训内容】

1）变量和常量的输出显示。

2）表达式的使用。

3）常用函数的使用。

【操作过程】

1．变量和常量的输出显示

在命令窗口中输入下列命令，观察屏幕输出结果。

1）常量练习。

① 数值型常量。

```
?-123.45,678,555.55            输出结果：________________
??11,22                         输出结果：________________
```

② 字符型常量。

```
?"ASDFG","中国北京", "12345"     输出结果：________________
```

③ 逻辑型常量。

```
?.F. ,.T., .N. ,.Y.             输出结果：________________
```

④ 日期型常量。

```
? DATE(),{^2007/03/01}          输出结果：________________
SET   MARK   TO '.'
? DATE(),{^2007/03/01}          输出结果：________________
SET   CENTURY   ON
? DATE(),{^2007/03/01}          输出结果：________________
SET   CENTURY   OFF
? DATE(),{^2007/03/01}+30       输出结果：________________
```

2）变量练习。

① 内存变量的练习。

```
N="N101"
STORE   2*4   TO   A1,A2,A3
```

E={^2007/04/01}
STORE "李明" TO XM,姓名
A4=.T.
? N, A1, A2, A3 输出结果：________________
?? E, XM,姓名,A4 输出结果：________________

② 数组的练习。

DIMENSION C(3),B(2,3)
C=12
B(1,1)="VISUAL FOXPRO"
B(1,2)="08/07/04"
? C(1), C(2), C(3), B(1,1), B(1,2) 输出结果：________________

2．表达式的使用

?21/4 输出结果：________________
?21%4 输出结果：________________
?5^3 输出结果：________________
??" 广东 "+"佛山" 输出结果：________________
?DATE()-{^2003/4/19} 输出结果：________________
?{^2001/9/22}+20 输出结果：________________
?DATETIME()-100 输出结果：________________
?25<=26 输出结果：________________
?"AB"<"AC" 输出结果：________________
?"XYZ"="XY" 输出结果：________________
SET EXACT ON
?"XYZ"="XY" 输出结果：________________
?"PUT"$"COMPUTER" 输出结果：________________
?NOT .F. 输出结果：________________

3．常用函数的使用

1）数值型函数。

? INT(-235.58) 输出结果：________________
? ROUND(145.245,2) 输出结果：________________
? SQRT(6) 输出结果：________________
? ABS(23.54) 输出结果：________________
? MOD(22,4) 输出结果：________________
? MOD(-22,4) 输出结果：________________
? MOD(22,-4) 输出结果：________________
? RAND() 输出结果：________________
? MAX(4,23,MIN(33,25)) 输出结果：________________
? INT(100*RAND()) 输出结果：________________

2）字符型函数。

?SUBSTR("ABCDEFGH",3,5) 输出结果：________________
? SUBSTR("数据库系统",5,4) 输出结果：________________

```
? LEN(" 数据库系统   ")                    输出结果：________________
? LEN(SUBSTR("数据库系统",3,4))             输出结果：________________
? ALLTRIM(" 数据库    系统   ")             输出结果：________________
? "VB"+SPACE(2)+"CDEFGH"                    输出结果：________________
? UPPER("GBCDefgh")                         输出结果：________________
? LOWER("GBCDefgh")                         输出结果：________________
? VAL("3234.345")                           输出结果：________________
? VAL("223A4.56")                           输出结果：________________
? STR(4234.56,6,1)                          输出结果：________________
? CHR(66)                                   输出结果：________________
? ASC("Z")                                  输出结果：________________
```

3）日期处理函数。

```
SET CENTURY ON
? DATE()                                    输出结果：________________
SET CENTURY OFF
? DATE()                                    输出结果：________________
? CTOD("12/24/98")                          输出结果：________________
? DTOC({^1997/6/23} )                       输出结果：________________
? TIME()                                    输出结果：________________
? YEAR(DATE())                              输出结果：________________
SET DATE TO YMD
?DATE()                                     输出结果：________________
SET DATE TO DMY
?CTOD("1996/10/2")                          输出结果：________________
SET DATE TO MDY
?DATE()                                     输出结果：________________
```

4）类型转换函数。

```
? ASC("BC"), ASC("B")                       输出结果：________________
? CHR(65),CHR(97)                           输出结果：________________
DAY=CTOD("07/04/01")+10                     输出结果：________________
? DAY                                       输出结果：________________
?DTOC(DAY)                                  输出结果：________________
?DTOS(DAY)                                  输出结果：________________
?STR(123.456,10,4),STR(789,3,4)             输出结果：________________
?LOWER("asdCVB")                            输出结果：________________
?UPPER("abcDEFG")                           输出结果：________________
```

【注意事项】

1）对各种类型的常量形式要清楚。

2）在使用函数时，对参数的类型和位置的意义要清楚。

3）对“?”和“??”输出的不同点要清楚。

4）表达式要严格按照 Visual FoxPro 中规定的形式书写。

【实训心得】

____

____

____

____

____

____

____

____

____

2.6.2 实训 2——数据库的基本操作

【实训目标】

掌握数据库的建立与维护。

【实训内容】

1）建立数据库。

2）关闭数据库。

3）打开数据库。

4）删除数据库。

【操作过程】

1．建立数据库

用不同的方法分别建立名称为 RSGLXT.dbc 的数据库和运动会.dbc 的数据库。

方法 1：建立 RSGLXT.dbc 数据库。

选择“文件”菜单下的“新建”命令，在弹出的对话框中选择“数据库”选项，然后用鼠标单击“新建文件”图标按钮，在弹出的对话框中输入数据库文件名 RSGLXT.dbc,如图 2-1 所示。

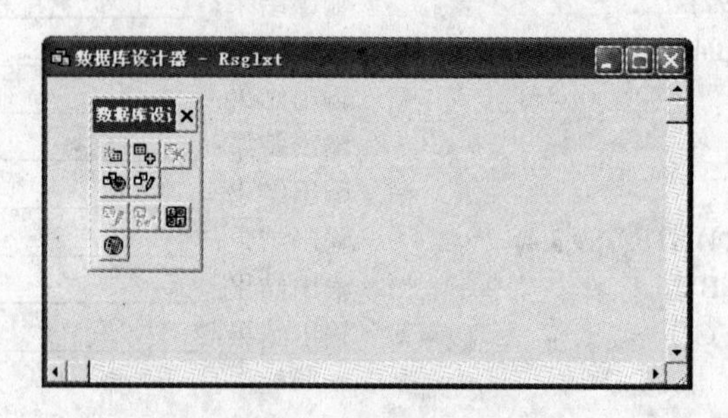

图 2-1　数据库设计器

方法 2：建立运动会.dbc 数据库。

在命令窗口中输入下面的命令。

```
CREATE DATABASE 运动会
```

2. 关闭数据库

将 RSGLXT.dbc 数据库关闭。

关闭数据库，可以根据需要选择关闭当前数据库命令，也可以关闭所有打开的数据库。在命令窗口中输入下面命令。

```
CLOSE DATABASE
```

或

```
CLOSE DATABASE ALL
```

3. 打开数据库

打开 RSGLXT.dbc 数据库。打开数据库可以使用下面的方法。

方法 1：单击“文件”菜单→选择“打开”命令→弹出“打开”对话框→在“文件类型”下拉列表框中选择文件类型为“数据库（*.dbc）”→选择要打开的数据库文件 RSGLXT.dbc→单击 确定 按钮。

方法 2：在命令窗口中输入下面的命令。

```
MODIFY DATABASE RSGLXT
```

4. 删除数据库

删除数据库 RSGLXT.dbc。

删除数据库的前提条件是将要删除的数据库置于关闭状态，在命令窗口中输入下面的命令。

```
CLOSE DATABASE ALL
DELETE DATABASE RSGLXT.dbc
```

【注意事项】

1）在操作数据库的过程中注意观察“常用”工具栏中的数据库列表。

2）对关闭数据库设计器与关闭数据库之间的关系要清楚。在关闭数据库时，其数据库设计器一定会关闭；而关闭数据库设计器，并没有关闭数据库。

3）删除数据库的前提是关闭要删除的数据库。

4）在“打开”对话框的“文件类型”下拉列表框中要正确选取文件类型。

【实训心得】

2.6.3 实训 3——表的建立及基本操作

【实训目标】

掌握数据库表和自由表的建立与维护。

【实训内容】

1）表的建立。

2）表的关闭。

3）表的打开。

4）表结构的显示。

5）表结构的修改。

6）复制表结构。

7）表记录的操作。

8）自由表与数据库表的转换。

【操作过程】

1. 表的建立

在运动会.dbc 数据库中分别建立图 2-2 中给出的比赛成绩表.dbf、运动员表.dbf、比赛组别表.dbf、比赛项目表.dbf 和参赛单位表.dbf。其中，各表的结构如表 2-15～表 2-19 所示。

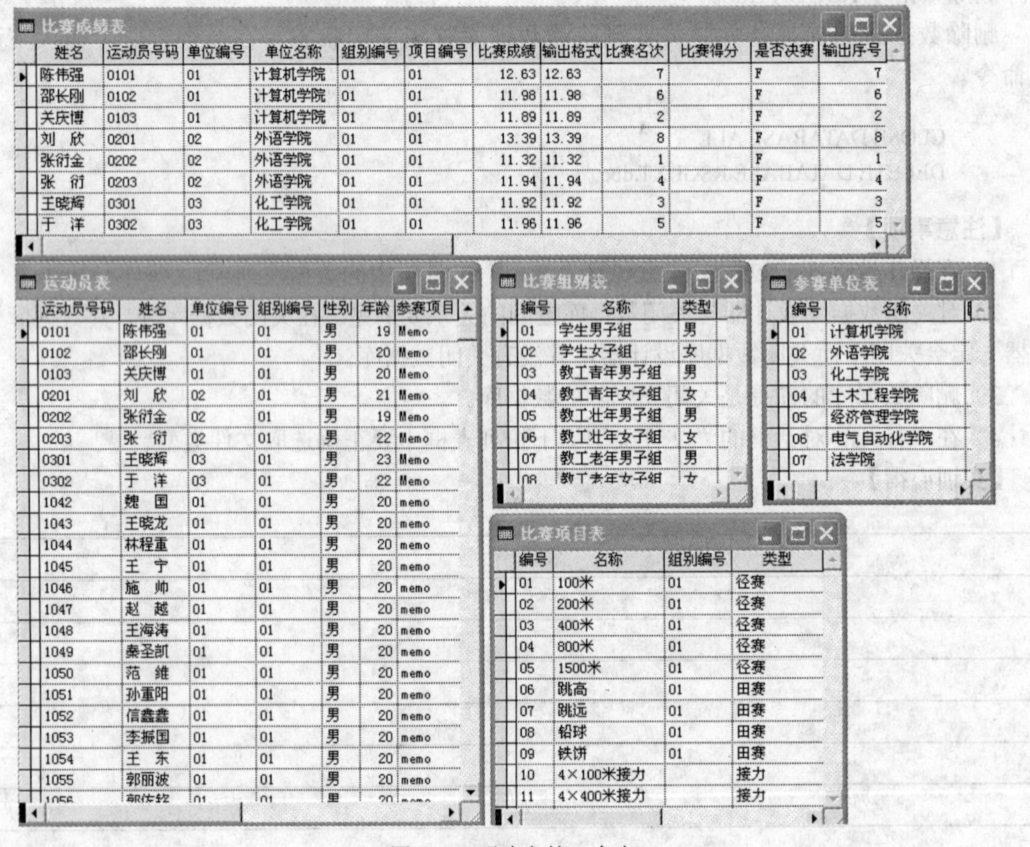

比赛成绩表

姓名	运动员号码	单位编号	单位名称	组别编号	项目编号	比赛成绩	输出格式	比赛名次	比赛得分	是否决赛	输出序号
陈伟强	0101	01	计算机学院	01	01	12.63	12.63	7		F	7
邵长刚	0102	01	计算机学院	01	01	11.98	11.98	6		F	6
关庆博	0103	01	计算机学院	01	01	11.89	11.89	2		F	2
刘　欣	0201	02	外语学院	01	01	13.39	13.39	8		F	8
张衍金	0202	02	外语学院	01	01	11.32	11.32	1		F	1
张　衍	0203	02	外语学院	01	01	11.94	11.94	4		F	4
王晓辉	0301	03	化工学院	01	01	11.92	11.92	3		F	3
于　洋	0302	03	化工学院	01	01	11.96	11.96	5		F	5

运动员表

运动员号码	姓名	单位编号	组别编号	性别	年龄	参赛项目
0101	陈伟强	01	01	男	19	Memo
0102	邵长刚	01	01	男	20	Memo
0103	关庆博	01	01	男	20	Memo
0201	刘　欣	02	01	男	21	Memo
0202	张衍金	02	01	男	19	Memo
0203	张　衍	02	01	男	22	Memo
0301	王晓辉	03	01	男	23	Memo
0302	于　洋	03	01	男	22	Memo
1042	魏　国	01	01	男	20	memo
1043	王晓龙	01	01	男	20	memo
1044	林程重	01	01	男	20	memo
1045	王　宁	01	01	男	20	memo
1046	施　帅	01	01	男	20	memo
1047	赵　越	01	01	男	20	memo
1048	王海涛	01	01	男	20	memo
1049	秦圣凯	01	01	男	20	memo
1050	范　维	01	01	男	20	memo
1051	孙重阳	01	01	男	20	memo
1052	信鑫鑫	01	01	男	20	memo
1053	李振国	01	01	男	20	memo
1054	王　东	01	01	男	20	memo
1055	郭丽波	01	01	男	20	memo

比赛组别表

编号	名称	类型
01	学生男子组	男
02	学生女子组	女
03	教工青年男子组	男
04	教工青年女子组	女
05	教工壮年男子组	男
06	教工壮年女子组	女
07	教工老年男子组	男
08	教工老年女子组	女

参赛单位表

编号	名称
01	计算机学院
02	外语学院
03	化工学院
04	土木工程学院
05	经济管理学院
06	电气自动化学院
07	法学院

比赛项目表

编号	名称	组别编号	类型
01	100米	01	径赛
02	200米	01	径赛
03	400米	01	径赛
04	800米	01	径赛
05	1500米	01	径赛
06	跳高	01	田赛
07	跳远	01	田赛
08	铅球	01	田赛
09	铁饼	01	田赛
10	4×100米接力		接力
11	4×400米接力		接力

图 2-2　要建立的 5 个表

表 2-15　比赛成绩表.dbf 的表结构

字段名	类型	宽度	小数位数
姓名	字符型	10	—
运动员号码	字符型	4	—
单位编号	字符型	2	—
单位名称	字符型	30	—
组别编号	字符型	2	—
项目编号	字符型	2	—
比赛成绩	数值型	8	2
输出格式	字符型	10	—
比赛名称	数值型	2	—
比赛得分	数值型	10	2
是否决赛	逻辑型	1	—
输出序号	数值型	2	—

表 2-16　运动员表.dbf 的表结构

字段名	类型	宽度	小数位数
运动员号码	字符型	4	—
姓名	字符型	10	—
单位编号	字符型	2	—
组别编号	字符型	2	—
性别	字符型	2	—
年龄	数值型	2	0
参赛项目	备注型	4	—

表 2-17　比赛组别表.dbf 的表结构

字段名	类型	宽度	小数位数
编号	字符型	2	—
名称	字符型	20	—
类型	字符型	2	—

表 2-18　比赛项目表.dbf 的表结构

字段名	类型	宽度	小数位数
编号	字符型	2	—
名称	字符型	20	—
组别编号	字符型	2	—
类型	字符型	10	—

表 2-19　参赛单位表.dbf 的表结构

字 段 名	类　型	宽　度	小数位数
名称	字符型	20	—
团体总分	数值型	8	2
男团总分	数值型	8	2
女团总分	数值型	8	2

操作步骤：

1）建立表结构。建立表结构的方法：

方法 1：

① 单击“文件”菜单，选择“新建”命令，弹出“新建”对话框。

② 在“新建”对话框的“文件类型”选项列表中选择“表”选项。

③ 单击“新建文件”图标按钮，弹出“创建”对话框。

④ 在“创建”对话框中给出表的文件名“比赛成绩表”，单击 保存(S) 按钮，弹出表设计器。

方法 2：在命令窗口中输入 CREATE 命令建立表结构。

```
CREATE　运动员表
```

方法 3：在数据库设计器中创建表结构。打开数据库设计器，右击数据库的空白区域，在弹出的快捷菜单中选择“新建表”命令，弹出“新建表”对话框，单击“新建表”图标按钮，弹出“创建”对话框，输入要创建的表名“比赛组别表”，单击 保存(S) 按钮，弹出“表设计器”对话框。

方法 4：使用 CREATE TABLE 命令不打开表设计器直接建立表结构。

```
CREATE　TABLE 比赛项目表(编号 C(2),名称 C (20),组别编号 C(2),类型 C(10))
CREATE　TABLE 参赛单位表(名称 C (20),团体总分 N(8,2), 男团总分 N(8,2), 女团总分 N(8,2))
```

2）录入表中数据。根据表 2-15～表 2-19 所给出的数据情况录入各个表中的数据。

根据表所处的状态不同，选择下面的方法录入表中的数据。

方法 1：直接录入数据。

刚建立了表结构，在提示要求确认是否输入数据的对话框中单击“是（Y）”，可以直接录入表数据。

方法 2：对于已经建立好的表，在表浏览状态下，要录入数据却不能录入，则可以采用追加方式录入。在表浏览状态下，单击“显示” 菜单，选择“追加方式”命令。该种方式可以追加录入多条记录。

方法 3：在命令窗口中使用 APPEND 命令追加数据。

2．表的关闭

用不同的方法分别将比赛成绩表.dbf、运动员表.dbf、比赛组别表.dbf、参赛单位表.dbf 和比赛项目表.dbf 关闭。关闭表可以使用以下方法。

方法 1：在命令窗口中使用 USE 命令关闭表。

```
USE
```

方法 2：在“数据工作期”窗口中关闭表。

单击“窗口”菜单，选择“数据工作期”命令，打开“数据工作期”窗口，选择要关闭的表，然后单击 关闭(C) 按钮。

3．表的打开

用不同的方法打开比赛成绩表.dbf、运动员表.dbf、比赛组别表.dbf、参赛单位表.dbf 和比赛项目表.dbf 表。打开表可以选择以下方法。

方法 1：单击“常用”工具栏中的“打开”按钮。

方法 2：单击“文件”菜单，选择“打开”命令。

方法 3：单击“窗口”菜单，选择“数据工作期”命令，在打开的“数据工作期”窗口中单击 打开(O) 按钮。

用上述 3 种方法中的任意一种，均可弹出“打开”对话框，在“打开”对话框中选择打开文件的类型为“表（*.dbf)”，选择要打开的表文件，然后选择“独占”方式，单击 确定 按钮。

方法 4：在命令窗口中使用 USE 命令打开表。

4．显示表结构

显示比赛项目表. dbf 表结构。显示表结构要首先打开表，然后输入显示表结构的命令。在命令窗口中输入下面的命令。

```
USE 比赛项目表
LIST STRUCTURE
```

或

```
DISPLAY STRUCTURE
```

5．修改表结构

把比赛项目表.dbf 中的“类型”字段名改为“比赛类型”。

修改表结构可以采用下面的方法。

方法 1：在表打开的状态下，单击“显示”菜单，选择“表设计器”命令。

方法 2：在数据库设计器中右击要修改的数据库表，在弹出的快捷菜单中选择“修改”命令。

方法 3：在命令窗口中输入 MODIFY STRUCTURE 命令。

```
MODIFY    STRUCTURE
```

以上 3 种方法均可以打开表设计器，然后在表设计器中完成修改操作。

方法 4：使用 ALTER TABLE 命令直接修改表结构。

```
ALTER TABLE 比赛项目表 RENAME COLUMN 类型 TO 比赛类型
```

6．复制表结构

要建立一个新表，其名称为 BXXMB.dbf，表结构与比赛项目表.dbf 完全相同，可以使用表结构复制命令将比赛项目表.dbf 表结构复制到 BXXMB.dbf 表。使用 COPY STRUCTURE 命令复制表结构。

```
USE 比赛项目表
COPY STRUCTURE TO  BXXMB
USE BXXMB
LIST
LIST STRUCTURE
```

7. 表记录的操作

1）在命令窗口中输入下列命令，观察执行结果。

```
USE 比赛项目表
?BOF() ,RECNO()                          输出结果__________
SKIP -1
?BOF(),RECNO()                           输出结果__________
GO BOTTOM
?EOF(),RECNO()                           输出结果__________
SKIP
?EOF(),RECNO()                           输出结果__________
LOCATE FOR 类型="田赛"
?FOUND(),EOF(),RECNO()                   输出结果__________
CONTINUE
?FOUND(),EOF(),RECNO()                   输出结果__________
```

2）浏览表记录。假设比赛项目表.dbf 表已经打开，使用不同的方法浏览表中的记录。

方法 1：单击“显示”菜单，选择“浏览”命令。

方法 2：在命令窗口中使用 BROWSE 命令浏览表中的记录。

```
BROWSE
```

方法 3：在数据库设计器中用鼠标右键单击比赛项目表.dbf 表，从弹出的快捷菜单中选择“浏览”命令。

方法 4：单击“窗口”菜单，选择“数据工作期”命令，在“数据工作期”对话框中选择比赛项目表. dbf 表，单击 浏览(B) 按钮。

3）显示表记录。要将记录指针指向第 2 条记录，首先使用 DISPLAY 命令显示记录，再使用 LIST 命令显示记录，观察命令执行的结果。在命令窗口中输入命令序列：

```
GO 2
DISPLAY
LIST
```

显示田赛类型的记录，不显示记录号。在命令窗口中输入命令序列：

```
LIST FOR 类型="田赛" OFF
```

或

```
DISPLAY FOR 类型="田赛" OFF
```

4）修改表数据。将比赛项目表.dbf中组别编号为“01”记录的类型在原类型的前面加上“青年”。

修改表中的数据可以使用以下方法。

方法1：使用REPLACE命令，在命令窗口中输入下面的命令序列，注意观察结果。

```
USE 比赛项目表
BROWSE                              && 为了观察结果执行此命令
REPLACE 类型 WITH "青年"+ALLTRIM(类型 ) ALL FOR 组别编号="01"
USE
```

方法2：使用UPDATE命令，在命令窗口中输入下面的命令序列，注意观察结果。

```
USE 比赛项目表
        && UPDATE 命令对表的打开或关闭没有限制，打开表是为了观察结果
BROWSE                                  && 为了观察结果执行此命令
UPDATE 比赛项目表 SET 类型="青年"+ALLTRIM(类型 ) WHERE 组别编号="01"
```

5）插入记录。在比赛项目表.dbf的末尾插入表2-20给出的两条记录。

表2-20 要插入的两条记录

编 号	项目名称	组别编号	类 型
12	100米	02	径赛
13	200米	02	径赛

在命令窗口中输入下面的命令序列，观察命令执行结果。

```
USE 比赛项目表
            && INSERT INTO 命令对表的打开或关闭没有限制，打开表是为了观察结果
BROWSE                        && 为了观察结果执行此命令
INSERT INTO 比赛项目表 VALUES("12","100米","02","径赛")
INSERT INTO 比赛项目表 VALUES("13","200米","02","径赛")
```

6）删除记录。逻辑删除比赛项目表.dbf中的径赛记录。在命令窗口中输入下面的命令序列，并观察结果。

```
USE 比赛项目表
BROWSE                        && 为了观察结果执行此命令
DELETE FOR "径赛"$ 类型
```

或

```
DELETE FROM 比赛项目表 WHERE "径赛"$ 类型
                              && DELETE FROM 命令对表的打开或关闭没有限制
```

8．自由表与数据库表的转换

1）将数据库表移出，成为自由表。将运动会.dbc数据库中的比赛项目表.dbf移出，使其

成为自由表。

可以使用下面的方法将数据库表移出。

方法 1：在命令窗口输入下面的命令：

```
MODIFY DATABASE 运动会        && 打开数据库
REMOVE TABLE 比赛项目表
```

方法 2：打开数据库设计器，用鼠标右键单击比赛项目表.dbf，在弹出的快捷菜单中选择“删除”命令，弹出“移出表”对话框，在该对话框中单击 移去(R) 按钮。

方法 3：打开数据库设计器，先单击比赛项目表.dbf，然后选择“数据库”菜单中的“移去”命令，在弹出的“移出表”对话框中单击 移去(R) 按钮。

2）将自由表添加到数据库中，使其成为数据库表。将自由表比赛项目表.dbf 添加到运动会.dbc 数据库中，使其成为数据库表。

可以使用下面的方法将自由表添加到数据库中。

方法 1：在数据库设计器中添加表。

打开数据库设计器，用鼠标右键单击数据库设计器的空白区域，在弹出的快捷菜单中选择“添加表”命令，弹出“打开”对话框，在“打开”对话框中选择比赛项目表.dbf，单击 确定 按钮。

方法 2：打开数据库设计器，单击“数据库”菜单，选择“添加表”命令，在“打开”对话框中选择比赛项目表.dbf，单击 确定 按钮。

方法 3：在命令窗口输入下面的命令：

```
MODIFY DATABASE 运动会        &&打开数据库
ADD TABLE 比赛项目表
```

【注意事项】

1）在建立表结构时，对于由数字组成的数据类型的设置，如学号、编号、序号等不需要进行算术运算时，字段类型最好设置为字符型。

2）在录入表中数据时，逻辑型数据.T.输入 T，.F.输入 F；日期型数据的默认输入格式是 MM/DD/YY。

3）在不加范围短语和条件短语时，LIST 显示所有记录，而 DISPLAY 显示当前记录。

4）LOCATE 命令能够将记录指针定位到满足条件的第一条记录，继续定位满足条件的记录需要使用 CONTINUE 命令。

5）在不加范围短语和条件短语时，DELETE、REPLACE 命令对当前记录操作。

6）部分记录的删除分两步操作：先逻辑删除，再物理删除。

【实训心得】

____

____

____

____

____

2.6.4　实训 4——建立表间永久关系及设置参照完整性

【实训目标】

1）掌握索引的建立方法。

2）掌握永久关系的建立方法。

3）了解数据完整性的作用。

【实训内容】

1）建立索引。

2）建立两个表之间的永久关系。

3）设置参照完整性。

【操作过程】

建立参赛单位表.dbf 和比赛成绩表.dbf 的必要索引，建立两个表的关系并设置参照完整性。

1. 建立索引

在运动会.dbc 数据库的比赛成绩表.dbf 中根据单位编号字段建立普通索引，在参赛单位表.dbf 中根据编号字段建立主索引。

1）按照以下方法在参赛单位表.dbf 中根据编号建立主索引。打开参赛单位表.dbf 表设计器，在表设计器的“字段”选项卡中单击编号字段，选择索引顺序为升序，切换到表设计器的“索引”选项卡，在索引类型列表中选择主索引，单击 确定 按钮，弹出确认操作对话框，单击 是(Y) 按钮，建立结果如图 2-3 所示。

2）按照以下方法在比赛成绩表.dbf 中根据单位编号建立普通索引。

```
USE　比赛成绩表
INDEX ON　单位编号　TAG　单位编号
```

建立结果如图 2-4 所示。

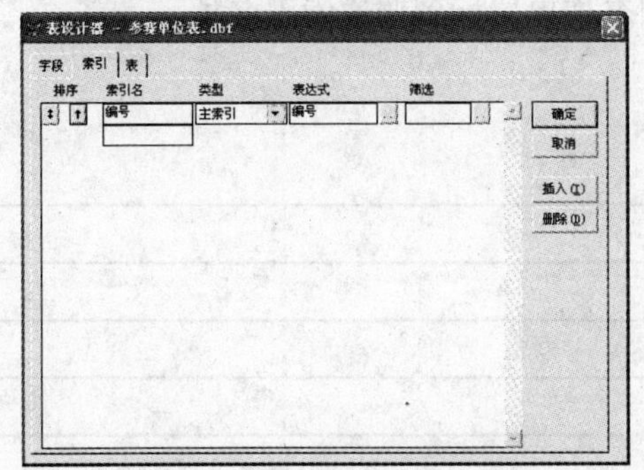

图 2-3　按编号建立的主索引

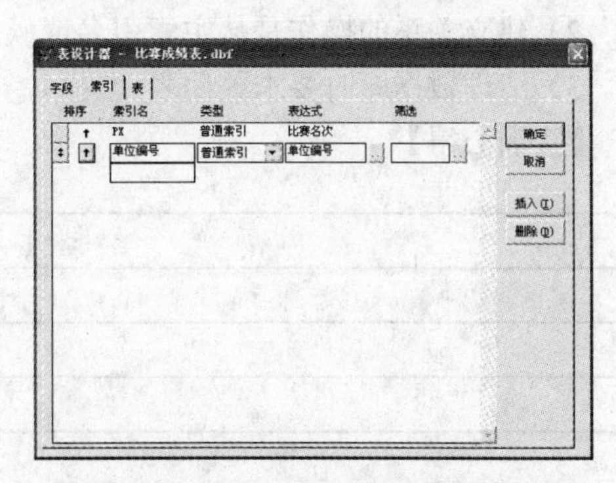

图 2-4　按单位编号建立的普通索引

2. 建立两个表之间的永久关系

建立参赛单位表.dbf 和比赛成绩表.dbf 间一对多的关系。

在运动会.dbc 数据库中，拖曳参赛单位表.dbf 中的编号主索引到比赛成绩表.dbf 中的单位编号普通索引处，释放鼠标。建立结果如图 2-5 所示。

3. 设置参照完整性

设置参赛单位表.dbf 和比赛成绩表.dbf 间的参照完整性。更新规则和删除规则分别设置为级联。

1）清理数据库。单击“数据库”菜单，选择“清理数据库”命令。

2）设置参照完整性。右击表之间的关系，从弹出的菜单中选择“编辑参照完整性”命令，弹出“参照完整性生成器”对话框，设置更新规则为级联，删除规则为级联。设置结果如图 2-6 所示。

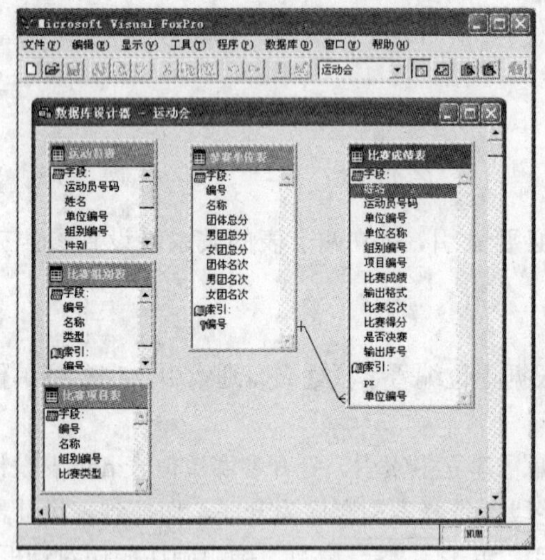

图 2-5　一对多关系建立结果

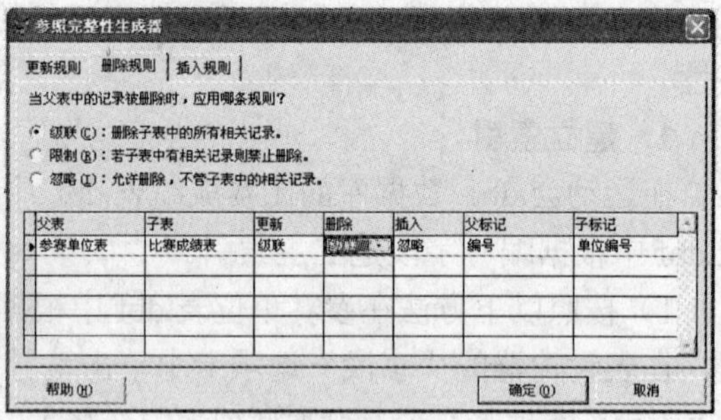

图 2-6　参照完整性设置结果

【注意事项】

1）两个表之间一对多关系的建立需要联接字段，一个表作为主表，此表中的联接字段值不能重复，用此联接字段建立主索引或候选索引。另一个表作为辅表，此表中的联接字段值可以重复，用此联接字段建立普通索引。

2）建立关系的操作是从主索引名或候选索引名拖曳鼠标到普通索引名处。

3）清理数据库时要求关闭表。

【实训心得】

2.6.5 实训5——建立表间临时关系

【实训目标】

掌握表间临时关系的建立方法。

【实训内容】

建立两个表之间的临时关系。

【操作过程】

建立运动员表.dbf和比赛成绩表.dbf 之间的临时关系。在不同的工作区中分别打开两个表，把运动员表.dbf 作为主表，把比赛成绩表.dbf 作为辅表，用运动员表.dbf 关联比赛成绩表.dbf，使得比赛成绩表.dbf的记录指针随着运动员表.dbf的记录指针变化。

```
SELECT 1
USE 比赛成绩表
INDEX ON    单位编号   TO   BH1                    &&建立单索引文件
SELECT 2
USE 运动员表
SET   RELATION   TO   单位编号   INTO   1
BROWSE
SELECT 1
BROWSE
```

图2-7给出了建立临时关系的两个表间记录的对应关系。

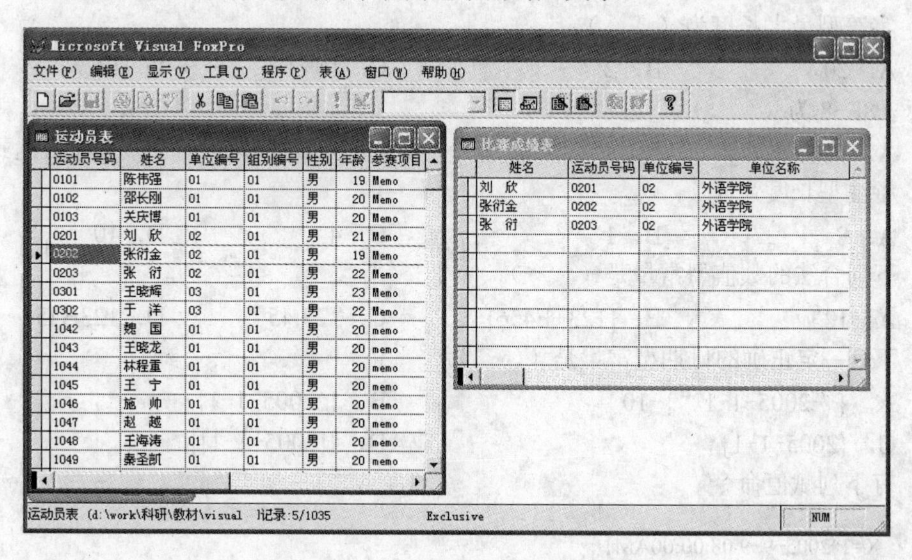

运动员号码	姓名	单位编号	组别编号	性别	年龄	参赛项目
0101	陈伟强	01	01	男	19	Memo
0102	邵长刚	01	01	男	20	Memo
0103	关庆博	01	01	男	20	Memo
0201	刘　欣	02	01	男	21	Memo
0202	张衍金	02	01	男	19	Memo
0203	张　衍	02	01	男	22	Memo
0301	王晓辉	03	01	男	23	Memo
0302	于　洋	03	01	男	22	Memo
1042	魏　国	01	01	男	20	memo
1043	王晓龙	01	01	男	20	memo
1044	林程重	01	01	男	20	memo
1045	王　宁	01	01	男	20	memo
1046	施　帅	01	01	男	20	memo
1047	赵　越	01	01	男	20	memo
1048	王海涛	01	01	男	20	memo
1049	秦圣凯	01	01	男	20	memo

姓名	运动员号码	单位编号	单位名称
刘　欣	0201	02	外语学院
张衍金	0202	02	外语学院
张　衍	0203	02	外语学院

图2-7　建立了临时关系的两个表

【注意事项】

1）建立临时关系要使用多个工作区，分别在不同的工作区中打开表。

2）在建立临时关系的两个表中，一个表作为主表，另一个表作为辅表。

3）辅表要用关联字段建立普通索引。

4）SET RELATION 命令在主表所在工作区中执行。

5）建立了临时关系后，如果主表记录指针发生变化，辅表记录指针会跟随变化。

【实训心得】

____

____

____

____

____

____

____

____

____

____

2.7 习题

（一）选择题

1．下列数据中不是字符类型的数据是（　　）。

A．01/01/98　　B．" 01/01/98"　　C．"12345"　　D．"ASDF"

2．字符型最大长度为（　　）。

A．20　　B．254　　C．10　　D．64

3．1.8E-8 为（　　）。

A．数值常量　　B．字符常量　　C．日期常量　　D．非法表达式

4．备注型长度为（　　）。

A．8　　B．1　　C．4　　D．10

5．下列合法的数值型常量是（　　）。

A．123　　B．[123+E456]　　C．“23.45”　　D．123B45

6．下列一定正确的日期型常量是（　　）。

A．{“2005-1-1“}-10　　B．{^2005-1-1}

C．{2005-1-1}　　D．{[2005-1-1]}

7．有下列赋值命令

```
X={^2005-9-9 08:00:00AM}
Y=.F.
Z=123.45
M=$123.45
N='123.45'
```

依次执行命令后，内存变量 X、Y、Z、M、N 的数据类型为（　　）。

A．D、L、N、Y、C　　B．T、L、N、M、C

C．T、L、N、M、C　　　　D．T、L、N、Y、C

8．同时给内存变量 A1 和 A2 赋值的正确命令是（　　）。

A．A1,A2=0　　　　B．A1=0,A2=0

C．STORE 0 TO A1,A2　　　　D．STORE 0,0 TO A1,A2

9．VAL("123.45")的值为（　　）。

A．"123.45"　　B．123.45　　C．123.45000　　D．12345

10．STR(109.87,7,3)的值为（　　）。

A．109.87　　B．"109.87"　　C．109.870　　D．"109.870"

11．将日期型数据转换为字符型数据的函数是（　　）。

A．DTOC　　B．STR　　C．CTOD　　D．VAL

12．下列是合法变量名的选项是（　　）。

A．AB7　　B．7AB　　C．IF　　D．A[B]7

13．假设 X=15，Y=21，表达式(X=Y) OR (X<Y) 的值为（　　）。

A．.T.　　B．.F.　　C．1　　D．0

14．正确表达 X 是小于 100 的非负数的表达式的是（　　）。

A．0≦X<Y　　　　B．0<=X<100

C．0<=X　AND　X<100　　　　D．0<=X　OR　X<100

15．DECLARE MM(2)定义数组 MM，其包括的数组元素个数为（　　）。

A．2　　B．3　　C．5　　D．6

16．在数据库表中，字段名长度不能超过（　　）个字符。

A．128　　B．64　　C．255　　D．10

17．下列在自由表中字段变量名正确的是（　　）。

A．佛山大学　　　　B．中山大学信息中心

C．9BQ　　　　D．A2　6

18．下列属于变量的是（　　）。

A．工人　　B．'大学教师'　　C．.T.　　D．19.5

19．属于严格日期格式的选项是（　　）。

A．{^YYYY-MM-DD}　　　　B．{ YYYY-MM-DD }

C．{MM-DD-YYYY}　　　　D．{DD-MM-YYYY}

20．设置日期格式为非严格日期格式的命令是（　　）。

A．SET DATE TO AMERICAN　　　　B．SET DATE TO USA

C．SET DATE TO YMD　　　　D．SET STRICTDATE TO 0

21．显示年份的世纪标记命令是（　　）。

A．SET CENTURY ON　　　　B．SET CENTURY OFF

C．SET TALK ON　　　　D．SET TALK OFF

22．Visual FoxPro 变量包含系统变量、（　　）。

A．简单变量和数值变量　　　　B．内存变量和字段变量

C．字符变量和数组变量　　　　D．一般变量和下标变量

23．下列不正确的表达式是（　　）。

A．{^2005-9-9 10:10:10AM}-10　　B．{^2005-9-9}+100

C．{^2005-9-9}-DATE()　　D．{^2005-9-9}+DATE()

24．假设 A=567，B=123，S="A+B" 表达式 10+&S 的值为（　　）。

A．1+A+B　　B．690　　C．700　　D．10+567+123

25．执行命令?AT("中心","广东省考试中心")，结果显示（　　）。

A．11　　B．14　　C．10　　D．6

26．下列不符合 Visual FoxPro 语法规则的是（　　）。

A．{04/05/97}　　B．T+T　　C．VAL("1234")　　D．2X>100

27．下列运算符的运算顺序正确的是（　　）。

A．逻辑、算术、关系　　B．逻辑、关系、算术

C．算术、关系、逻辑　　D．关系、逻辑、算术

28．下列表达式运行结果是字符型的是（　　）。

A．"1234"-"43"　　B．"56"+"XYZ"="56XYZ"

C．DTOC(DATE())>"08-05-99"　　D．CTOD("08-05-99")

29．清除主窗口输出区域内容的命令是（　　）。

A．CLEAR ALL　　B．CLEAR

C．CLEAR SCREEN　　D．CLEAR WINDOWS

30．通用和备注字段宽度都是（　　）。

A．8 个字节　　B．2 个字节　　C．4 个字节　　D．10 个字节

31．逻辑型字段宽度为（　　）。

A．1 个字节　　B．2 个字节　　C．3 个字节　　D．4 个字节

32．执行下列命令的结果为（　　）。

```
X=CTOD("01-15-2003")
Y=CTOD("01-10-2003")
?Y-X
```

A．-5　　B．6　　C．5　　D．错误

33．下列表达式不正确的是（　　）。

A．{^10/01/2003}-1<>{^10/01/2003}　　B．"123"-"1234">"12345"

C．.T. > .F.　　D．"1234"+"12">"123412"

34．执行下列命令的结果为（　　）。

```
STORE 100 TO YA
STORE 200 TO YB
STORE 300 TO YAB
STORE "A" TO N
STORE "Y&N" TO M
?&M
```

A．100　　B．200　　C．300　　D．Y&M

35．假设今年是 2005 年，下面表达式的值为（　　）。

VAL(SUBSTR('P568',2,1)+RIGHT(STR(YEAR(DATE())),2))+3

A．33　　B．508　　C．800.00　　D．出错

36．下列表达式值为.T.的是（　　）。

A．[888]-XYZ　　B．NAME+"NAME"

C．11/19/2003　　D．DATE()+5>DATE()

37．下列表达式错误的是（　　）。

A．"信息中心"+"考试"　　B．{1998/12/18}

C．.T.+.F.　　D．(10^2-2^10)*2

38．下列表达式正确的是（　　）。

A．{'信息世界'}　　B．[[信息世界]]

C．['信息世界']　　D．""信息世界""

39．下列运算结果是数值型的是（　　）。

A．SUBSTR("1234.678",5,2)　　B．"COM"$"COMPUTER"

C．AT("COM","COMPUTER")　　D．YEAR(DATE())=2008

40．判断数值型数据 X 能否被 13 整除的不正确的是（　　）。

A．MOD(X,13)=0　　B．0=MOD(X,13)

C．INT(X/13)=X/13　　D．MOD(X,13)=INT(X/13)

41．ZAP 命令可以删除当前表文件的（　　）。

A．全部记录　　B．满足条件的记录

C．结构　　D．有删除标记的记录

42．数据库表的索引共有（　　）种。

A．1　　B．2　　C．3　　D．4

43．要限制数据库表中字段的重复值，可以使用（　　）。

A．主索引或侯选索引　　B．主索引或唯一索引

C．主索引或普通索引　　D．唯一索引或普通索引

44．参照完整性规则不包括（　　）。

A．插入规则　　B．查询规则　　C．更新规则　　D．删除规则

45．设某数值型字段宽度为 8，小数位数为 2，则该字段整数部分的最大取值为（　　）。

A．99999　　B．999999　　C．9999999　　D．99999999

46．在数据库设计器中，建立两个表间的一对多关系是通过（　　）实现的。

A．“一方”表为主索引或侯选索引，“多方”表为普通索引

B．“一方”表为主索引，“多方”表为普通索引或侯选索引

C．“一方”表为普通索引，“多方”表为主索引或侯选索引

D．“一方”表为普通索引，“多方”表为普通索引或侯选索引

47．DELETE　FROM　GZ　WHERE　工资>3000 命令的功能是（　　）。

A．从 GZ 表中彻底删除工资大于 3000 的记录

B．GZ 表中工资大于 3000 的记录被加上删除标记

C．删除 GZ 表

D．删除 GZ 表的工资列

48．要使学生数据库表中不出现同名的学生的记录，需对姓名字段建立（　　）。

A．字段有效性限制　　　B．主索引或候选索引

C．记录有效性限制　　　D．设置触发器

49．在 Visual FoxPro 中，可以对字段设置默认值的表是（　　）。

A．自由表　　　B．数据库表

C．自由表或数据库表　　　D．都不能设置

50．下列关于自由表的说法中，错误的是（　　）。

A．在没有打开数据库的情况下所建立的表，就是自由表

B．自由表不属于任何一个数据库

C．自由表不能转换为数据库表

D．数据库表可以转换为自由表

51．要将数据库表从数据库中移出成为自由表，可使用命令（　　）。

A．DELETE TABLE <数据库表名>　　　B．REMOVE TABLE <数据库表名>

C．DROP TABLE <数据库表名>　　　D．RELEASE TABLE <数据表名>

52．不能对记录进行编辑修改的命令是（　　）。

A．BROWSE　　　B．MODIFY STRUCTURE

C．CHANGE　　　D．EDIT

53．已打开的表文件的当前记录号为 150，要将记录指针移向记录号为 100 的命令是（　　）。

A．SKIP 100　　　B．SKIP 50　　　C．GO –50　　　D．GO 100

54．假定学生表 STUD.dbf 中前 6 条记录均为男生的记录，执行以下命令序列后，记录指针定位在（　　）。

```
USE STUD
GOTO 3
LOCATE NEXT 3 FOR 性别="男"
```

A．第 5 条记录上　　　B．第 6 条记录上

C．第 4 条记录上　　　D．第 3 条记录上

55．要对一个打开的表增加新字段，应当使用命令（　　）。

A．APPEND　　　B．MODIFY STRUCTURE

C．INSERT　　　D．CHANGE

56．要在一个打开的表中删除某些记录，应先后选用的两个命令是（　　）。

A．DELETE、RECALL　　　B．DELETE、PACK

C．DELETE、ZAP　　　D．PACK、DELETE

57．执行 LIST NEXT 1 命令之后，记录指针的位置指向（　　）。

A．下一条记录　　　B．首记录　　　C．尾记录　　　D．原来记录

58．执行下面的命令之后，屏幕显示的是所有性别字段值为"女"的记录，这时记录指针指向（　　）。

DISPLAY 姓名，出生日期 FOR 性别="女"

A．文件尾

B．最后一个性别为"女"的记录的下一个记录

C．最后一个性别为"女"的记录

D．状态视表文件中数据记录的实际情况而定

59．在 SQL 命令中，用于创建表的命令是（　　）。

A．CREATE TABLE　　B．MODIFY STRUCTURE

C．CREATE STRUCTURE　　D．MODIFY TABLE

60．在执行命令 DISPLAY WHILE 性别="女"时，屏幕上显示了若干记录，但执行命令 DISPLAY WHILE 性别="男"时，屏幕上没有显示任何记录，这说明（　　）。

A．表文件是空文件

B．表文件中没有性别字段值为"男"的记录

C．表文件中的第 1 个记录的性别字段值不是"男"

D．表文件中当前记录的性别字段值不是"男"

61．在 SQL 命令中，修改表结构的命令是（　　）

A．MODIFY TABLE　　B．MODIFY STRUCTURE

C．ALTER TABLE　　D．ALTER STRUCTURE

62．在 Visual FoxPro 中，能够进行条件定位的命令是（　　）。

A．SKIP　　B．SEEK　　C．LOCATE　　D．GO

63．用 REPLACE 命令修改记录的特点是可以（　　）。

A．边查阅边修改　　B．在表之间自动更新

C．成批自动替换　　D．按给定条件顺序修改更新

64．学生表中有 D 型字段"出生日期"，若要显示学生生日的月份和日期，应当使用命令（　　）。

A．?姓名+MONTH(出生日期)+"月"+DAY(出生日期)+"日"

B．?姓名+STR(MONTH(出生日期)+"月"+DAY(出生日期))+"日"

C．?姓名+STR(MONTH(出生日期),2)+"月"+STR(DAY(出生日期),2)+"日"

D．?姓名+SUBSTR(MONTH(出生日期))+"月"+SUBSTR(DAY(出生日期))+"日"

65．在定义表结构时，逻辑型、日期型和备注型字段的宽度分别为（　　）。

A．1、8、4　　B．1、8、10

C．3、8、10　　D．3、8、任意

66．在 SQL 命令中，条件短语的关键字是（　　）

A．WHERE　　B．FOR　　C．WHILE　　D．CONDITION

67．在表中，记录是由字段值构成的数据序列，但数据长度要比各字段宽度之和多一个字节，该字节是用来存放（　　）的。

A．记录分隔标记　　B．记录序号

C．记录指针定位标记　　D．删除标记

68．设当前表未建立索引，执行 LOCATE FOR 职称="讲师"，则（　　）。

A．从当前记录开始向后找　　B．从当前记录的下一条开始向后找

C．从最后一条记录开始向前找　　D．从第一条记录开始向后找

69．SQL 的数据操作命令不包括（　　）

A．INSERT　　B．UPDATE

C．DELETE　　D．CHANGE

70．SORT 命令和 INDEX 命令的区别是（　　）。

A．前者按指定关键字排序，后者按指定记录排序

B．前者按指定记录排序，后者按指定关键字排序

C．前者改变了记录的物理位置，后者却不改变

D．后者改变了记录的物理位置，前者却不改变

71．顺序执行下面的命令后，屏幕所显示的记录号顺序是（　　）。

```
USE XYZ
GO  6
LIST NEXT 4
```

A．1～4　　B．4～7　　C．6～9　　D．7～10

72．设当前表文件含有字段 salary，则命令 REPLACE salary WITH 1500 的功能是（　　）。

A．将表中所有记录的 salary 字段值都改为 1500

B．只将表中当前记录的 salary 字段值改为 1500

C．由于没有指定条件，所以不能确定

D．将表中以前未更改过的 salary 字段的值改为 1500

73．“学生成绩.dbf”表文件中有数学、英语、计算机和总分 4 个数值型字段，要将当前记录的 3 科成绩汇总后存入总分字段中，应使用命令（　　）。

A．TOTAL 数学+英语+计算机 TO 总分

B．REPLACE 总分 WITH 数学+英语+计算机

C．SUM 数学,英语,计算机 TO 总分

D．REPLACE ALL 数学+英语+计算机 WITH 总分

74．表文件共有 30 条记录，当前记录号是 10，执行命令 LIST NEXT 5 后，当前记录号是（　）。

A．10　　B．15　　C．14　　D．20

75．打开一个空表文件（无任何记录），在未作记录指针移动操作时，RECNO()、BOF()和 EOF()函数的值分别是（　　）。

A．0、.T.、和.T.　　B．0、.T.、和.F.

C．1、.T.、和.T.　　D．1、.T.、和.F.

76．Visual FoxPro 内存变量的数据类型不包括（　　）。

A．数值型　　B．货币型　　C．逻辑型　　D．备注型

77．要删除当前表文件的“性别”字段，应当使用命令( )。

A．MODIFY STRUCTURE　　B．DELETE 性别

C．REPLACE 性别 WITH " "　　D．ZAP

78．要显示“学生成绩.dbf”表文件中平均分超过 90 分或平均分不及格的全部女生记录，应当使用命令（　）。

A．LIST FOR 性别='女',平均分>=90,平均分<=60

B．LIST FOR 性别='女'.AND.平均分>90.AND.平均分<60

C．LIST FOR 性别='女'.AND.平均分>90.OR.平均分<60

D．LIST FOR 性别='女'.AND.(平均分>90.OR.平均分<60)

79．表有 10 条记录，当前记录号是 3，使用 APPEND BLANK 命令增加一条空记录后，则当前记录的序号是（　）。

A．4　　B．3　　C．1　　D．11

80．当前表文件有 25 条记录，当前记录号是 10。执行命令 LIST REST 后，RECNO()函数的值是（　）。

A．10　　B．26　　C．11　　D．1

81．在图书表文件中，“书号”字段为字符型，要求将书号以字母 D 开头的所有图书记录打上删除标记，应使用命令（　）。

A．DELETE　FOR　D$书号

B．DELETE　FOR SUBSTR(书号,1,1)="D"

C．DELETE　FOR 书号=D

D．DELETE　FOR　RIGHT(书号,1)="D"

82．命令 SELECT 0 的功能是（　）。

A．选择区号最小的空闲工作区

B．选择区号最大的空闲工作区

C．选择当前工作区的区号加 1 的工作区

D．随机选择一个工作区的区号

83．下列叙述正确的是（　）。

A．一个表被更新时，其所有的索引文件会被自动更新

B．一个表被更新时，其所有的索引文件不会被自动更新

C．一个表被更新时，处于打开状态下的索引文件会被自动更新

D．当两个表用 SET RELATION TO 命令建立关联后，调节任何一个表的指针时，另一个表的指针将会同步移动

84．在 Visual FoxPro 中，说明数组的命令是（　）。

A．DEMENSION 和 ARRAY　　B．DEMENSION 和 AEERY

C．DEMENSION 和 DECLARE　　D．只有 DEMENSION

85．若使用 REPLACE 命令时，其范围子句为 ALL 或 REST，则执行该命令后记录指针指向（　）。

A．第一条记录　　B．最后一条记录

C．第一条记录的前面　　D．最后一条记录的后面

86．在“教师档案.dbf”表文件中，“婚否”是 L 型字段（已婚为.T.，未婚为.F.），“性别”是 C 型字段，若要显示已婚的女职工，应该用（　）。

A．LIST FOR 婚否.OR.性别="女"　　B．LIST FOR 已婚.AND.性别="女"

C．LIST FOR 已婚.OR.性别="女"　　　　D．LIST FOR 婚否.AND.性别="女"

87．设职工数据表文件已经打开，其中有工资字段，要把指针定位在第 1 个工资大于 620 元的记录上，应使用命令（　　）。

A．FIND FOR 工资>620　　　　B．SEEK 工资>620

C．LOCATE FOR 工资>620　　　　D．LIST FOR 工资>620

88．不能关闭表的命令是（　　）。

A．USE　　B．CLOSE DATABASE　　C．CLEAR　　D．CLOSE ALL

89．在打开的表文件中有"工资"字段（数值型），如果把所有记录的"工资"增加 10%，应使用的命令是（　　）。

A．SUM ALL 工资*1.1 TO 工资　　　　B．工资=工资*1.1

C．STORE 工资*1.1 TO 工资　　　　D．REPLACE ALL 工资 WITH 工资*1.1

90．当前表共有 20 条记录，且无索引文件处于打开状态，若执行命令 GO 15 后接着执行 INSERT BLANK BEFORE 命令，则此时记录指针指向第（　　）条记录。

A．14　　B．21　　C．16　　D．15

91．学生表的性别字段为逻辑型（男为.T.、女为.F.），执行以下命令序列后，最后一条命令的显示结果是（　　）。

```
USE STUDENT
APPEND BLANK
REPLACE 姓名 WITH "李理",性别 WITH .F.
?IIF(性别,"男","女")
```

A．女　　B．男　　C．.T.　　D．.F.

（二）填空题

1．数组的最小下标是__________，数组元素的初值是__________。

2．设系统日期为 2006 年 9 月 21 日，下列表达式显示的结果是__________。

```
VAL(SUBSTR('2006',3)+RIGHT(STR(YEAR(DATE())),2))
```

3．如果 x=10，y=12，那么?(x=y).AND.(x<y)的结果是__________。

4．测试当前记录指针的位置可以使用函数__________。

5．表达式 2*3^2+2*9/3+3^2 的值为__________。

6．表达式 LEN(DTOC(DATE()))+DATE()的类型是__________。

7．关系运算符$用来判断一个字符串是否__________另一个字符串中。

8．对于一个空表，执行?BOF()的结果为__________；执行?EOF()的结果为__________。

9．设当前数据库表中有 N 条记录，当函数 EOF()的值为.T.时，函数 RECNO()的显示结果为__________。

10．函数 LEN("ABC"-"EF")的值为__________。

11．在 Visual FoxPro 中，表有两种存在形式，即__________和__________。

12．在 Visual FoxPro 中，数据库文件的扩展名是__________。

13．删除表中部分记录先__________，再__________。

14．浏览窗口显示表记录有__________和__________两种格式。

15．Visual FoxPro 支持两类索引文件，即单索引文件和__________。

16．使用 SORT 命令将记录按关键字段值升序排序时可以省略参数__________。

17．在 Visual FoxPro 中，自由表字段名的长度不超过__________个字符。

18. 在 DELETE 和 RECALL 命令中，若省略所有子句，则只对__________记录进行操作。

19．Visual FoxPro 中的索引分为主索引、侯选索引、普通索引和__________ 4 种类型，其中每个数据库表只能有一个__________。

20．要想逐条显示当前表中的所有记录，可以根据__________函数值来判断是否已经显示完毕。

21．将当前表中所有的学生年龄加 1，可使用命令__________年龄 WITH 年龄+1。

22．使用命令在结构复合索引文件中添加一个对“姓名”字段的索引项，索引名为“xm”。请将命令填写完整。

INDEX__________姓名__________xm

23．在 Visual FoxPro 中，SQL DELETE 命令是__________删除记录。

24．实现将所有职工的工资提高 5%的 SQL 命令是：

________教师________工资=工资*1.05。

25．向“系”表中添加一个新字段“系主任”的 SQL 命令是：

________TABLE 系________系主任 C(8)

26．在 SQL 命令中，________命令可以向表中输入数据记录，________命令可以修改表中的数据。

（三）判断题

1．关系运算符包括<、>、=、<>共 4 种。

2．表设计器所创建的索引一定会存储在结构复合索引文件中。

3．日期型字段的长度为 8 位。

4．字符串运算符有+、-、$和%。

5．数据类型包括数值型、字符型、逻辑型、日期型和备注型。

6．“?”、“??”和“???”3 个命令都可以将一个合法表达式结果输出在屏幕上或打印机上。

7．对任何合法的 Visual FoxPro 命令来说，范围的默认选项都是 ALL。

8．自由表字段名和内存变量名的最大长度都是 10 个英文字符。

9．算术运算符、逻辑运算符、关系运算符不能同时出现在一个表达式中。

10．在书写表达式时，中文标点符号和英文标点符号都可以作为命令中的分界符。

11．表文件的扩展名是.dbf。

12．在自由表中也可以建立主索引。

13．对没有建立索引的表，可以使用 GO TOP 命令将指针指向表文件中的第一条记录。

14．数据库文件的扩展名是.dbc。

15．要恢复已被 DELETE 命令删除的数据记录，必须执行 PACK 命令。

16．用 ZAP 命令可以删除表文件。

17．执行 DELETE 命令一定要慎重，否则记录在逻辑删除后，将无法恢复。

18．当创建好一张表后，要在表的末尾追加一条记录，必须使用 INSERT 命令。

19．使用 BROWSE 命令编辑表的数据时，必须先打开表。
20．使用命令 DELETE、PACK 和 ZAP 都可以将记录从表中删除。
21．用 USE 命令打开表时，记录指针默认指向第一条记录。
22．RECALL 命令可以恢复已被逻辑删除的数据记录。
23．SKIP 命令和 GO 命令完全相同。
24．在命令窗口中输入的命令，按回车键才能执行。
25．在命令窗口中执行 QUIT 命令不能关闭 Visual FoxPro。
26．LIST/DISPLAY 命令是在输出区域中显示记录内容。
27．命令 LIST　FOR　性别="女"与命令 LIST　WHILE　性别="女"的功能没有什么不同。

（四）思考题

1．试说明 Visual FoxPro 6.0 的字段类型和常量类型。
2．Visual FoxPro 6.0 变量类型有几种？
3．Visual FoxPro 6.0 定义了哪些类型的运算符？在类型内部和类型之间，其优先级是如何规定的？
4．在 Visual FoxPro 6.0 中使用数组，是否要先定义？用什么命令定义数组？
5．Visual FoxPro 6.0 定义了哪些表达式类型？各举一例说明之。
6．举例说明函数返回值的类型和函数对参数类型的要求。
7．举例说明下列函数的用法：SUBSTR()、STR()、VAL()、EOF()、FOUND()和&函数。
8．在使用 Visual FoxPro 6.0 命令时，应遵循哪些规则？
9．备注型字段保存在什么文件中？
10．索引有哪几种类型？索引文件有几种类型？
11．显示记录时，有几种范围选择？
12．GO 1 和 GO TOP 的作用是否相同？
13．什么是工作区？如何选择工作区？
14．表的物理排序和逻辑排序有何不同？
15．LOCATE 命令和 SEEK 命令有什么不同？
16．试说明参照完整性以及设置参照完整性规则的目的。
17．如何用命令方式打开表文件？
18．如何用命令方式浏览和编辑表中的记录数据？
19．如何用命令方式在表中插入、删除和追加数据？

第3章　结构化程序设计

知识结构图

结构化程序设计

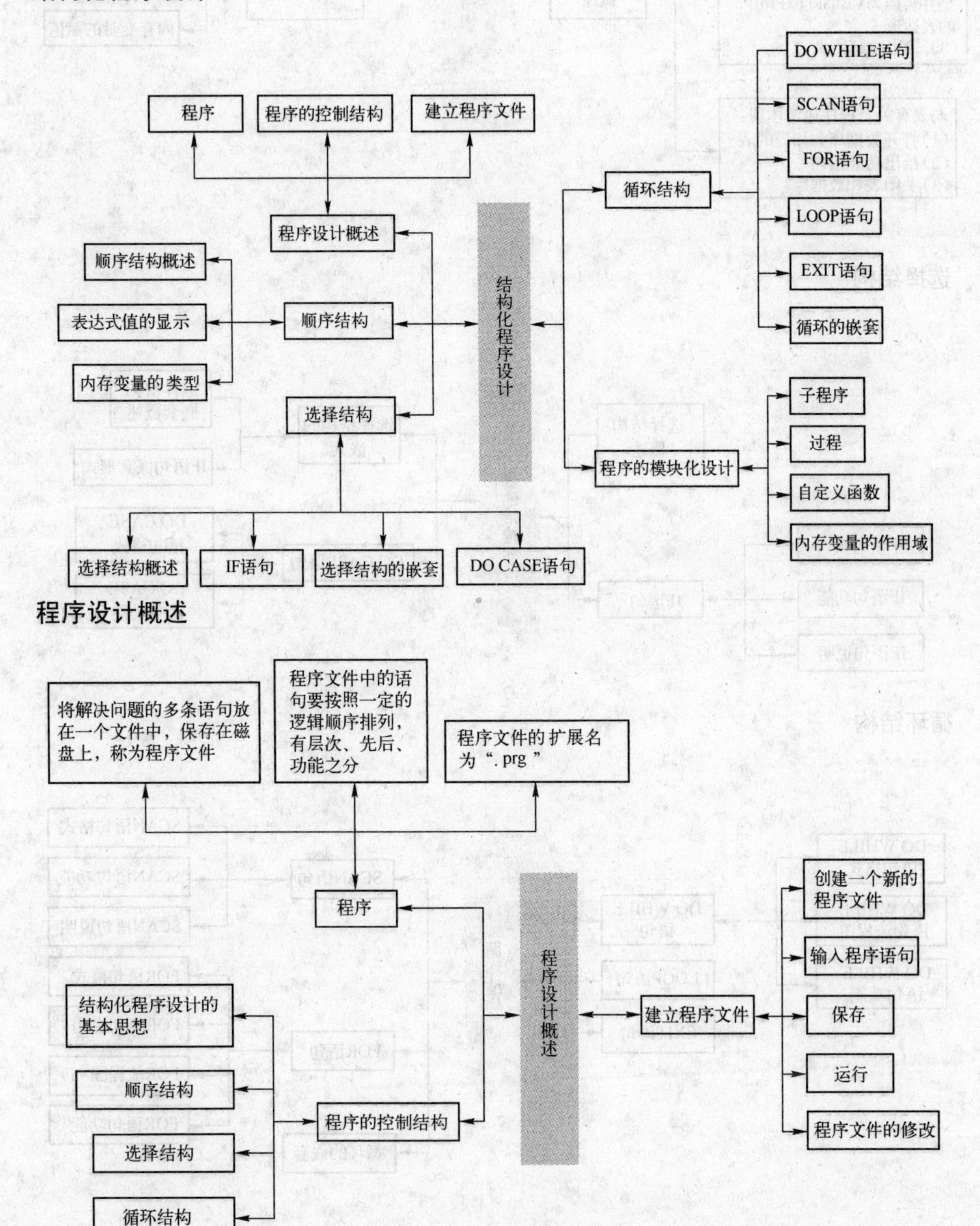

程序设计概述

顺序结构

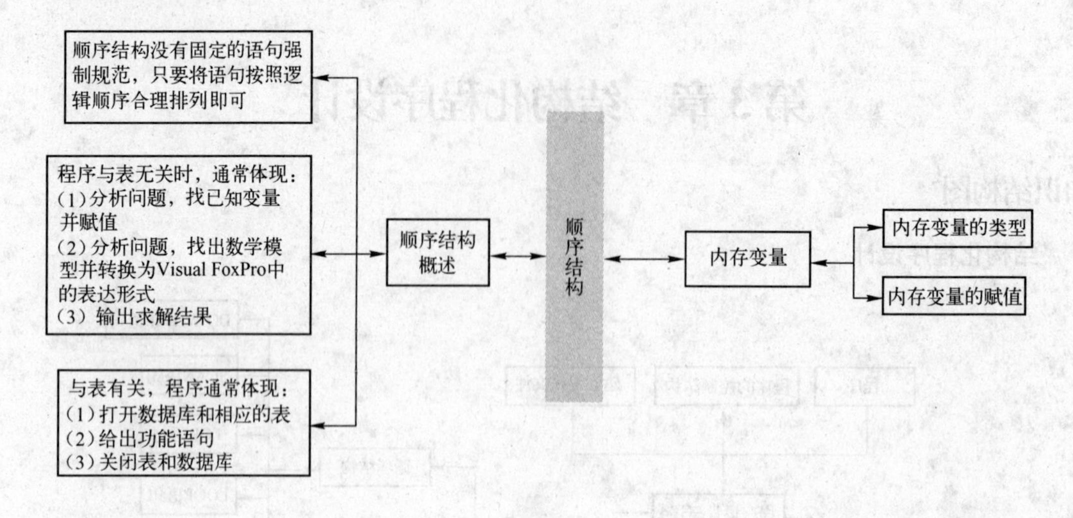

选择结构

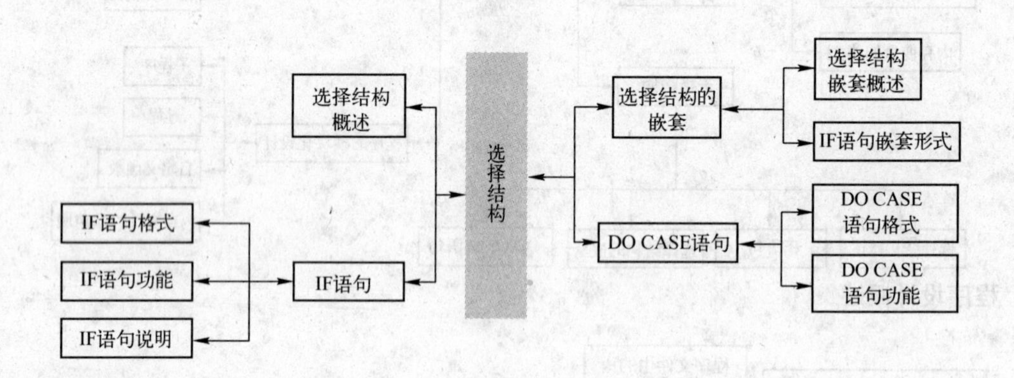

循环结构

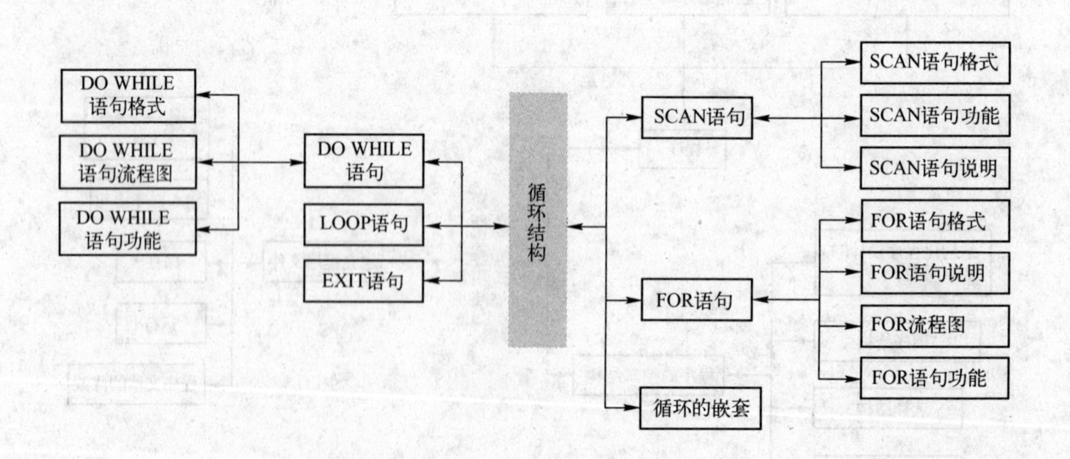

程序的模块化设计

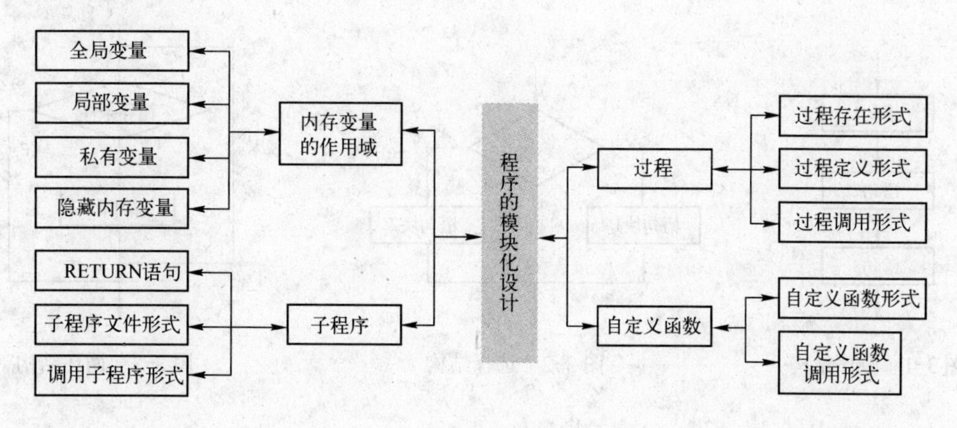

3.1 程序设计概述

3.1.1 程序

将解决问题的多条命令放在一个文件中，保存在磁盘上，在需要时执行该文件，则该文件称为程序文件。程序文件中的命令要按照一定的逻辑顺序排列，有层次、先后、功能之分。程序文件的扩展名为“.prg”。

3.1.2 程序的控制结构

程序设计是将命令按照一定的语法规则和逻辑顺序进行组合，实现具体的功能。程序中命令的构成规则就是程序的控制结构，结构化程序设计是控制结构所采用的最广泛逻辑规范。

结构化程序设计的基本思想是采用“自顶向下，逐步求精”的程序设计方法和“单入口单出口”的控制结构。

结构化程序设计思想是围绕系统功能，逐步细化和精化，细化过程是对系统功能逐层分解的过程，在分解到最底层时，每个功能就可以直接实现，实现这些功能的代码在编写时要采用一定的语法规则和逻辑控制结构，所采用的逻辑控制结构由顺序结构、选择结构和循环结构 3 种基本逻辑结构组成，这些基本结构组合可以实现所有的程序设计所要求的功能。

顺序结构是指程序执行时，按照命令的排列顺序依次执行程序中每一条命令，如图 3-1 所示。

选择结构是根据条件选择执行某些命令。在选择结构中存在判断的条件，根据条件的结果决定执行哪些命令，如图 3-2 所示。

循环结构是重复执行某些命令，这些被重复执行的命令通常称为循环体。在循环结构中存在循环的条件，当满足循环条件时执行循环体，直到循环条件不成立时，结束循环语句的执行，如图 3-3 所示。

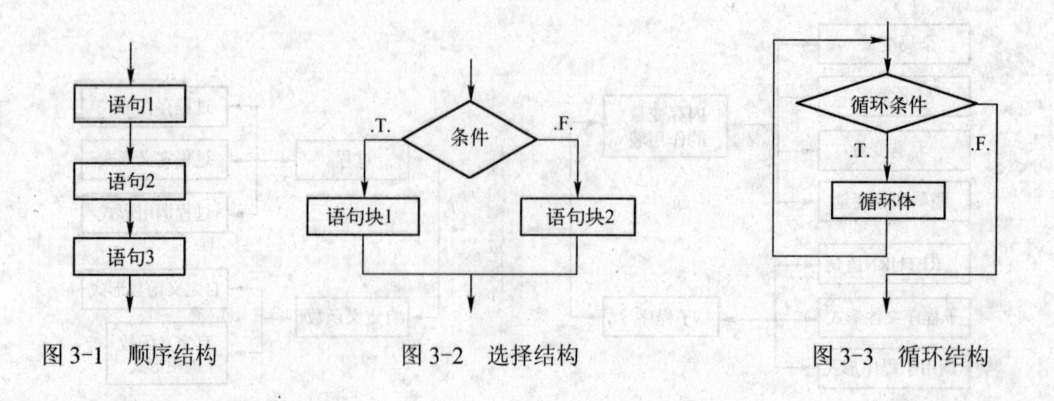

图 3-1　顺序结构　　图 3-2　选择结构　　图 3-3　循环结构

3.1.3　建立程序文件

Visual FoxPro 程序文件是文本文件，可以用能够编辑文本文件的任何编辑软件建立或修改程序文件。在 Visual FoxPro 中建立程序文件，可以按照以下 4 个步骤完成。

1）建立程序文件。

2）输入程序中的命令。

3）保存程序文件。

4）运行调试程序。

1．创建一个新的程序文件

可以采用下面的方法建立程序文件。

方法 1：在 Visual FoxPro 窗口中单击“文件”→“新建”命令→弹出“新建”对话框→在“新建”对话框中选择“程序”单选按钮→单击“新建文件”图标按钮→显示编辑程序窗口。

方法 2：可以使用 MODIFY COMMAND 命令或 MODIFY FILE 命令建立程序文件。其命令格式为：

MODIFY COMMAND　[<程序文件名>|?]

或

MODIFY FILE　程序文件名.prg

☞ **提示**

使用 MODIFY COMMAND 可以省略文件名，也可以省略扩展名。如果使用 MODIFY FILE 命令建立程序文件，则必须给出程序文件的扩展名“.prg”，如果不加扩展名，使用 MODIFY FILE 命令建立的文件是文本文件（.txt）。

2．输入程序命令

对于程序中的命令在输入时要遵守一定的规则，这些规则概括为：

1）一条命令占一行或多行，当一条命令占多行时用分号“;”作为续行符。

2）一行只能输入一条命令。

3）每行内容以回车键结束。

4）为了提高程序的可读性，帮助理解程序的功能，可以根据需要在程序中添加注释内容。Visual FoxPro 中的注释分为两种，用*或 NOTE 作行注释，用&&作命令注释。

3．保存

可以采用下面的方法保存程序文件。

方法 1：单击“常用”工具栏中的“保存”按钮。

方法 2：选择“文件”→“保存”命令。

方法 3：使用快捷键〈Ctrl+S〉。

☞ 提示

第一次保存文件，如果建立文件时未指定文件名，则会弹出“另存为”对话框。

已经保存过的文件要更换文件名或更改保存位置，可以执行另存为操作。

单击“文件”→“另存为”命令→弹出“另存为”对话框→单击“保存在”下拉列表框→选择程序文件保存的位置→在“保存文档为”文本框中输入文件名→单击 保存(S) 按钮。

4．运行

运行程序文件可以有多种方法。

方法 1：单击“程序”→“运行”命令→弹出“运行”对话框→从“查找范围”下拉列表框中选择要运行的程序文件所保存的位置→从文件列表中选择要运行的程序文件名→单击 运行 按钮。

方法 2：可以使用 DO 命令运行程序文件，DO 命令格式为：

```
DO  <程序文件名>
```

文件的扩展名可以省略。

方法 3：在程序文件编辑状态单击“常用”工具栏中的“运行”按钮!。

方法 4：用快捷键〈Ctrl+E〉运行正在编辑的程序文件。

5．程序文件的修改

如果要修改程序文件，可以选择下列方法打开编辑程序的窗口，并进行修改。

方法 1：单击“文件”→“打开”命令→弹出“打开”对话框→在“打开”对话框的“文件类型”下拉列表框中选择“程序（*.prg,*.spr,*.mpr,*.qpr）”选项→在“查找范围”列表中确定要打开的程序文件所在的位置→在文件列表中选择要修改的程序文件名→单击 确定 按钮。

方法 2：MODIFY COMMAND 命令可以用来修改程序文件，其命令格式为：

```
MODIFY  COMMAND  [<程序文件名>|?]
```

☞ 提示

MODIFY COMMAND 命令不但可以用来建立程序文件，还可以用来修改程序文件，关键在于 MODIFY COMMAND 后面给出的文件名，如果文件名所指的文件不存在，则是建立程序文件；如果文件名所指的文件存在，则是修改程序文件。

3.2 顺序结构

3.2.1 顺序结构概述

采用顺序结构设计的程序，程序在执行时按照命令的排列顺序依次执行。顺序结构没有固定的命令强制规范，只需将命令按照逻辑顺序合理排列即可。

在编写程序时，如果要编写的程序与表无关，程序中的命令通常体现以下几个方面。

1）分析问题，找出已知变量并给已知变量赋值。

2）给出数学模型，并将数学模型转换为 Visual FoxPro 中的表示形式。

3）输出求解结果。

在编写程序时，如果程序与表有关，程序中的命令通常体现以下几个方面。

1）打开数据库和相应的表。

2）给出实现相应功能的命令。

3）关闭表和数据库。

3.2.2 内存变量

在 Visual FoxPro 中，变量分为字段变量和内存变量两种，字段变量是依赖于表而存在的多值变量；而内存变量是单值变量。变量是通过变量名来使用的，变量有类型和值。

1．内存变量的类型

在给变量赋值时所赋值的数据类型就确定了变量的类型，不需要预先定义变量的类型。在 Visual FoxPro 中，内存变量有 6 种类型，即数值型变量、货币型变量、字符型变量、逻辑型变量、日期型变量和日期时间型变量。

2．内存变量的赋值

（1）用“=”赋值

使用“=”赋值，只能给内存变量赋值，并且一次只能给一个内存变量赋值。其命令格式为：

```
内存变量名=<表达式>
```

其作用是对“=”右边的表达式求值，然后再把表达式的值赋给“=”左边的变量。

（2）用 STORE 赋值

使用 STORE 赋值，只能给内存变量赋值，但一次可以给多个内存变量赋相同的值。其命令格式为：

```
STORE  <表达式>  TO  <内存变量名表>
```

“内存变量名表”是用逗号“,”分隔的多个内存变量。STORE 命令的作用是将表达式的值赋给在“内存变量名表”中列出的变量，即“内存变量名表”中给出的变量具有相同的值。

（3）用 INPUT、ACCEPT、WAIT 命令赋值

用“=”和“STORE”给变量赋值，如果要改变变量的值，唯一的办法是打开编辑程序窗口，修改变量的值。如果要在运行状态使变量可以具有不同的值，可以使用 INPUT、ACCEPT、WAIT 等命令赋值。其命令格式为：

```
INPUT   [提示信息]   TO <内存变量名>
ACCEPT   [提示信息] TO <内存变量名>
WAIT   [提示信息]    [TO   <内存变量名>] [WINDOWS]   [TIMEOUT <数值表达式>]
```

1）使用 INPUT 命令可以给数值型、字符型、货币型、日期型、日期时间型、逻辑型的变量赋值，赋值时用相应类型的常量形式输入，然后按回车键，表示赋值结束。

2）使用 ACCEPT 命令只可以给字符型变量赋值，赋值时不用加字符型数据的界限符，输入后按回车键，表示赋值结束。

3）WAIT 只接收单个字符，所接收的字符可以保存在内存变量中，也可以不保存在内存变量中，WAIT 赋值操作不需要按回车键。WAIT 命令中的 WINDOWS 短语表示提示信息以窗口形式显示，TIMEOUT 短语表示延时时间，若到规定时间没有输入字符，则命令自动结束，数值表达式表示延时的秒数。

4）“提示信息”通常为字符表达式。

3.3 选择结构

3.3.1 选择结构概述

在 Visual FoxPro 中，要解决由条件判断结果决定执行哪些功能或不执行哪些功能时，需要使用选择结构实现。根据判断条件的个数，选择结构由 IF 双分支语句和 DO CASE 多分支语句实现。双分支语句只有一个判断条件；多分支语句可以有多个判断条件。

3.3.2 IF 语句

1. IF 语句格式

```
IF <条件>   [THEN]
    <命令组 1>
[ELSE
    <命令组 2>]
ENDIF
```

2. IF 语句功能

当程序执行到 IF 语句时，首先对<条件>进行判断，判断结果为逻辑值.T.时，执行<命令组 1>；若判断结果为逻辑值.F.，如果有 ELSE 选项，则执行<命令组 2>，否则直接执行 ENDIF 后面的命令。其功能用流程图表示如图 3-4 所示。图中菱形框表示判断的条件；矩形框表示命令组，可以是一条命令，也可以是多条命令；箭头表示执行命令的流向。

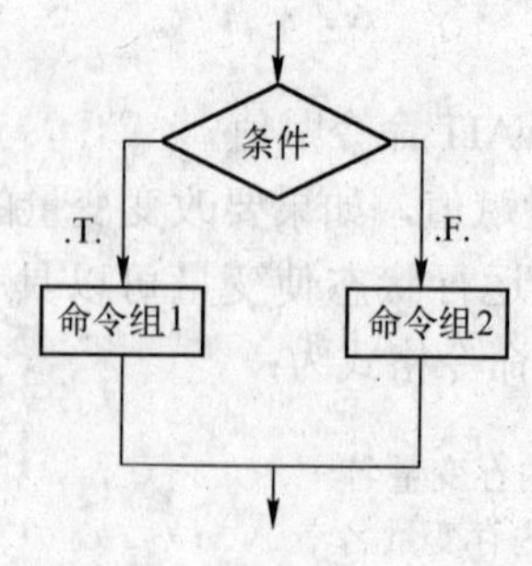

图 3-4 IF 语句流程图

3．说明

IF 语句格式中的<条件>为逻辑表达式或关系表达式，<命令组 1>和<命令组 2>可以是一条命令，也可以是多条命令。

IF<条件>后的 THEN 保留字可以有，也可以没有；ELSE 短语可以有，也可以没有。如果没有 ELSE 短语，表示只有在<条件>为.T.时执行<命令组 1>；在<条件>为.F.时直接结束 IF 语句，转到 ENDIF 后面的命令继续执行。

3.3.3 选择结构的嵌套

1．选择结构嵌套概述

问题中存在多个条件，针对不同的条件要处理不同的问题，用一个 IF 语句不能实现，这样的问题可以通过 IF 语句的嵌套形式来实现。IF 语句的嵌套形式是在 IF 语句中的<命令组 1>或<命令组 2>中又完整地包含一个 IF 语句。

2．IF 语句嵌套形式

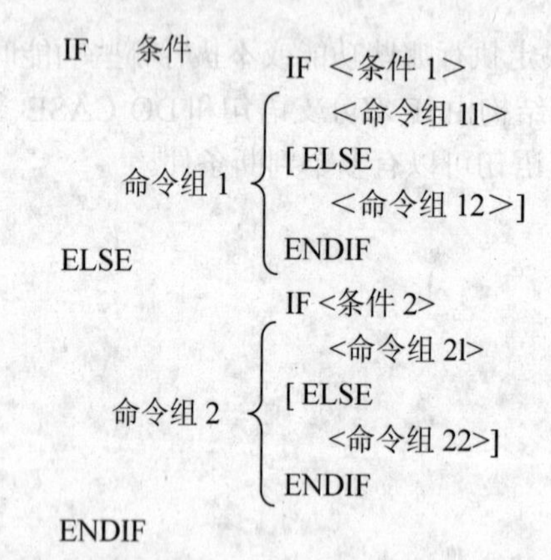

在用 IF 语句嵌套形式时，命令组 1 的 IF 语句表示命令组 1 中又完整地包含了一个 IF 语句，这种用法就是 IF 语句的嵌套形式。在 IF 语句的嵌套形式中，IF 和 ENDIF 必须成对出现，在书写形式上应尽量采用缩进形式，以增强程序的可读性。

3.3.4 DO CASE 语句

用 DO CASE 语句实现了多个条件，多种情况处理的形式。与 IF 语句的嵌套形式相比，其克服了使用 IF 语句的嵌套形式容易出错，不容易使用的缺点，体现出使用多分支语句 DO CASE 处理多种条件时更加方便的优点。

1．DO CASE 语句格式

```
DO   CASE
     CASE   <条件 l>
            <命令组 1>
     CASE   <条件 2>
            <命令组 2>
            …
     CASE   <条件 N>
            <命令组 N>
     [OTHERWISE
            <命令组 N+1>]
ENDCASE
```

在 DO CASE 和 CASE<条件 l>之间不能输入任何可执行命令，但可以输入注释命令。<条件 l>～<条件 N>由关系表达式或逻辑表达式组成，<条件 1>与<命令组 1>对应，…<条件 N>与<命令组 N>对应。

2．DO CASE 语句功能

在使用 DO CASE 语句时，可以根据需要有多个判断的条件，在程序执行时，依次判断条件，若某个条件为逻辑值.T.，就执行相应的命令组，然后结束 DO CASE 语句的执行。如果所有的条件表达式值都不为.T.，则执行 OTHERWISE 对应的命令组 N+1；如果所有的条件都不为.T.，也没有 OTHERWISE 选项，则不执行任何 DO CASE 和 ENDCASE 之间的命令组，直接结束 DO CASE 语句的执行。如果可能有多个条件为.T.，则只执行第一个条件为.T.的 CASE 分支对应的命令组。其功能用流程图表示如图 3-5 所示。

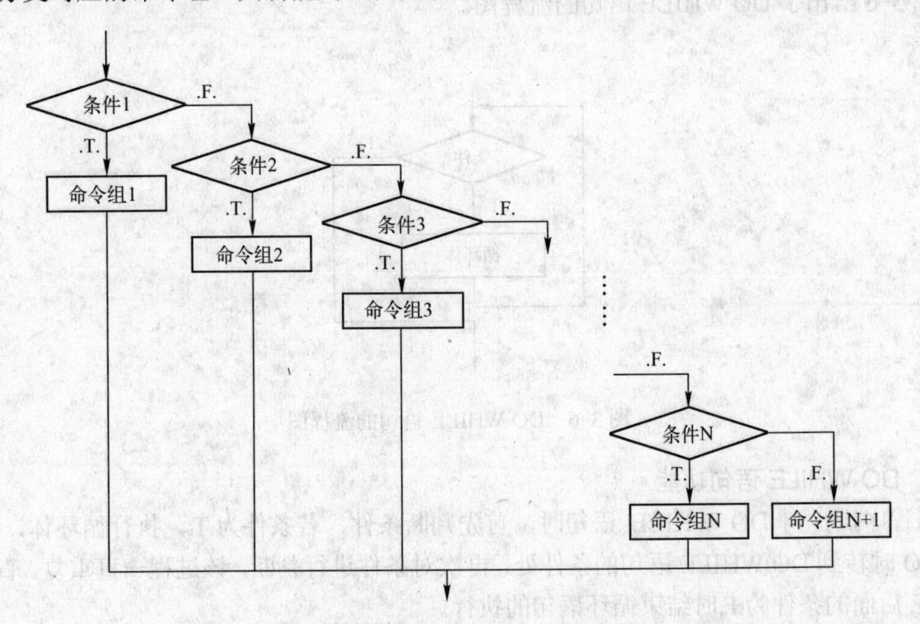

图 3-5　DO CASE 语句流程图

在使用多分支语句时，注意判断条件的顺序为从第一个条件开始顺次判断，当某一个条件为.T.时，执行对应的命令组，然后结束整个 DO CASE 语句的执行。因此，条件判断的顺序要正确给出。

3.4 循环结构

在 Visual FoxPro 中，循环结构可以使用 DO WHILE 语句、SCAN 语句和 FOR 语句实现。3 种循环语句中，DO WHILE 语句的用法更灵活一些。

在循环语句中，循环变量是控制循环执行的变量，循环体是循环语句要反复执行的命令序列。

3.4.1 DO WHILE 语句

DO WHILE 语句能够完成循环次数不确定的循环结构编程，可以用于表和非表编程。DO WHILE 语句用在非表编程时，循环变量的终止值和每次变化的幅度，可以是固定值，也可以是不固定值。

1. DO WHILE 语句格式

```
DO WHILE    <条件>
    <循环体>
ENDDO
```

<条件>是关系表达式或逻辑表达式，用于决定循环是否执行，当<条件>的值为.T.时执行循环体。

2. DO WHILE 语句流程图

图 3-6 给出了 DO WHILE 语句的流程图。

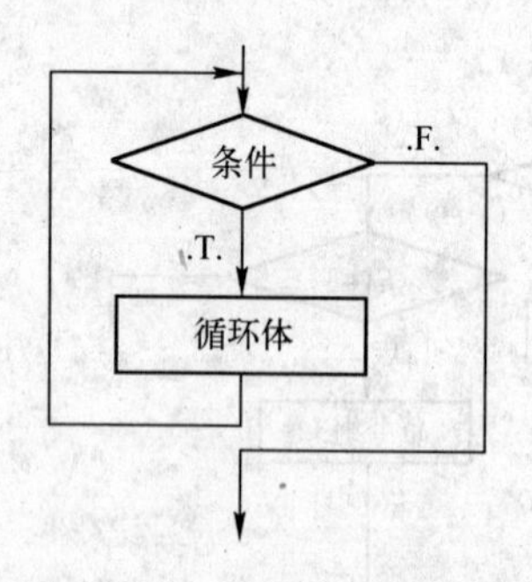

图 3-6 DO WHILE 语句的流程图

3. DO WHILE 语句功能

当程序执行到 DO WHILE 语句时，首先判断条件，若条件为.T.，执行循环体，当遇到 ENDDO 时转到 DO WHILE 语句的条件处，再次对条件进行判断，该过程一直重复，直到 DO WHILE 后面的条件为.F.时结束循环语句的执行。

DO WHILE 语句可以用于循环次数已知的情况，也可以用于循环次数不确定的情况，只要循环的条件为.T.即重复执行循环体。在循环条件中出现的变量用来控制循环的执行，称为循环变量。

在使用 DO WHILE 语句时，如果与表无关，通常需要注意以下几点。

1）在循环体中应该有改变循环条件状态的命令，否则循环语句将不会停止，出现死循环。

2）如果循环语句在开始时的条件就为.F.，则循环体不被执行。为此，在 DO WHILE 语句之前应该有适当的命令完成循环变量的初始化。

循环语句用于与表有关的编程时，通常用记录指针位置来控制循环，当 NOT EOF()为真时，表示记录指针没有在表尾，即指向表中的某条记录，此时执行循环体。

如果是对表中的每条记录都做相同的操作，则可以使用下面的命令组。

```
USE  表文件名
DO WHILE  NOT EOF()
     <相关操作>
     SKIP
ENDDO
USE
```

如果对表中满足条件的记录都做相同的操作，则可以使用下面命令组中的一组。

命令组一：

```
USE  表文件名
LOCATE FOR 条件
DO WHILE  NOT EOF()                         &&或 DO WHILE FOUND()
     <相关操作>
     CONTINUE
ENDDO
USE
```

命令组二：

```
USE  表文件名
DO WHILE  NOT EOF()
     IF <条件>
        <相关操作>
     ENDIF
     SKIP
ENDDO
USE
```

3.4.2 SCAN 语句

SCAN 语句专门用于与表有关的循环结构编程。SCAN 语句只能用于表的编程，SCAN 语句本身自动完成移动指针，不必特意使用 SKIP 命令。

1．SCAN 语句格式

```
SCAN  [<范围>] [FOR<条件>]|[WHILE<条件>]
    <循环体>
ENDSCAN
```

SCAN 语句使用 FOR<条件>或 WHILE<条件>对表中满足条件的记录进行循环处理。

2．SCAN 语句功能

对表中指定范围内满足条件的每一条记录完成循环体的操作。

3．SCAN 语句说明

每处理一条记录后，记录指针指向下一条记录。FOR <条件>短语表示从表头至表尾检查全部满足条件的记录。WHILE <条件>短语表示从当前记录开始，当遇到第一个使<条件>为.F.的记录时，循环立刻结束。[<范围>]短语表示循环操作的记录范围。

3.4.3 FOR 语句

FOR 语句通常完成循环次数确定的循环结构编程，通常用于非表编程，也可以用于表的编程，FOR 语句中循环变量的初值、终值和每次循环变量修改的幅度是固定值。

1．FOR 语句格式

```
FOR  循环变量=<初始值> TO <终止值> [STEP<步长>]
    <循环体>
ENDFOR|NEXT
```

2．FOR 语句说明

在 FOR 语句中，步长是指每次循环变量变化的幅度，循环变量的初始值可以小于或等于终止值，此时步长值应该为正数；循环变量的初始值也可以大于或等于终止值，此时步长值应该为负数；步长应为非零的数。当步长为 1 时，可以省略“STEP 1”。此处以初始值小于或等于终止值为例说明 FOR 语句的功能。

3．FOR 语句流程图

图 3-7 给出了 FOR 语句的流程图。

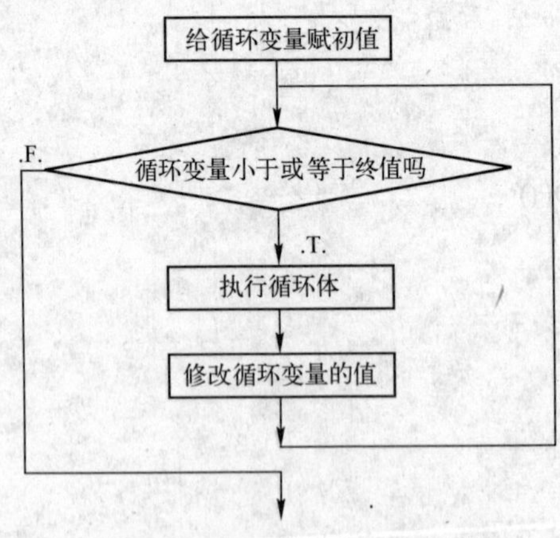

图 3-7　FOR 语句执行流程图

4．FOR 语句功能

当程序执行到 FOR 语句时，首先检查 FOR 语句中循环变量的初值、终值和步长的正确性，如果不正确，FOR 语句一次也不执行；如果正确，则按下面的方式执行 FOR 语句。

1）给循环变量赋初始值。

2）当循环变量的值小于或等于终止值时，执行循环体。

3）遇到 ENDFOR 或 NEXT 语句，按步长修改循环变量的值。

4）返回到步骤 2)，将循环变量的值与终止值比较，如果小于或等于终止值，则执行循环体；如果大于终止值，则结束 FOR 循环语句的执行。

3.4.4 LOOP 语句和 EXIT 语句

LOOP 语句和 EXIT 语句可以作为循环体中的命令。LOOP 语句用于结束本次循环，进入下一次循环的判断；EXIT 语句用于结束循环语句。LOOP 语句和 EXIT 语句一般与条件语句连用。其作用流程图如图 3-8 所示。

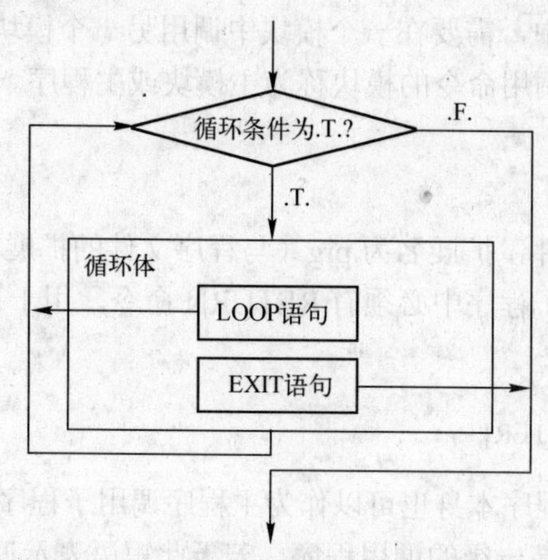

图 3-8　LOOP 语句和 EXIT 语句的作用流程图

3.4.5 循环的嵌套

在循环语句中，其循环体又包含一个完整的循环语句，称为循环的嵌套。循环嵌套有内循环和外循环之分。当外循环循环变量取一个值时，内循环要完整地执行一遍。

循环语句嵌套形式：

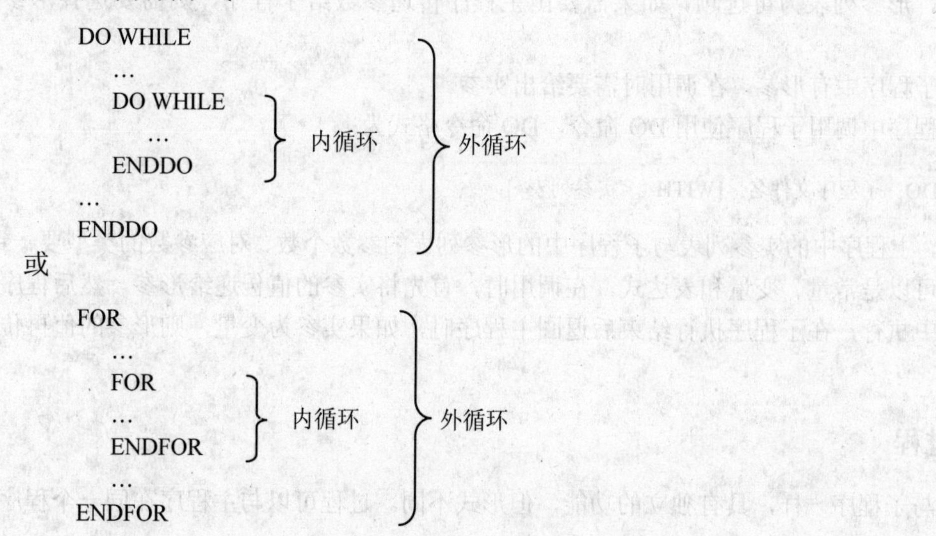

在用循环语句嵌套形式编程时，需要注意 DO WHILE 与 ENDDO、FOR 与 ENDFOR 要成对出现，并且循环变量不能混用，否则将得不到预期的结果。

3.5 程序的模块化设计

在程序设计过程中，通常将一个大的功能模块划分为若干个小的模块。这种程序设计思想就是程序的模块化设计。

在 Visual FoxPro 中，模块化程序设计体现在过程、子程序和自定义函数的运用，它们都是一段具有独立功能的程序代码。

在模块化程序设计过程中，需要在一个模块中调用另一个模块，被调用模块称为过程、子程序或自定义函数，发出调用命令的模块称为主模块或主程序。

3.5.1 子程序

子程序文件也是程序文件，扩展名为.prg（与程序文件的扩展名相同），其建立方法与程序文件的建立方法相同。在子程序中必须有 RETURN 命令，用于正常返回调用程序。

RETURN 命令格式为：

```
RETURN   [TO   MASTER]
```

主程序调用子程序，子程序本身也可以作为主程序调用子程序，RETURN 命令中的“TO MASTER”短语表示返回最高一级的调用程序，若无此短语表示返回调用程序。

子程序文件格式为：

```
[PARAMETERS 形参列表]
   <子程序命令>
RETURN   [TO   MASTER]
```

其中，形参列表为可选项，如果需要由主程序传递参数给子程序，则需要选择形参列表。

如果子程序中有形参，在调用时需要给出实参。

在主程序中调用子程序使用 DO 命令，DO 命令格式为：

```
DO   子程序文件名   [WITH   <实参列表>]
```

其中，主程序中的实参列表与子程序中的形参列表的参数个数、对应参数的类型要一致，实参列表可以是常量、变量和表达式。在调用时，首先将实参的值传递给形参，然后程序转到子程序中执行，在子程序执行结束后返回主程序时，如果实参为变量，则形参的值再传递给实参。

3.5.2 过程

过程与子程序一样，具有独立的功能，但形式不同。过程可以与主程序在同一个程序文件中存在，也可以单独存在。在本教材中，以与主程序在一个文件中共存为例。

主程序与过程形式为：

```
<主程序中的命令>
DO  过程名  [WITH  <实参列表>]
<主程序中的命令>
PROCEDURE   过程名
   [PARAMETERS  <形参列表>]
   <过程中的命令>
RETURN
```

3.5.3 自定义函数

可以通过自定义函数功能，将某些功能定义为函数，在使用时可以与系统提供的函数一样使用。

自定义函数以 FUNCTION 开头，以 RETURN 结束。

自定义函数的形式为：

```
FUNCTION <函数名>
[PARAMETERS  <形参列表>]
   <命令序列>
RETURN  [<表达式>]
```

在定义自定义函数时，自定义函数名不要与 Visual FoxPro 的内部函数名相同，因为系统只承认内部函数；如果自定义函数包含自变量，应将 PARAMETERS 命令作为函数的第一行命令；自定义函数的结果由 RETURN 命令返回，如果省略表达式，则函数的返回结果是.T.。

自定义函数的调用形式为：

```
<函数名>  (<自变量表>)
```

其中，自变量可以是任何合法的表达式，自变量的个数和自定义函数 PARAMETERS 命令中的变量个数相同，类型相符。

3.5.4 内存变量的作用域

在 Visual FoxPro 中，每个内存变量都有一定的作用域。为了更好地在变量所处的范围内发挥其作用，Visual FoxPro 把变量分为私有变量、局部变量和全局变量 3 种。

在 Visual FoxPro 中，可以使用 LOCAL 和 PUBLIC 强制规定变量的作用域。

1．全局变量

全局变量也称为公共变量，其在任何模块中都可以引用。全局变量用 PUBLIC 说明，其格式为：

```
PUBLIC <内存变量表>
```

其中，<内存变量表>是用逗号分隔开的内存变量列表，这些变量的默认值是逻辑值.F.，可以为它们赋任何类型的值。

全局变量一经说明，在任何地方都可以使用，甚至在程序结束后，在 Visual FoxPro 命令窗口中还可以使用，除非用 CLEAR MEMORY、RELEASE 等命令释放内存变量，或者退出 Visual FoxPro。

2．局部变量

局部变量是只能在局部范围内使用的变量。局部变量用 LOCAL 说明，其格式为：

LOCAL <内存变量表>

同全局变量一样，这些变量的默认值也是逻辑值.F.，可以为它们赋任何类型的值。局部变量只能在说明这些变量的模块内使用，其上级模块和下级模块都不能使用。当说明这些变量的模块执行结束后，Visual FoxPro 会立刻释放这些变量。

☞ 提示

由于 LOCAL 和 LOCATE 的前 4 个字母相同，所以在说明局部变量时不能只给出前 4 个英文字母 LOCA。

3．私有变量

在 Visual FoxPro 中，把那些没有用 LOCAL 和 PUBLIC 说明的变量称为私有变量。该类变量可以直接使用，Visual FoxPro 隐含了这些变量的作用范围为当前模块及其下属模块。也就是说，它可以在其所在的程序、过程、函数或它们所调用的过程或函数内使用，上级模块及其他的程序或过程或函数不能对它进行存取。

4．隐藏内存变量

如果下级程序中使用的局部变量与上级程序中的局部变量或全局变量同名，则容易造成混淆。为了解决该类问题，可使用 PRIVATE 命令在程序中将全局变量或上级程序中的变量隐藏起来，就好像这些变量不存在一样，可以用 PRIVATE 再定义同名的内存变量。一旦返回上级程序，在下级程序中用 PRIVATE 定义的同名变量即被清除，在调用时被隐藏的内存变量将恢复原值，不受下级程序中同名变量的影响。PRIVATE 的命令格式为：

PRIVATE <变量名列表>

实际上，PRIVATE 命令起到了隐藏和屏蔽上层程序中同名变量的作用。

3.6 上机实训

3.6.1 实训 1——程序文件的建立过程

【实训目标】

掌握程序文件的建立过程。

【实训内容】

1）程序文件的建立。

2）程序文件的保存。

3）程序文件的运行。

4）程序文件的修改。

【操作过程】

建立程序文件 SY3-1.PRG，显示参赛单位表.dbf 中的所有记录。

1．创建一个新的程序文件

可以采用下面的方法建立程序文件。

方法 1：单击“文件”菜单，选择“新建”命令，弹出“新建”对话框，在“新建”对话框中选择“程序”单选按钮，单击“新建文件”图标按钮，显示编辑程序窗口。

方法 2：可以使用 MODIFY COMMAND 命令或 MODIFY FILE 命令建立程序文件。在命令窗口中输入命令：

```
MODIFY COMMAND SY3-1
```

或

```
MODIFY FILE SY3-1.prg
```

2．输入程序命令

```
USE 参赛单位表
LIST
USE
```

3．保存

可以采用下面的方法保存程序文件。

方法 1：单击“常用”工具栏中的“保存”按钮。

方法 2：单击“文件”菜单，选择“保存”命令。

方法 3：使用快捷键〈Ctrl+S〉。

4．运行

采用下面的方法运行程序文件。

方法 1：单击“程序”菜单，选择“运行”命令，弹出“运行”对话框，从“查找范围”下拉列表框中选择要运行的程序文件保存的位置，从文件列表中选择要运行的程序文件名，单击 运行 按钮。

方法 2：在命令窗口中输入命令运行文件。

```
DO SY3-1
```

方法 3：在程序文件编辑状态，单击“常用”工具栏中的 ! 按钮。

方法 4：用快捷键〈Ctrl+E〉运行正在编辑的程序文件。

5．程序文件的修改

修改程序文件 SY3-1.prg，使用 DISPLAY 显示表中的所有记录。

首先打开程序文件 SY3-1.prg 的编辑窗口，然后修改程序文件的内容。

1）打开程序文件 SY3-1.prg 的编辑窗口。

方法 1：单击“文件”菜单，选择“打开”命令，弹出“打开”对话框，在“打开”对话框的“文件类型”下拉列表框中选择“程序（*.prg,*.spr,*.mpr,*.qpr）”选项，在“查找范围”列表中确定要打开的程序文件所在的位置，在文件列表中选择要修改的程序文件名

SY3-1.prg，单击 确定 按钮。

方法 2：在命令窗口中输入 MODIFY COMMAND 命令修改程序文件。

```
MODIFY   COMMAND SY3-1.prg
```

2）修改程序命令。

将 LIST 命令修改为 DISPLAY ALL 命令，修改后的内容为：

```
USE 参赛单位表
DISPLAY ALL
USE
```

【注意事项】

1）程序中的命令书写要规范。

2）要获得程序的运行结果，必须执行运行程序操作或发出运行程序的命令。

3）运行程序后若没有输出结果，则要考虑程序中是否有输出命令，通过输出命令观察程序的执行结果。

【实训心得】

3.6.2 实训 2——顺序结构

【实训目标】

1）掌握程序设计合理逻辑顺序的含义。

2）掌握顺序结构编程规范。

【实训内容】

1）与表有关的顺序结构编程。

2）与表无关的顺序结构编程。

【操作过程】

1．与表有关的顺序结构编程

1）建立程序文件 SY3-2.prg，显示运动员表.dbf 中姓王的运动员信息。

代码提示：

```
USE 运动员表
LIST FOR LEFT(姓名,2)="王"
USE
```

2）建立程序文件 SY3-3.prg，显示运动员表.dbf 中的指定记录。

代码提示：

```
USE 运动员表
INPUT "输入要显示的记录号"  TO RD
GO  RD
DISPLAY
USE
```

3）建立程序文件 SY3-4.prg，显示运动员表.dbf 中单位编号为“02”的所有记录。

代码提示：

```
USE 运动员表
LIST FOR 单位编号="02"
USE
```

2．与表无关的顺序结构编程

1）建立程序文件 SY3-5.prg，实现任意两个数的交换。

代码提示：

```
A=12
```

```
B=34
M=A+B
A=M-A
B=M-A
?A,B
```

2）建立程序文件 SY3-6.prg，求方程 $ax^2+bx+c=0$ 的两个实根（假设 $b^2-4ac>0$）。

代码提示：

```
INPUT  "方程系数 a      " TO  a
INPUT  "方程系数 b      " TO  b
INPUT  "方程系数 c      " TO  c
M=b^2 - 4*a*c
X1=(-b+SQRT(M))/(2*a)
X2=(-b-SQRT(M))/(2*a)
?X1,X2
```

3）建立程序文件 SY3-7.prg，编程求 100～999 之间任意一个数的各位数字的积。

代码提示：

```
INPUT  "输入任意 100-999 之间的任意正整数    " TO  X
A=INT(X/100)
B=INT((X-A*100)/10)
C=MOD(X,10)
?A*B*C
```

【注意事项】

1）在编写与表无关的程序时，一定要给已知变量赋值，赋值可以使用“=”、STORE 命令、INPUT 命令、ACCEPT 命令和 WAIT 命令等。

2）在书写表达式时，要遵照 Visual FoxPro 书写规范。例如，数学中的“4ac”在 Visual FoxPro 中要表示为“4*a*c”。

3）在编写与表无关的程序时，要观察输出结果，在程序中使用输出命令“??”或“?”。两者的区别在于在原来位置接着输出还是换行输出。

4）在编写与表有关的程序时，要先打开表，再执行对表操作的命令。在程序的最后一定要关闭表。

【实训心得】

3.6.3　实训 3——选择结构

【实训目标】

掌握选择结构编程规范。

【实训内容】

1）IF 语句的用法。

2）IF 语句嵌套形式的用法。

3）DO CASE 语句的用法。

【操作过程】

1．IF 语句的用法

1）建立程序文件 SY3-8.prg，输出任意两个数中的大数。

代码提示：

```
INPUT  "输入第一个数   " TO  A
INPUT  "输入第二个数   " TO  B
IF A>B
  ?"两个数中大数为 A:", A
ELSE
  ?"两个数中大数为 B:", B
ENDIF
```

2）建立程序文件 SY3-9.prg，输入一个数，判断该数是否是大于 0 的数。若大于 0，则输出“正数”，若小于或等于 0，则输出“非正数”。

代码提示：

```
INPUT  "输入任意数   " TO X
IF X>0
  ?"正数"
ELSE
  ?"非正数"
ENDIF
```

3）建立程序文件 SY3-10.prg，判断任意一个数的奇偶性。

代码提示：

```
INPUT  "输入任意正整数   " TO X
IF  MOD(X,2)=0
  ?"偶数"
ELSE
  ?"奇数"
ENDIF
```

2．IF 语句嵌套形式的用法。

1）建立程序文件 SY3-10.prg，输入任意一个字符，判断其是字母字符、数字字符还是其他字符。

代码提示：

```
WAIT  "输入任意一个字符" TO S
IF S>="0" AND S<="9" THEN
   ? S+"是数字字符"
ELSE
   IF UPPER(S)>="A" AND UPPER(S)<="Z"
   ? S+   "是字母字符"
   ELSE
   ? S+   "是其他字符"
   ENDIF
ENDIF
```

2）建立程序文件 SY3-11.prg，输入任意 X，求 Y 的值。

$$Y=\begin{cases}1 & X<0\\ 0 & X=0\\ -1 & X>0\end{cases}$$

代码提示：

```
INPUT  "输入 X 的值"  TO X
IF X<0
    Y=1
ELSE
    IF X=0
        Y=0
    ELSE
        Y=-1
    ENDIF
ENDIF
?Y
```

3）建立程序文件 SY3-12.prg，计算任意两个 100 以内正整数的和、差、积、商。

用随机函数产生 1～4 之间的整数，当为 1 时求两个数的加法运算；为 2 时求两个数的减法运算；为 3 时求两个数的乘法运算；为 4 时求两个数的除法运算；任意两个数用随机函数产生。用函数 RAND( )产生的随机数的范围为 0～1，但不包括 1。

代码提示：

```
X= INT(RAND()*101)
Y= INT(RAND()*101)
OP=INT(RAND()*5)
IF OP=1
   ?STR(X,3)+"+"+STR(Y,3)+"=",STR(X+Y,3)
ELSE
   IF OP=2
         ?STR(X,3)+"-"+STR(Y,3)+"=",STR(X-Y,3)
```

```
ELSE
  IF OP=3 THEN
        ?STR(X,3)+"*"+STR(Y,3)+"=",STR(X*Y,5)
  ELSE
  IF OP=4
          ?STR(X,3)+"/"+STR(Y,3)+"=",STR(X/Y,5,2)
   ENDIF
  ENDIF
 ENDIF
ENDIF
```

3．DO CASE 语句的用法

1）建立程序文件 SY3-13.prg，输入任意一个字符，判断其是字母字符、数字字符还是其他字符。

代码提示：

```
ACCEPT   "输入任意一个字符" TO S
DO CASE
    CASE   S>="0" AND S<="9"
           ?S,"是数字字符"
    CASE   LOWER(S)>="a" AND   LOWER(S)<="z"      && 小写
           ?S,"是字母字符"
    OTHERWISE
           ?S,"是其他字符"
ENDCASE
```

2）建立程序文件 SY3-14.prg，计算任意两个 100 以内正整数的和、差、积、商。用随机函数产生 1～4 之间的整数，当为 1 时求两个数的加法运算；为 2 时求两个数的减法运算；为 3 时求两个数的乘法运算；为 4 时求两个数的除法运算；任意两个数用随机函数产生。用函数 RAND( )产生的随机数的范围为 0～1，但不包括 1。

代码提示：

```
X= INT(RAND()*101)
Y= INT(RAND()*101)
OP=INT(RAND()*5)
DO CASE
     CASE   OP=1
          ?STR(X,3)+"+"+STR(Y,3)+"=",STR(X+Y,3)
     CASE   OP=2
           ?STR(X,3)+"-"+STR(Y,3)+"=",STR(X-Y,3)
     CASE   OP=3
          ?STR(X,3)+"*"+STR(Y,3)+"=",STR(X*Y,5)
     CASE   OP=4
          ?STR(X,3)+"/"+STR(Y,3)+"=",STR(X/Y,5,2)
  ENDCASE
```

【注意事项】

1）在解决实际问题时，如果能够将问题分析整理为“如果……则……否则……”的形式，就可以使用 IF 语句完成此功能。

2）如果能够将问题分析整理为：“如果……则……否则如果……则……否则如果……”的形式，就可以使用 IF 语句的嵌套形式或 DO CASE 语句完成此功能。

3）在使用 IF 语句时，关键是正确确定选择结构的条件、条件为.T.时要执行的命令组 1 和条件为.F.时要执行的命令组 2，把这三者按照 IF 语句的格式规范表示出来，就是一个正确的 IF 语句。

4）IF 语句在嵌套使用时，IF 和 ENDIF 一定要成对出现。

5）在 DO CASE 和第一个 CASE<条件>之间不能有任何可执行命令，并要注意 DO CASE 语句中条件的书写顺序。

【实训心得】

3.6.4 实训 4——循环结构

【实训目标】

掌握循环结构的编程规范。

【实训内容】

1）DO WHILE 语句的用法。

2）SCAN 语句的用法。

3）FOR 语句的用法。

4）LOOP 语句和 EXIT 语句的用法。

5）循环嵌套的用法。

【操作过程】

1．DO WHILE 语句的用法

1）建立程序文件 SY3-15.prg，在屏幕上纵向输出“计算机等级考试”。

代码提示：

```
X="计算机等级考试"
L=LEN(X)
I=1
DO WHILE I<L
   ?SUBSTR(X,I,2)
   I=I+2
ENDDO
```

2）建立程序文件 SY3-16.prg，计算出 1～30 中（包含 30）能被 5 整除的数的和。

代码提示 1：

```
X=1
S=0
DO WHILE X<=30
  IF X/5=INT(X/5)
     S=S+X
  ENDIF
  X=X+1
ENDDO
  S
```

代码提示 2：

```
X=5
S=0
DO WHILE X<=30
   S=S+X
   X=X+5
ENDDO
?S
```

3）建立程序文件 SY3-17.prg，显示比赛成绩表.dbf 中比赛成绩最低记录的姓名、运动员号码和比赛成绩。

代码提示：

```
USE 比赛成绩表
MI=比赛成绩
RE_MI=RECNO()
DO WHILE NOT EOF()
```

```
    IF MI>比赛成绩
        MI=比赛成绩
    RE_MI=RECNO()
    ENDIF
    SKIP
ENDDO
GO RE_MI
DISPLAY 姓名,运动员号码,比赛成绩
USE
```

2．SCAN 语句的用法

建立程序文件 SY3-18.prg，显示比赛成绩表.dbf 中比赛成绩最低记录的姓名、运动员号码和比赛成绩。

代码提示：

```
USE 比赛成绩表
MI=比赛成绩
RE_MI=RECNO()
SCAN
    IF MI>比赛成绩
    MI=比赛成绩
    RE_MI=RECNO()
  ENDIF
ENDSCAN
GO RE_MI
DISPLAY 姓名,运动员号码,比赛成绩
USE
```

3．FOR 语句的用法

1）建立程序文件 SY3-19.prg，求 1+5+9+13+…+97 的和。

代码提示：

```
S=0
FOR  I=1  TO  97  STEP  4
  S=S+I
ENDFOR
?S
```

2）建立程序文件 SY3-20.prg，输出斐波那契数列前 20 项。其中，第一项和第二项分别为 1，其他项是其前两项的和。

代码提示 1：

```
F1=1
F2=1
??F1,F2
FOR I=3  TO  20
```

```
    F3=F1+F2
    ??F3
    F1=F2
    F2=F3
ENDFOR
```

代码提示 2：

```
F1=1
F2=1
??F1,F2
FOR I=1   TO   9
    F1=F1+F2
    F2=F1+F2
    ??F1,F2
ENDFOR
```

4．LOOP 语句和 EXIT 语句的用法

建立程序文件 SY3-21.prg，编程求出 1×1+3×3+5×5+…+N×N≤1000 中满足条件的最大 N（N 为奇数）。

代码提示：

```
S=1
N=1
DO WHILE   .T.
    IF S>1000
        EXIT
    ENDIF
    N=N+1
    IF MOD(N,2)=0
        LOOP
    ENDIF
    S=S+N*N
ENDDO
?N-2
```

5．循环嵌套的用法

1）建立程序文件 SY3-22.prg，输出下面的图形：

```
      1
     321
    54321
   7654321
```

代码提示：

```
FOR   I=1 TO 4
    ?SPACE(20-2*I-1)
    FOR   J=2*I-1   TO 1   STEP   -1
```

```
      ??STR(J,1)
    ENDFOR
ENDFOR
```

2）建立程序文件 SY3-23.prg，输出下面的图形：

```
*******
 *****
  ***
   *
```

代码提示：

```
FOR  I = 4  TO  1  STEP  -1
    ?SPACE(20-i)
    FOR  J=1 TO 2*I-1
        ??"*"
    ENDFOR
ENDFOR
```

【注意事项】

1）DO WHILE 语句可以实现表和非表的循环功能，在对非表实现循环功能时，要考虑以下两方面问题。

① 在 DO WHILE 语句之前给循环变量赋值。

② 在循环体中修改循环变量，修改的趋势是使循环能够结束。

在对表实现循环功能时，一般用函数 EOF()作为循环的条件。

2）DO WHILE <条件>中的条件可以是关系表达式或逻辑表达式（如 X<100），也可以是结果为逻辑值的函数（如 EOF()），还可以是逻辑值.T.。如果是.T.，则在循环体中一定要有 EXIT 语句，否则会出现死循环。

3）在 FOR 语句中，当循环变量的初值大于终值时，步长为负数，这时“STEP 步长”一定要正确给出。

4）FOR 语句中循环变量值的变化幅度是步长给出的，不需要在循环体中再修改循环变量的值。

5）SCAN 语句中记录指针的移动已经包含在 SCAN 语句中，不需要再使用 SKIP 命令移动指针。

6）循环语句嵌套形式要书写规范，DO WHILE 与 ENDDO、FOR 与 ENDFOR 一定要成对出现。

7）循环语句用于与表有关的编程时，如果是对表中的每条记录都做相同的操作，则可以使用下面的命令组。

命令组 1：

```
USE   表文件名
DO WHILE   NOT EOF()
  <相关操作>
  SKIP
ENDDO
```

```
USE
```

命令组 2：

```
USE  表文件名
SCAN
  <相关操作>
ENDSCAN
USE
```

如果对表中满足条件的记录都做相同的操作，则可以使用下面命令组中的一组。

命令组 1：

```
USE  表文件名
LOCATE FOR  条件
DO WHILE   NOT EOF()     && NOT EOF()  可以用  FOUND()代替
        <相关操作>
        CONTINUE
ENDDO
USE
```

命令组 2：

```
USE  表文件名
DO WHILE   NOT EOF()
        IF <条件>
        <相关操作>
        ENDIF
        SKIP
ENDDO
USE
```

命令组 3：

```
USE  表文件名
SCAN   FOR <条件>
        <相关操作>
ENDSCAN
USE
```

【实训心得】

3.6.5 实训5——程序的模块化设计

【实训目标】

1）掌握子程序的形式和用法。

2）掌握自定义函数的形式和用法。

3）掌握过程的形式和用法。

4）掌握变量的作用域。

【实训内容】

1）子程序的形式和用法。

2）自定义函数的形式和用法。

3）过程的形式和用法。

4）变量的作用域。

【操作过程】

1．子程序的形式和用法

分别建立程序文件 SY3-24.prg 和子程序文件 SWAP.prg。运行 SY3-24.prg，观察结果。

SY3-24.prg 的代码：

```
NOTE    SY3-24.prg
INPUT   "输入一个数 A"   TO   A
INPUT   "输入一个数 B"   TO   B
?"调用子程序之前 A,B 的值" ,A,B
DO SWAP WITH A,B
?"调用子程序之后 A,B 的值" ,A,B
```

SWAP.PRG 的代码：

```
 NOTE SWAP.PRG
PARAMETERS M,N
T=M
M=N
N=T
RETURN
```

2．自定义函数的形式和用法

建立函数 SU，求 $\sum_{I=1}^{N} \mathrm{I}$ 的值，建立程序文件 SY3-25.prg，调用函数 SU。

SY3-25.prg 的代码：

```
INPUT   "输入 N 的值（N 为自然数）"   TO N
S=SU(N)
?S
NOTE   SU 函数
FUNCTION SU
  PARAMETERS K
```

```
    SK=0
    FOR I=1 TO K
      SK=SK+I
    ENDFOR
  RETURN SK
```

3．过程的形式和用法

在程序文件 SY3-26.prg 中，将求 N!的算法用过程实现，在主程序中调用过程。

代码提示：

```
NOTE 主程序
INPUT   "输入求 M!阶乘中的 M"   TO M
DO FAC WITH M
?M
NOTE 过程 FAC
PROCEDURE   FAC
    PARAMETERS N
    P=1
    FOR I=1 TO N
      P=P*I
    ENDFOR
    N=P
RETURN
```

4．变量的作用域

在程序文件 SY3-27.prg 中包括主程序和 PROC1、PROC2 两个过程，执行程序，观察运行结果并分析变量的作用域。

SY3-27.prg 的程序代码为：

```
NOTE 主程序代码
CLEAR
STORE   10   TO X,Y,Z
?"主程序调用过程前输出结果：","X=",X,"Y=",Y,"Z=",Z
DO PROC1
?"主程序调用过程 PROC1 后输出输出结果：","X=",X,"Y=",Y,"Z=",Z
DO PROC2
?"主模块调用过程 PROC2 后输出结果)：","X=",X,"Y=",Y,"Z=",Z,"N=",N
NOTE   过程 PROG1 的代码
PROCEDURE PROC1
PRIVATE Y
   Y=X+Z
   X=X+Z
   Z=X+Y
   M=X+Y+Z
   ?"在 PROC1 过程中输出：","X=",X,"Y=",Y,"Z=",Z,"M=",M
RETURN
```

```
NOTE  过程 PROG2 的代码
PROCEDURE PROC2
PUBLIC  N
    N=30
    X=X+N
    Y=Y+N
    Z=Z+N
    ?"在 PROC2 过程中输出：","X=",X,"Y=",Y,"Z=",Z,"N=",N
RETURN
```

【注意事项】

1）子程序、过程、自定义函数的书写一定要规范。

2）函数以 FUNCTION <函数名>开头，以 RETURN<表达式>结束，函数的返回值通过 RETURN<表达式>带回，<表达式>应该是通过函数求得的结果。

3）在定义子程序、过程、自定义函数时，PARAMETERS 给出了调用子程序、过程、自定义函数时需要传递过来的参数，称为形参；在调用时要给出调用参数，称为实参。实参和形参在参数个数、类型和顺序方面要一致。

4）实参可以是常量、变量、函数和表达式等。但是在调用子程序或过程时，如果要通过参数返回值，实参一定要为变量。

5）注意变量的作用范围和限定词。

① 用 PUBLIC 声明的变量为全局变量。

② 用 LOCAL 声明的变量为局部变量。

③ 没有声明的变量为私有变量。

【实训心得】

____

____

____

____

____

____

____

____

3.7 习题

（一）选择题

1．在 INPUT、ACCEPT、WAIT 三条命令中，可以接受字符的命令是（ ）。

A．只有 ACCEPT　　B．只有 WAIT

C．ACCEPT 与 WAIT　　D．三者均可

2．Visual FoxPro 中的 DO CASE…ENDCASE 语句属于（ ）。

A．顺序结构　　B．循环结构

C．选择结构　　　　　　　　　　　　D．模块结构

3．在 Visual FoxPro 中，用于建立过程文件 PROG1 的命令是（　　）。

A．CREATE RPOG1　　　　　　　　B．MODIFY COMMAND PROG1

C．MODIFY PROG1　　　　　　　　D．EDIT PROG1

4．在 WAIT 命令中，用于设置延时的短语是（　　）。

A．NOWAIT　　　　　　　　　　　B．CLEAR

C．NOCLEAR　　　　　　　　　　D．TIMEOUT

5．在 Visual FoxPro 中，命令文件的扩展名是（　　）。

A．.txt　　　B．.prg　　　C．.dbf　　　D．.fmt

6．在条件为真的 DO WHILE .T.循环中，要退出循环可以使用（　　）。

A．LOOP　　　B．EXIT　　　C．CLOSE　　　D．QUIT

7．执行命令 INPUT "请输入数据：" TO XYZ 时，可以通过键盘输入的内容包括（　　）。

A．字符串

B．数值和字符串

C．数值、字符串和逻辑值

D．数值、字符串、逻辑值、日期值、日期时间值、货币值

8．设内存变量 X 是数值型，要从键盘输入数据给 X 赋值，可使用（　　）命令。

A．INPUT TO X　　　　　　　　　B．WAIT TO X

C．ACCEPT TO X　　　　　　　　D．以上均可

9．设某 Visual FoxPro 程序中有 PROGl.prg、PROG2.prg、PROG3.prg 三层程序依次嵌套，下面叙述中正确的是（　　）。

A．在 PROGl.prg 中用 RUN PROG2.prg 命令可以调用 PROG2.prg 子程序

B．在 PROG2.prg 中用 RUN PROG3.prg 命令可以调用 PROG3.prg 子程序

C．在 PROG3.prg 中用 RETURN 命令可以返回 PROG1.prg 主程序

D．在 PROG3.prg 中用 RETURN TO MASTER 命令可返回 PROG1.prg 主程序

10．在程序中，可以终止程序执行并返回到 Visual FoxPro 命令窗口的命令是（　　）。

A．EXIT　　　B．QUIT　　　C．BYE　　　D．CANCEL

11．在 WAIT、ACCEPT 和 INPUT 三条输入命令中，必须要以回车键表示输入数据结束的命令是（　　）。

A．WAIT、ACCEPT、INPUT　　　　B．WAIT、ACCEPT

C．ACCEPT、INPUT　　　　　　　D．INPUT、WAIT

12．在结构化程序设计中，可以使用 LOOP 和 EXIT 语句的基本程序结构是（　　）。

A．TEXT…ENDTEXT　　　　　　　B．DO WHILE…ENDDO

C．IF…ENDIF　　　　　　　　　　D．DO CASE…ENDCASE

13．在 Visual FoxPro 中，说明局部变量的命令是（　　）。

A．PUBLIC　　　B．LOCAL　　　C．GLOBAL　　　D．ALL

14．如果一个函数不包含 RETURN 命令，或者 RETURN 命令中没有指定表达式，那么该函数（　　）。

A．返回.F.　　　B．返回 0　　　C．返回.T.　　　D．没有返回值

15．组成 Visual FoxPro 应用程序的基本结构是（　　）。

A．顺序结构、分支结构和模块结构

B．顺序结构、选择结构和循环结构

C．逻辑结构、物理结构和程序结构

D．分支结构、重复结构和模块结构

16．在 Visual FoxPro 程序中，注释行使用的符号是（　　）。

A．//　　B．&&　　C．'　　D．{}

17．用于选择结构程序设计的 CASE 命令格式中，其末尾必须使用的命令是（　　）。

A．ENDCASE　　B．ENDIF　　C．END CASE　　D．ENDDO

18．在循环结构 FOR I=3 TO 23 STEP 3 中，循环体内容共执行（　　）。

A．20 次　　B．7 次　　C．8 次　　D．6 次

19．在下列语句中，不是循环结构语句的是（　　）。

A．SCAN…ENDSCAN　　B．IF…ENDIF

C．FOR…ENDFOR　　D．DO…ENDDO

20．将内存变量定义为全局变量的命令是（　　）。

A．PRIVATE　　B．GLOBAL

C．LOCAL　　D．PUBLIC

21．下面叙述中正确的是（　　）。

A．在命令窗口中被赋值的变量均为局部变量

B．在命令窗口中说明的变量均为私有变量

C．在被调用的下级程序中用 PUBLIC 命令说明的变量均为全局变量

D．在程序中用 PRIVATE 命令说明的变量均为局部变量

22．如果要中止一个正在运行的 Visual FoxPro 程序，应该使用（　　）。

A．F1 键　　B．Ctrl+Break 组合键

C．Esc 键　　D．Ctrl+Alt+Del 组合键

23．在程序中不需要使用命令声明，可直接使用的内存变量是（　　）。

A．局部变量　　B．公共变量

C．私有变量　　D．全局变量

24．下列程序段有语法错误的行为第（　　）行。

```
DO CASE
    CASE A>0
    S=1
    ELSE
    S=0
ENDCASE
```

A．2　　B．4　　C．5　　D．6

25．关于内存变量的调用，下列说法正确的是（　　）。

A．局部变量不能被本层模块程序调用

B．私有变量只能被本层模块程序调用

C．局部变量能被本层模块和下层模块程序调用

D．私有变量能被本层模块和下层模块程序调用

26．下列说法正确的是（　　）。

A．循环结构的程序中不能包含选择（分支）结构

B．使用 LOOP 命令可以跳出循环结构

C．SCAN 循环结构可以自动向上移动记录指针

D．FOR 循环结构的程序可以改写成 DO WHILE 循环结构

27．一个过程文件可以包含多个过程，每个过程的第一条命令是（　　）。

A．PARAMETERS　　　　B．DO <过程名>

C．<过程名>　　　　D．PROCEDURE <过程名>

28．Visual FoxPro 中的 SCAN 语句属于（　　）。

A．顺序结构　　B．分支结构　　C．循环结构　　D．模块结构

29．在 Visual FoxPro 中，命令 QUIT 的作用是（　　）。

A．终止运行程序

B．执行另一个程序

C．结束当前程序的执行，返回调用它的上一级程序

D．退出 Visual FoxPro 系统环境

30．执行以下程序后的屏幕输出是（　　）。

```
计算机=79
DO CASE
    CASE 计算机<60
        ?"计算机成绩是："+"不及格"
    CASE 计算机>=60
        ?"计算机成绩是:"+"及格"
    CASE 计算机>=70
        ?"计算机成绩是："+"中"
    CASE 计算机>=80
        ?"计算机成绩是："+"良"
    CASE 计算机>=90
        ?"计算机成绩是："+"优"
ENDCASE
```

A．计算机成绩是：不及格　　B．计算机成绩是：及格

C．计算机成绩是：良　　D．计算机成绩是：优

31．当下列程序执行时，在键盘上输入 9，则屏幕上的显示结果是（　　）。

```
INPUT "X" TO X
DO CASE
    CASE  X<5
      ?"OK1"
    CASE x<10
      ?"OK2"
```

```
    OTHERWISE
      ?"OK3"
ENDCASE
```

A．"OK1"　　B．OK1　　C．OK2　　D．OK3

32．设数据表文件 CJ.DBF 中有两条记录，内容如下：

	XM	ZF
1	李明	500.00
2	梦园	600.00

此时，运行以下程序的结果是（　　）。

```
SET TALK OFF
USE CJ
M->ZF=0
DO WHILE.NOT.EOF()
    M->ZF=M->ZF+ZF
    SKIP
ENDDO
?M->ZF
RETURN
```

A．1100.00　　B．1000.00　　C．1600.00　　D．1200.00

33．运行以下程序后，显示的 M 值是（　　）。

```
M=0
N=0
DO WHILE N>M
    M=M+N
    N=N-10
ENDDO
?M
RETURN
```

A．0　　B．10　　C．100　　D．99

34．执行以下程序，如果输入的 N 值为 5，则最后 S 的显示值是（　　）。

```
S=1
I=1
INPUT "N=" TO N
DO WHILE S<=N
    S=S+I
    I=I+1
ENDDO
?S
```

A．2　　B．4　　C．6　　D．7

35．设表文件 CJ.dbf 中有 8000 条记录，其表结构为：姓名(C,8)，成绩(N,5,1)。此时运行以下程序，则屏幕上将显示（　　）。

```
SET TALK OFF
USE CJ
J=0
DO WHILE.NOT.EOF()
    J=J+成绩
    SKIP
ENDDO
?'平均分：'+STR(J/8000,5,1)
RETURN
```

A．平均分：XXX.X（X 代表数字）　　B．数据类型不匹配

C．平均分：J/8000　　D．字符串溢出

36．下面程序的输出结果为（　　）。

```
CLEAR
STORE 0 TO S1,S2
X=5
DO WHILE X>1
    IF SQRT(X)=3.OR.INT(X/2)=X/2
        S1=S1+X
    ELSE
        S2=S2+X
    ENDIF
    X=X-1
ENDDO
?"S1="+STR(S1,2)
??" S2="+STR(S2,2)
```

A．S1=6 S2=8　　B．S1=4 S2=6

C．S1=8 S2=9　　D．S1=6 S2=7

37．执行以下程序，当屏幕上显示“请输入选择：”时输入 4，系统将（　　）。

```
DO WHILE .T.
    CLEAR
    WATI   "请输入 1-4，其中 1．输入 2．删除 3．编辑 4．退出"   TO   K
    IF VARTYPE(K)="C".AND.VAL(K)<=3.AND.VAL(K)<>0
        PROG="PROG"+K+".prg"
        DO &PROG
    ENDIF
    QUIT
ENDDO
```

A．调用子程序 PROG4.prg　　B．调用子程序&PROG.PRG

C．返回 Visual FoxPro 主窗口　　D．返回操作系统状态

38．有以下程序：

```
**主程序：Z.PRG                    **程序：Z1．PRG
SET TALK OFF                       X2=X2+1
STORE 2 TO Xl,X2,X3                DO Z2
X1=X1+1                            X1=X1+1
DO Z1                              RETURN
?X1+X2+X3                          **子程序：Z2．PRG
RETURN                             X3=X3+1
SET TALK ON                        RETURN TO MASTER
```

执行命令 DO Z 后，屏幕显示的结果为（　　）。

A．3　　B．4　　C．9　　D．10

39．执行以下程序后的输出是（　　）。

```
CLEAR
K=0
S=1
DO WHILE K<8
    IF INT(K/2)=K/2
        S=S+K
    ENDIF
    K=K+1
ENDDO
?S
```

A．21　　B．13　　C．17　　D．16

40．下面程序实现的功能是（　　）。

```
SET TALK OFF
CLEAR
USE GZ
DO WHILE !EOF()
    IF 工资>=900
        SKIP
        LOOP
    ENDIF
    DISPLAY
    SKIP
ENDDO
USE
RETURN
```

A．显示所有工资大于 900 元的教师信息

B．显示所有工资低于 900 元的教师信息

C．显示第一条工资大于 900 元的教师信息

D．显示第一条工资低于 900 元的教师信息

41．阅读下面的程序，第 1 次显示 x，y 的值是（　　）。

```
*MAIN.PRG
    PUBLIC X,Y
    X=20
    Y=50
    DO A1
    ?X,Y
    RETURN

proc a1
private x
    x=30
    local y
    do a2
    ?x,y
proc a2
    x="kkk"
    y="mmm"
return
```

A．kkk　　B．kkk　.F.　　C．kkk　50　　D．30　.F.

42．执行下列程序后，变量 X 的值为（　　）。

```
SET TALK OFF
PUBLIC X
X=5
DO SUB
?"X=",X
SET TALK ON
RETURN
PROCEDURE SUB
   PRIVATE X
   X=1
   X=X*2+1
RETURN
```

A．5　　B．6　　C．7　　D．8

43．STUD 表中含有字段：姓名(C,8)、课程名(C,16)、成绩(N,3,0)。下面的程序用于显示所有成绩及格的学生信息。

```
SET TALK OFF
CLEAR
USE STUD
DO WHILE .NOT.EOF()
    IF 成绩>=60
      ?"姓名"+姓名,"课程:"+课程名,"成绩:"+STR(成绩,3,0)
    ENDIF
 __________
ENDDO
USE
SET TALK ON
RETURN
```

在上述程序的空白处应添加（　　）命令。

A．空命令　　B．SKIP　　C.LOOP　　D．EXIT

44．下列程序实现的功能是（　　）。

```
A=0
FOR I=1 TO 100
    IF INT（I/2）<>I/2
        A=A+I
    ENDIF
ENDFOR
? A
RETURN
```

A．求 1～100 的奇数和　　B．求 1～100 的偶数和

C．求 1～100 的累加和　　D．求 1～100 能被 2 整除的数的和

45．下列程序实现的功能是（　　）。

```
SET TALK OFF
USE DB1
X=0
SCAN FOR 性别="男"
    X=X+1
ENDSCAN
? X
RETURN
```

A．求表 DB1 中的全部记录数　　B．求表 DB1 中性别为女的记录数

C．求表 DB1 中性别为男的记录数　　D．上述三者都不对

46．可以将变量 A，B 值交换的程序段是（　　）。

A．A=B
B=A

B．A=（A+B）/2
B=（A–B）/2

C．A=A+B
B=A–B
A=A–B

D．A=C
C=B
B=A

（二）填空题

1．在 Visual FoxPro 程序中，注释行使用的符号是____________。

2．在循环程序设计中，要查找表中满足条件的记录，应该使用的循环语句是__________。

3．在 Visual FoxPro 中，按变量的作用域可以将变量分为全局变量、局部变量和____________________。

4．在 Visual FoxPro 中，只能在建立它的模块中使用的内存变量称为____________。

5．没有用 LOCAL 和 PUBLIC 说明的变量为__________。

6．在结构化程序设计中，EXIT 语句和 LOOP 语句只能在____________结构中使用。

7．用 MODIFY FILE KK 建立文件 KK，其扩展名是____________。

8．程序文件的扩展名是____________。

9．下面的程序功能是完成工资查询，请填空。

```
CLOSE ALL
USE employee
ACCEPT "请输入职工号：" TO num
LOCATE FOR 职工号=num
IF ___________
    DISPLAY 姓名,工资
ELSE
    ?"职工号输入错误!"
ENDIF
USE
```

10．为以下程序填上适当命令，使之成为接收到从键盘输入的 Y 或 N 才退出循环的程序。

```
DO WHILE  .T.
    WAIT '输入 Y/N' TO yn
    IF((UPPER(yn)<>'Y').AND.(UPPER(yn)<>'N')
        ___________
    ELSE
        EXIT
    ENDIF
ENDDO
```

11．下列程序用于在屏幕上显示一个由“*”组成的三角形（图形如下），请填空。

```
*
***
*****
*******
X=1
DO WHILE X<=4
S=1
?
DO WHILE S<=X
    ??"*"
    S=S+1
ENDDO
______________________________
ENDDO
```

12．计算机等级考试的查分程序如下，请填空。

```
USE STUD  ENT INDEX ST
ACCEFT  "请输入准考证号：" TO NUM
FIND ___________
IF FOUND()
    ?姓名,"成绩："+STR<成绩,3,0)
ELSE
```

```
    ?"没有此考生!"
ENDIF
USE
```

13. 计算机等级考试考生数据表为STUDENT.DBF，笔试和上机成绩已分别录入其中的“笔试”和“上机”字段（皆为N型）中，此外，另有“等级”字段（C型）。凡两次考试成绩均达到80分以上者，应在等级字段中自动填入“优秀”。编程如下，请填空。

```
USE STUDENT
DO WHILE.NOT.EOF()
IF  笔试>=80.AND.上机>=80
    ______________________________
    ENDIF
    SKIP
ENDDO
USE
```

14. 下列程序的功能是通过字符串变量的操作，竖向显示“伟大祖国”，横向显示“祖国伟大”，请填空。

```
STORE "伟大祖国" TO XY
CLEAR
N=1
DO WHILE N<8
    ?SUBSTR(__________)
    N=N+2
ENDDO
?________
??SUBSTR(XY,1,4)
RETURN
```

15. 显示输出下面的图形。编程如下，请填空。

```
    *
   ***
  *****
```

```
CLEA
I=1
DO WHILE I<=3
    ?SPACE(10-I)
    J=1
    DO WHILE J<=2*I-1
        ____________
        ____________
    ENDDO
    __________
ENDDO
```

16．对表 XSDB.DBF 中的计算机和英语成绩都大于或等于 90 分的学生的奖学金进行调整：法律系学生奖学金增加 12 元，英语系学生奖学金增加 15 元，中文系学生奖学金增加 18 元，其他系学生奖学金增加 20 元。

```
USE XSDB
____________
DO WHILE FOUND()
  DO CASE
    CASE 系别="法律"
          ZJ=12
    CASE 系别="英语"
          ZJ=15
    CASE 系别="中文"
          ZJ=18
    ___________
        ZJ=20
  ENDCASE
  REPLACE 奖学金 WITH 奖学金+ZJ
  _________
ENDDO
USE
```

17．算式“?2×7?=3848”中缺少一个十位数和一个个位数。编程求出使该算式成立的这两个数，并输出正确的算式。

```
SET TALK OFF
CLEAR
FOR X=__________ TO 9
  FOR Y=__________ TO 9
    IF (10*X+2)*(70+Y)=__________
      ? 10*X+2,'*',70+Y,"=",3848
    ENDIF
  ENDFOR
ENDFOR
SET TALK ON
CANCEL
```

18．求 0～100 之间的奇数之和，若超出范围则退出。

```
X=0
Y=0
DO WHILE .T.
  X=X+1
  DO CASE
     CASE __________
     LOOP
     CASE X>=100
```

```
        ________
        OTHERWISE
        Y=Y+X
    ENDCASE
________
? "0～100 之间的奇数之和为: ", Y
RETURN
```

19. 根据 XSDB.dbf 数据表中的计算机和英语成绩对奖学金做相应调整：双科 90 分以上（包括 90）的每人增加 30 元；双科 75 分以上（包括 75）的每人增加 20 元；其他人增加 10 元。

```
USE XSDB
DO WHILE ________
    DO CASE
        CASE 计算机>=90.AND.英语>=90
            REPLACE 奖学金 WITH 奖学金+30
        CASE 计算机>=75．AND.英语>=75
            REPLACE 奖学金 WITH 奖学金+20
        ________
            REPLACE 奖学金 WITH 奖学金+10
    ENDCASE
    ________
ENDDO
```

20. 找出 XSDB.dbf 中奖学金最高的学生记录并输出。

```
________
MAX=0
DO WHILE ________
    IF MAX<奖学金
        ________
        JLH=RECN()
    ENDIF
    SKIP
ENDDO
?MAX
DISP FOR RECN()=JLH
USE
```

21. 设共有 STD1.dbf～STD5.dbf 5 个表文件，下面程序的功能是删除每个表文件的末记录。

```
SET TALK OFF
N=1
DO WHILE N<=5
  M=STR(N,1)
```

```
    DB=__________
    USE &DB
    __________
    DELETE
    PACK
    __________
ENDDO
USE
SET TALK ON
RETURN
```

22．有学生表 STUDENT.dbf，其中编号（N,2,0）字段的值从 1 开始连续排列。以下程序欲按编号 1，9，17，25，…的规律抽取学生参加比赛，并在屏幕上显示参赛学生的编号。

```
CLEAR
USE STUDENT
DO WHILE.NOT.EOF()
  IF MOD__________
    ??编号
  ENDIF
  __________
ENDDO
USE
```

23．下面的程序用于逐个显示 TEACHER.dbf 中职称为教授的数据记录。

```
CLEAR
USE TEACHER
DO WHILE .NOT.EOF()
  IF 职称 <> "教授"
      SKIP
      __________
  ENDIF
  __________
  WAIT "按任意键继续!"
  SKIP
ENDDO
USE
```

24．STD 表中含有字段：姓名（C,8），课程名（C,16），成绩（N,3,0），下面一段程序用于显示所有成绩及格的学生信息。

```
CLEAR
USE STD
DO WHILE __________
    IF 成绩>= 60
        ?"姓名"+姓名,"课程："+课程名,"成绩："+STR(成绩,3,0)
    ENDIF
```

```
         __________
ENDDO
USE
```

25．下面的程序是按姓名提供学生成绩的查询功能。

```
USE STD
ACCEPT   "请输入待查学生姓名："   TO XM
DO WHILE   .NOT.   EOF()
    IF__________
        ?"姓名："+姓名,"成绩："+STR(成绩,3,0)
    ENDIF
    SKIP
ENDDO
```

26．从键盘输入 10 个数，然后找出其中的最大值与最小值，最大值存放在变量 MA 中，最小值存放在变量 MI 中。

```
INPUT TO X
MA=X
MI=X
I=1
DO WHILE__________
    INPUT   TO   X
    IF__________
        MA=X
    ENDIF
    IF__________
        MI=X
    ENDIF
    I=I+1
ENDDO
? MA,MI
```

（三）判断题

1．在选择结构提供的两种语句中，有且只有一种选择被执行。

2．在 FOR...ENDFOR 循环结构中，若省略 STEP <N>项，则表明其循环变量的步长为 1。

3．在 FOR...ENDFOR 循环结构中，循环变量的步长可以取小数。

4．SCAN...ENDSCAN 结构可适合任何情况下的循环。

5．以 FOR 开头的循环结构，只能以 ENDFOR 或 Next 结束。

6．程序的基本控制结构包括顺序结构、选择结构和循环结构。

7．多个过程不可以合并在一个文件中。

8．在 Visual FoxPro 中不可以自定义函数。

9．INPUT 命令接收日期型变量。

10．在 FOR 循环中不可以使用 EXIT。

11．在 DO WHILE 循环中可以省略结束符 EDNDO。

（四）程序改错题

（注意：不可以增加或删除程序行，也不可以更改程序的结构）

1．在 XSDB.DBF 表中统计法律和中文两个系的总人数和奖学金总额。

```
USE XSDB
STORE 0 TO R,S
DO WHILE .T.
***********FOUND**********
   IF  系别="法律"AND  系别="中文"
       STORE    S+奖学金  TO S
       R=R+1
   ENDIF
   SKIP
***********FOUND**********
   IF   NOT FOUND()
     EXIT
   ENDIF
ENDDO
?S, R
USE
```

2．显示 XSDB.DBF 中每个学生的姓名、计算机成绩和等级。等级划分如下：计算机成绩大于或等于 90 显示“优秀”；60～89（包括 60 和 89）显示“及格”；60 分以下显示“补考”，如显示：张丽娜　　90　　优秀 。

```
USE XSDB
DO WHILE .NOT．EOF()
***********FOUND**********
    LIST  姓名,计算机
    DO CASE
        CASE  计算机>=90
              ??'优秀'
        CASE  计算机>=60
              ??'及格'
        OTHERWISE
              ??'补考'
    ENDCASE
***********FOUND**********
    GO NEXT
ENDDO
USE
```

3．将一串 ASCII 码字符“ABC123”逆序输出为 “321CBA”。

```
S="ABC123"
?S+"的逆序为："
```

```
***********FOUND**********
L=STR(S)
DO WHILE   L>=1
    ??SUBSTR(S,L,1)
***********FOUND**********
    L=L+1
ENDD
```

4．根据姓名查询 RSH.DBF 中的职工情况。如果有，则显示该职工的工资和职称；否则，显示“查无此人!”。

```
USE   RSH
XM="赵红"
LOCATE   FOR   姓名 = XM
***********FOUND**********
IF   BOF()
     WAIT "查无此人! "
ELSE
***********FOUND**********
     ? "工资+职称"
ENDIF
USE
```

5．用键盘输入 X 值时，求其相应的 Y 值。

$$Y = \begin{cases} -1 & (X < 0) \\ 0 & (X = 0) \\ 1 & (X > 0) \end{cases}$$

```
SET TALK OFF
**********FOUND**********
ACCEPT   "请输入一个数："   TO   X
**********FOUND**********
DO WHILE
    CASE X<0
        Y=-1
    CASE X=0
        Y=0
**********FOUND**********
    DEFAULT   X>0
        Y=1
ENDCASE
? Y
SET TALK OFF
```

6．用户选择菜单中的功能序号，程序将根据序号对数据表 XSDB.DBF 进行对应的操作。

```
USE XSDB
DO WHILE .T.
```

```
?" 1-追加记录  2-修改记录  3-显示记录  0-结束程序"
INPUT "请选择(1,2,3,0):" TO ANS
***********FOUND**********
IF ANS>=0.AND.ANS<=3
   WAIT  "输入错误，按任意键重新输入！"
   LOOP
ENDIF
DO CASE
   CASE ANS=1
        APPEND
   CASE ANS=2
        BROWSE
   CASE ANS=3
        LIST
   OTHERWISE
***********FOUND**********
        ?"结束!"
ENDCASE
ENDDO
USE
```

（五）编程题

1．输入整数 N，显示具有 N 行的杨辉三角形。

```
1
1  1
1  2  1
1  3  3  1
1  4  6  4  1
1  5  10  10  5  1
```

2．有一个长阶梯，如果每步跨 2 阶最后剩 1 阶，如果每步跨 3 阶最后剩 2 阶，如果每步跨 4 阶最后剩 3 阶，如果每步跨 5 阶最后剩 4 阶，如果每步跨 6 阶最后剩 5 阶，只有当每步跨 7 阶时恰好走完。问该阶梯有多少阶？

3．一个球从 100m 高度自由落下，每次落地后反跳回原高度的一半，再落下。求它在第 10 次落地时，共经过多少米？反弹高度为多少？

4．计算 T=1!+3!+5!+7!+9!。

5．输入 A 和 N 的值，求 $A+AA+AAA+AAAA+\cdots+AA\cdots AAA$ 的和。

6．百马百担问题：有 100 匹马，驮 100 担货，大马驮 3 担，中马驮 2 担，2 匹小马驮 1 担，求大、中、小马各多少匹？

7．用双重循环编写程序，输出以下图形。

```
    1
   222
  33333
 4444444
555555555
```

8．两个乒乓球队进行比赛，各出 3 人。甲队为 A、B、C 三人，乙队为 X、Y、Z 三人。已抽签决定比赛名单。有人向队员打听比赛的名单。A 说他不和 X 比，C 说他不和 X、Z 比，请编程序找出 3 队赛手的名单。

9．计算 S=1+1+2+1+2+3+…+1+2+3+4+…+10 的和。

10．输入一个十进制整数，将其转换成八进制整数。

11．用 FOR 语句显示学生.dbf 表中男同学的学号、姓名和性别字段的值。

12．求 1，–1/2，1/4，–1/8，1/16，…的前 N 项之和，其中 N 通过键盘输入。

13．$S=1!+2!+\ldots+N!$

14．猴子吃桃问题：猴子第一天摘了若干个桃子，当天吃了一半加一个，第二天又将前一天剩下的桃子吃了一半加一个，以后每天都是吃了前一天剩下桃子的一半加一个，到第 10 天只剩下了一个桃子，编程求猴子第一天摘的桃子个数。

15．任意输入 10 个数，找出其中的最小值。

16．对输入的任意一串由汉字组成的字符串进行逆序输出。

17．对输入的任意整数，逆序组成新的整数。

18．“百钱买百鸡”是著名数学题。3 文钱可以买 1 只公鸡，2 文钱可以买一只母鸡，1 文钱可以买 3 只小鸡，用 100 文钱买 100 只鸡，那么各买公鸡、母鸡、小鸡多少只？找出所有组合。

19．输出 2～100 之间的所有素数，7 个素数一行。

20．任意给定 10 个数，编程将这些数按从小到大的顺序输出。

第4章　查询和视图

知识结构图

查询和视图

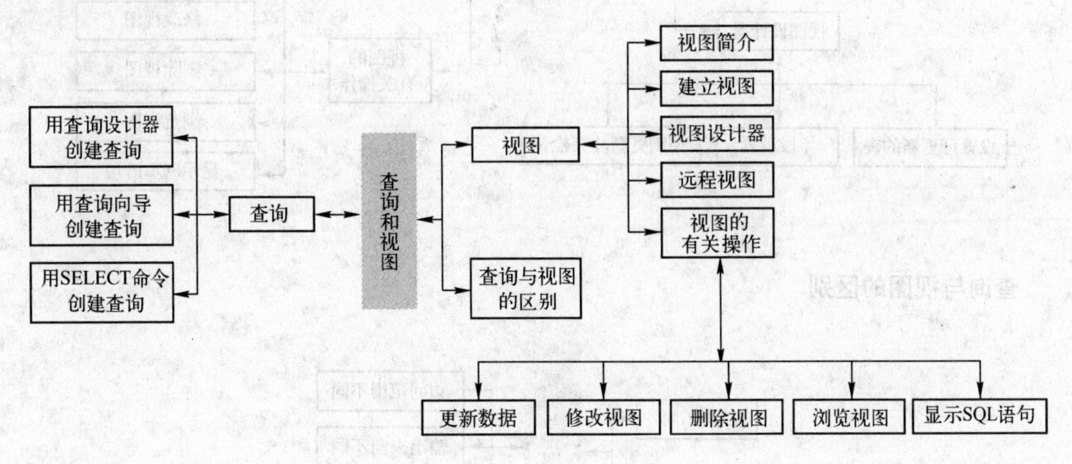

查询

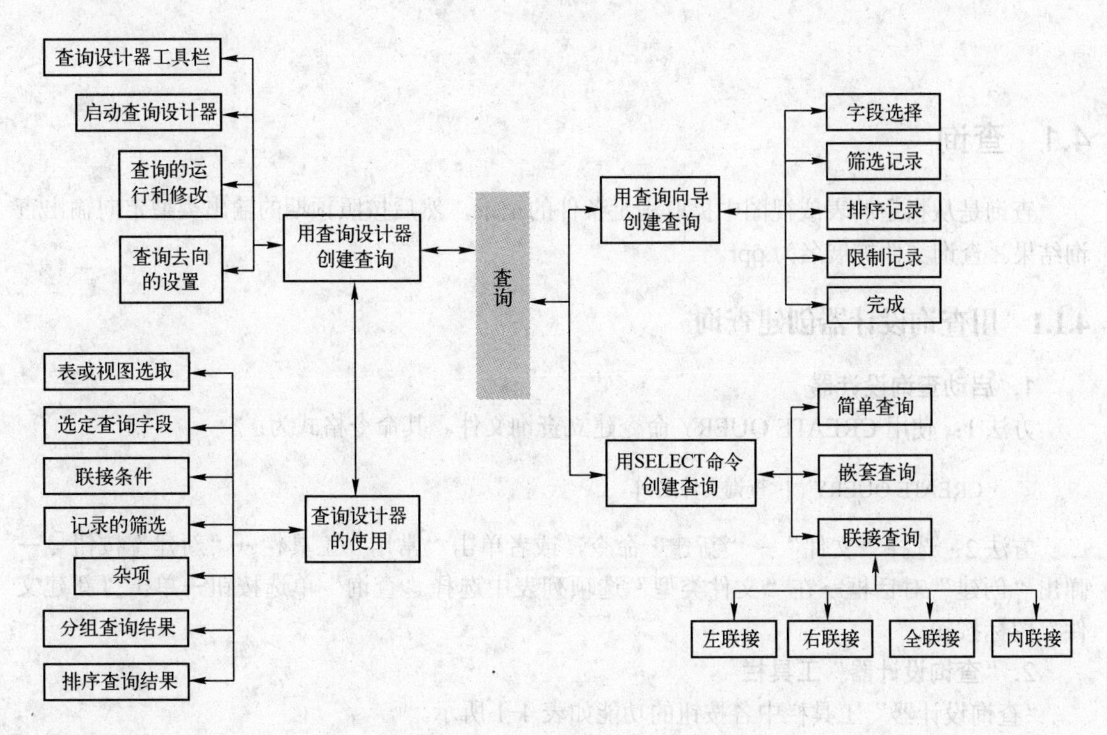

视图

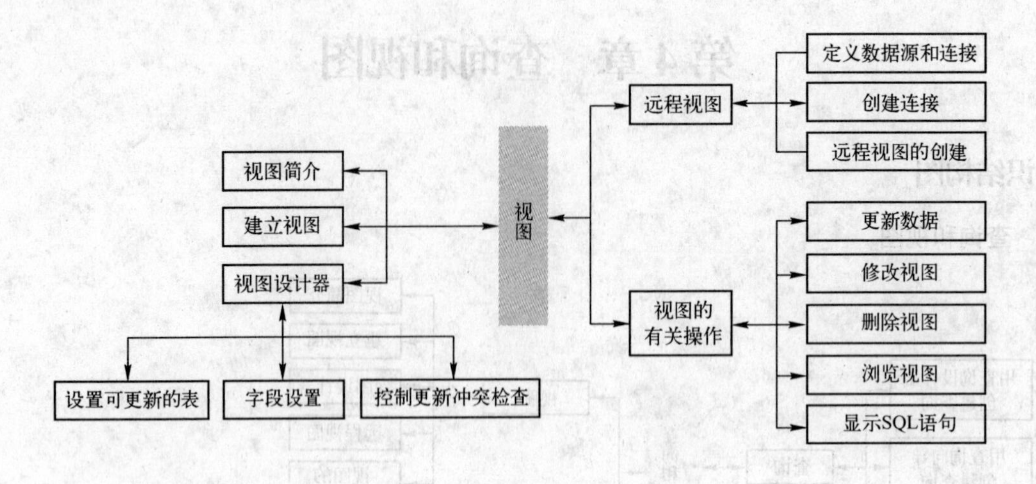

查询与视图的区别

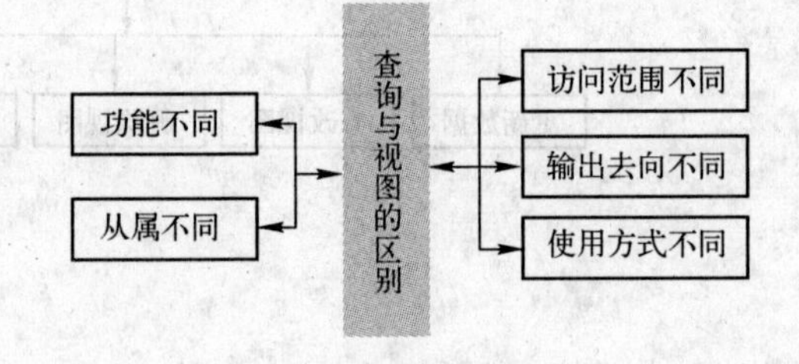

4.1 查询

查询是从指定的表或视图中提取满足条件的记录，然后按照预期的输出类型定向输出查询结果。查询文件扩展名为.qpr。

4.1.1 用查询设计器创建查询

1．启动查询设计器

方法 1：使用 CREATE QUERY 命令建立查询文件。其命令格式为：

```
CREATE QUERY  [<查询文件名>]
```

方法 2：选择“文件”→“新建”命令，或者单击“常用”工具栏→“新建”按钮→弹出“创建”对话框→在“文件类型”选项列表中选择“查询”单选按钮→单击“新建文件”图标按钮。

2．“查询设计器”工具栏

“查询设计器”工具栏中各按钮的功能如表 4-1 所示。

表 4-1 查询设计器工具栏各按钮功能

按 钮	功 能
	添加表：单击此按钮可以弹出“添加表或视图”对话框，添加查询数据源
	移去表：选中要移去的表，单击此按钮将表从查询设计器中移去
	添加数据库表间的联接：基于两表查询时，使用此按钮，可建立或修改联接
SQL	显示 SQL 窗口：单击此按钮，给出查询所对应的只读状态的 SELECT 语句
	最大化上部窗格：最大化查询设计器中数据源区域
	确定查询去向：查询结果的处理方式，包括永久表、临时表和报表等

3. 查询设计器的使用

（1）选取表或视图

启动查询设计器后，首先在“添加表或视图”对话框中选择查询操作要使用的表或视图。“添加表或视图”对话框中各选项的用法如下。

1）添加(a)按钮：选中表名，单击添加(a)按钮，可以把需要的表添加到查询设计器中。

2）关闭(C)按钮：关闭“添加表或视图”对话框。

3）其他(O)按钮：如果在“数据库中的表”列表中没有显示查询所需要的表，可以单击该按钮，弹出“打开”对话框，选择需要添加的表。

4）“选定”选项列表：选择查询需要添加的内容是表还是视图。

从查询设计器中移去表的方法如下：

选中要移去的表→单击鼠标右键→弹出快捷菜单→选择“移去表”命令。

（2）选择查询字段

使用查询设计器的“字段”选项卡可以选择需要包含在查询结果中的字段。

选择查询字段就是将字段从“可用字段”列表中添加到“选定字段”列表中。可以使用下面的方法。

方法 1：添加部分可用字段到“选定字段”列表中。

选择“可用字段”列表中的字段→单击添加(A)>按钮。

方法 2：添加部分可用字段到“选定字段”列表中。

在“可用字段”列表中按住鼠标左键单击需要的字段→拖动该字段到“选定字段”列表中。

方法 3：添加所有可用字段到“选定字段”列表中。

单击全部添加(D)>>按钮，或者用鼠标将表顶部的“*”号拖入“选定字段”列表中。

方法 4：将表达式添加到“选定字段”列表中。

通过“表达式生成器”生成一个表达式或者直接在“函数和表达式”列表中输入一个表达式→单击添加(A)>按钮。

在“选定字段”列表中，列出了出现在查询或视图结果中的所有字段、函数和表达式，可以用鼠标左键拖动字段左边用于改变排列顺序的按钮↕来重新调整输出顺序。

（3）联接条件

查询如果基于两个以上的表或视图，它们之间需要建立联接，“联接”选项卡用来指定联接表达式，修改联接类型。

联接类型及含义如表 4-2 所示。

表 4-2　联接类型说明

联 接 类 型	说　明
内部联接（Inner Join）	只返回完全满足条件的记录，是默认联接类型
左联接（Left Outer Join）	返回左侧表中的所在记录，以及与右侧表中匹配的记录
右联接（Right Outer Join）	返回右侧表中的所有记录，以及与左侧表中匹配的记录
完全联接（Full Join）	返回两个表中的所有记录

删除已有联接的方法：

方法 1：在“查询设计器”中选定联接线→单击“查询” →“移去联接条件”命令。

方法 2：用鼠标左键单击表之间的联接线→按〈Del〉键。

（4）筛选记录

在“筛选”选项卡中用户可以构造一个条件，以使查询按照指定的条件检索指定的记录。“筛选”选项卡中各选项的用法如下。

1）字段名：用于选择筛选条件中出现的字段或表达式。

2）条件：用于选择关系比较的类型，包括“>”、“<”、“=”和“<>”等。

3）实例：输入筛选条件中出现的常量。

4）“大小写”按钮：激活该按钮，则在搜索字符数据时将忽略其大小写。

5）“否”按钮：若要排除与条件相匹配的记录，可以激活该按钮。

6）逻辑：在筛选条件中出现两个以上关系运算时，用于设置 AND 或 OR 逻辑运算。

7）插入(I)按钮：插入一个空的筛选条件。

8）移去(X)按钮：将所选定的筛选条件删除。

筛选条件的设置方法：

在“字段名”列表中选择筛选条件中使用的字段→在“条件”列表中选择筛选条件中使用的关系运算符→在“值”列表中输入与字段类型相符的表达式。

（5）排序查询结果

排序决定了在查询输出的结果中记录的先后排列顺序。它通过指定字段、函数或表达式，设置查询中检索记录的顺序。

设置排序条件的方法：

在“选定字段”列表中选定一个字段名→单击 添加(A)> 按钮。

移去排序条件的方法：

在“排序条件”列表中选定要移去的字段→单击 < 移去(R) 按钮。

在“排序条件”列表中可以有多个字段，字段次序代表了排序查询结果时的重要性次序。其中，第一个字段决定了主排序次序。

调整排序字段顺序的方法：

用鼠标左键拖动字段左边的↕按钮来调整排序字段。

按钮边上的上箭头或下箭头代表该字段按照升序还是降序排序。

更改排序方式的方法：

选中排序条件列表中的字段→单击“排序选项”中的升序或降序。

（6）分组查询结果

通过设置分组字段，按分组字段值相同的原则将表中记录分到同一组，并组织成一个结果记录，以完成基于一组记录的计算。

在“分组依据”选项卡的“可用字段”列表中选择用于分组的字段→单击 添加(A)... 按钮。

通过“分组依据”选项卡中的 满足条件(H)... 按钮，可以设置分组结果中哪些记录出现在查询输出结果中。

在“分组依据”选项卡中单击 满足条件(H)... 按钮→弹出“满足条件”对话框→设置条件。

（7）杂项

“杂项”选项卡中各选项的用法如下。

1）无重复记录：在查询结果中是否允许有重复记录。

2）列在前面的记录：用于指定查询结果中出现的是全部记录，还是指定的记录个数或百分比。该选项必须和排序一起使用，且只有设置了排序字段，才可以设置此选项。

4．查询去向的设置

查询去向可以设置查询结果的处理方式。设置查询去向可以使用下面的方法。

方法 1：单击“查询设置器”工具栏→“查询去向”按钮。

方法 2：选择“查询”→“查询去向”命令。

方法 3：在查询设计器中→单击鼠标右键→弹出快捷菜单→选择“输出设置”命令。

在“查询去向”对话框中选择一个查询去向→输入或选择必要的内容→单击 确定 按钮。

执行查询去向设置操作后，系统会弹出“查询去向”对话框。查询去向共有 7 种，表 4-3 给出了“查询去向”各项的含义，系统默认的查询去向是“浏览”。

表 4-3　查询去向的含义

输出选项	查询结果显示
浏览	直接在浏览窗口中显示查询结果（默认输出方式）
临时表	用临时表存储查询结果
表	用一个永久表存储查询结果
图形	查询结果以图形显示
屏幕	在主窗口或当前活动输出窗口中显示查询结果
报表	将查询结果输出到一个报表文件中
标签	将查询结果输出到一个标签文件中

5．查询的运行和修改

（1）显示查询所对应的 SQL SELECT 语句

在“查询设计器”中建立的查询，对应着一个 SQL SELECT 语句，可以通过下面的方法查看查询所对应的 SQL SELECT 语句。

方法 1：选择“查询”→“查看 SQL”命令。

方法 2：单击“查询设计器”工具栏→“显示 SQL 窗口”按钮 SQL。

方法 3：单击鼠标右键→弹出快捷菜单→选择“查看 SQL”命令。

（2）运行查询

运行查询可以使用以下几种方法。

方法 1：选择“查询”→“运行查询”命令。

方法 2：单击鼠标右键→弹出快捷菜单→选择“运行查询”命令。

方法 3：单击“程序”→“运行”命令→弹出“运行”对话框→选择所要运行的查询文件→单击 运行 按钮。

方法 4：在命令窗口中输入 DO 命令运行查询，命令格式为：

```
DO 查询文件名.qpr
```

☞ 提示

在使用 DO 命令运行查询时必须给出查询文件的扩展名。

方法 5：单击“常用”工具栏→“运行”按钮 ! 。

（3）保存查询文件

方法 1：按〈Ctrl+W〉快捷键。

方法 2：单击“常用”工具栏→“保存”按钮。

方法 3：选择“文件”→“保存”命令。

方法 4：在关闭查询设计器时出现提示“是否保存”→单击 是(Y) 按钮。

（4）修改查询

修改查询可以用以下 3 种方法。

方法 1：使用 MODIFY QUERY 命令修改查询文件。其命令格式为：

```
MODIFY QUERY [<查询文件名>]
```

方法 2：选择“文件” →“打开”命令→弹出“打开”对话框→在“文件类型”列表中选择文件类型为“查询（*.qpr）”→选择所要修改的查询文件→单击 确定 按钮。

方法 3：单击“常用”工具栏→“打开”按钮→弹出“打开”对话框→在“文件类型”列表中选择文件类型为“查询（*.qpr）”→选择要修改的查询文件→单击 确定 按钮。

4.1.2　用查询向导创建查询

利用“查询向导”创建查询的步骤如下：

1. 打开“向导选取”对话框

方法 1：选择“工具”→“向导”→“查询”命令。

方法 2：选择“文件”→“新建”命令→弹出“新建”对话框→在“文件类型”选项列表中选择“查询”单选按钮→单击“向导”图标按钮。

2. 操作步骤

（1）字段选取

可以从几个表和视图中选择需要的字段。

方法 1：添加一个字段。

在“数据库和表”列表框中选择一个表→从“可用字段”列表中选择字段→单击 ▸ 按钮。

方法 2：添加所有字段。

在“数据库和表”列表框中选择一个表→单击 ▸▸ 按钮。

☞ 提示

字段只有添加到“选定字段”列表中，才是查询最后生成的字段。

单击 下一步(N) > 按钮，打开“步骤 2-为表建立关系”或打开“步骤 3-筛选记录”，如果选取的字段是一个表中的字段，则直接进入步骤 3，如果选取的字段是多个表中的字段，则直接进入步骤 2。

（2）为表建立关系

建立查询所基于的表间关系，从两个表中选择匹配字段建立关系。

在“步骤 2-为表建立关系”对话框中单击“添加”按钮，建立两个表间的关系。

单击 下一步(N) > 按钮，弹出“步骤 3-筛选记录”对话框。

（3）筛选记录

在“步骤 3-筛选记录”对话框中可以通过“字段”列表框、“操作符”列表框和“值”列表框来创建表达式，从而将不满足表达式的所有记录从查询结果中去掉，但最多只能设置两个条件。

设置筛选条件的方法如下：

在“字段”列表中选择字段→在“操作符”列表中选择操作符→在“值”列表中输入与所选字段类型相符的表达式。

用户可以通过单击 预览(P)... 按钮，查看筛选设置情况。单击 下一步(N) > 按钮，弹出“步骤 4-排序记录”对话框。

（4）排序记录

通过设置指定字段的升序或降序进行查询结果的定向输出。用于排序的字段最多不超过 3 个，而且排序依据“选定字段”列表中所指定字段的先后顺序设定优先级，也就是说，在“选定字段”列表中排在第一位置的字段最先考虑，然后依此类推。

设置排序字段的方法如下：

在“可用字段”列表中选择要排序的字段→选择排序方式→单击 添加(D) > 按钮。

单击 下一步(N) > 按钮，弹出“步骤 4-限制记录”对话框。只有设置了排序字段，单击 下一步(N) > 按钮才会弹出“步骤 4-限制记录”对话框。

（5）限制记录

如果用户不希望查询整个表中的记录，可以在该步中选择需要查询的部分记录的范围。用户可以设置查询占所有记录的百分比或记录数来限定查询记录。该步的查询结果依赖于上一步的记录排序设置。

可以单击 预览(P)... 按钮来查看查询设置的效果。单击 下一步(N) > 按钮，弹出“步骤 5-完成”对话框。

（6）完成

在“完成”对话框中可以对向导建立的查询选择后续的处理方式。

☞ 提示

使用查询向导不能直接设置输出去向，需要返回到查询设计器中设置输出去向。

4.1.3 用 SELECT 命令创建查询

查询的实质就是 SQL SELECT 命令，SELECT 命令的语法格式为：

```
SELECT [ALL|DISTINCT] [TOP N [PERCENT]]  要查询的数据
FROM [<数据库名>!]<表名> [[AS] <本地别名>]
[联接方式  JOIN [<数据库名>!]<表名> [[AS] <本地别名>][ON <联接条件>…] ]
[WHERE <过滤条件 1>][AND|OR <过滤条件 1>…]
[GROUP BY <分组列名 1>[,<分组列名 2>…]][HAVING <过滤条件>]
[ORDER BY <排序选项 1>[ASC|DESC][,<排序选项 2>[ASC|DESC]…]]
[输出去向]
```

其中：

1）SELECT 短语指定要查询的数据。要查询的数据主要由表中的字段组成，可以用“数据库名!表名.字段名”的形式给出，数据库名和表名均可省略。要查询的数据可以是以下几种形式：

① 用“*”表示查询表中的所有字段。

② 部分字段或包含字段的表达式列表，例如姓名，入学成绩+10，AVG(入学成绩)。可以用“表达式　[AS] 字段别名”形式给出表达式在查询结果中显示的列名称。

另外，在要查询的数据前面，可以使用 ALL、DISTINCT、TOP　*N*、TOP　*N*　PERCENT 等短语。

③ ALL 表示查询所有记录，包括重复记录。

④ DISTINCT 表示查询结果中去掉重复的记录。

⑤ TOP　*N* 必须与排序短语一起使用，表示查询排序结果中的前 *N* 条记录。

⑥ TOP　*N*　PERCENT 必须与排序短语一起使用，表示查询排序结果中前百分之 *N* 条记录。

2）FROM 短语指定查询数据需要的表，查询可以基于单个表也可以基于多个表。表的形式为“数据库名!表名”，数据库名可以省略。如果查询涉及多个表，可以选择“联接方式 JOIN 数据源 2 ON 联接条件”选项。联接方式可以选择 4 种联接方式的一种，即内联接（INNER JOIN）、左联接（LEFT [OUTER] JOIN）、右联接（RIGHT [OUTER] JOIN）和全联接（FULL [OUTER] JOIN），其中，后 3 种是外联接。

3）WHERE 短语表示查询条件，查询条件是逻辑表达式或关系表达式。也可以用 WHERE 短语实现多表查询，两个表之间的联接通常用两个表的匹配字段等值联接。

4）ORDER BY 短语后面跟排序选项，用来对查询的结果进行排序。排序可以选择升序，用 ASC 选项给出或不给出；也可以选择降序，用 DESC 选项给出。当排序选项的值相同时，可以给出第二个排序选项。排序选项可以是 SELECT 短语中给出的查询字段名，也可以是要查询内容在 SELECT 短语中的序号。

5）GROUP BY 短语后面跟分组字段，用于对查询结果进行分组，可以使用它进行分组统计，常用的统计方式如表 4-4 所示。

表 4-4　SELECT 短语中常用的函数

函　数	含　义
SUM	求和
AVG	求平均值
MAX	求最大值
MIN	求最小值
COUNT	统计个数

6）输出去向短语给出查询结果的去向。“查询去向”可以是临时表、永久表、数组或浏览等。

1．简单查询

简单查询是基于单个表的查询，查询中可以包括简单的查询条件、分组查询、对查询结果进行排序，以及将查询结果根据需要选择不同的输出去向等。

2．联接查询

联接查询是基于两个以上表所进行的查询。

联接是关系的基本操作之一，联接查询是一种基于多表的查询。联接有左联接、右联接、全联接和内联接 4 种。

（1）左联接

在进行联接运算时，首先将满足联接条件的所有记录包含在结果表中，同时将第一个表（联接符或 JOIN 的左边）中不满足联接条件的记录也包含在结果表中，这些记录对应第二个表（联接符或 JOIN 的右边）的字段为空值。

（2）右联接

在进行联接运算时，首先将满足联接条件的所有记录包含在结果表中，同时将第二个表（联接符或 JOIN 的右边）中不满足联接条件的记录也包含在结果表中，这些记录对应第一个表（联接符或 JOIN 的左边）的字段值为空值。

（3）全联接

在进行联接运算时，首先将满足联接条件的所有记录包含在结果表中，同时将两个表中不满足联接条件的记录也都包含在结果表中，这些记录对应另外一个表的字段值为空值。

（4）内联接

内联接只将满足条件的记录包含在结果表中。

3．嵌套查询

嵌套查询是在一个查询中完整包含另一个完整的查询语句。嵌套查询的内、外层查询可以是同一个表，也可以是不同的表。

4.2　视图

4.2.1　视图简介

视图用来创建自定义并且可以更新的数据集合，视图兼有表和查询的特点。它可以从一个表或多个表中提取有用信息，也可以用来更新数据，并把更新的数据送回到基本表中。视图是一个定制的虚拟逻辑表，视图中只存放相应的数据逻辑关系，并不保存表的记录内容。

视图分为本地视图和远程视图：本地视图是使用当前数据库中的表或其他视图创建的视图；远程视图是使用当前数据库之外的数据源创建的视图。

视图是数据库具有的一项特有功能，因此，只有当数据库打开时，才可使用视图，视图只能创建在数据库中。

4.2.2 建立视图

打开创建视图的数据库后，即可按下列方法建立视图。

方法 1：使用 CREATE VIEW 命令建立视图。其命令格式为：

```
CREATE VIEW [<视图名>]
```

方法 2：选择“文件”→“新建”命令→弹出“新建”对话框→在“文件类型”列表中选择“视图”单选按钮→单击“新建文件”图标按钮或单击“向导”图标按钮。

方法 3：单击“数据库”→“新建本地视图”或“新建远程视图”命令。

使用以上任何一种方法，都会打开视图设计器。

4.2.3 视图设计器

使用设图设计器来建立视图的操作步骤如下：

1）在“添加表或视图”对话框中，将建立视图依赖的表或视图添加到视图设计器中。

2）在视图设计器的“字段”选项卡中，从“可用字段”列表中选择表中字段，添加到“选定字段”列表中。

3）在视图设计器的“筛选”选项卡中，设置筛选条件。

4）在视图设计器的“排序依据”选项卡中，选择排序字段并设置排序方式。

5）保存并运行视图。

视图设计器和查询设计器的功能相似，视图设计器仅比查询设计器多了一个“更新条件”选项卡。使用“更新条件”可以指定条件，将视图中的修改传送到视图所使用的表的原始记录中，从而控制对远程数据的修改。该选项卡还可以控制打开或关闭对表中指定字段的更新，以及设置适合服务器的 SQL 更新方法。

1．设置可更新的表

在“表”下拉列表框中，用户可以指定视图所使用的哪些表是可以修改的。此列表中所显示的表都包含了“字段”选项卡的“选定字段”列表中的字段。选取“发送 SQL 更新”选项，可以指定是否将视图记录中的修改传送给原始表，使用该选项应至少设置一个关键字。

2．字段设置

用户可以从每个表中选择主关键字字段作为视图的关键字字段，对于“字段名”列表中的每个主关键字字段，在🔑符号下面打一个“√”。关键字字段用来使视图中的修改与表中的原始记录匹配。

如果要选择除关键字字段以外的所有字段来进行更新，可以在“字段名”列表的✏符号下打“√”。

字段名列表是用来显示所选的、用来输出（因此也是可更新）的字段。

1）关键字段（使用🔑符号作标记）：指定该字段是否为关键字字段。

2）可更新字段（使用✏符号作标记）：指定该字段是否可更新字段。

3）字段名：显示可标志为关键字字段或可更新字段的输出字段名。

如果用户想要恢复已更改的关键字段在源表中的初始设置，可以单击[重置关键字(R)]按钮。若要设置所有字段可更新，可以单击[全部更新(U)]按钮。

3．控制更新冲突检查

在一个多用户环境中，服务器上的数据可以有许多用户访问，如果正试图更新远程服务器上的记录，Visual FoxPro 能够检测出由视图操作的数据在更新之前是否被其他用户改变。

"更新条件"选项卡的"SQL WHERE 子句包括"列表框中的选项，用于解决多用户访问统一数据时记录的更新方式。在更新被允许之前，Visual FoxPro 先检查远程数据源表中的指定字段，以确定其在记录被提取到视图后是否改变。如果远程数据源表中的这些记录已被其他用户修改，则禁止更新操作。"SQL WHERE 子句包括"中各项的设置如表 4-5 所示。

在将视图修改传送到原始表时，通过控制将那些字段添加到 WHERE 子句中，就可以检查服务器上的更新冲突。

表 4-5　SQL WHERE 的设置

SQL WHERE 选项	执 行 结 果
关键字段	如果在源表中有一个关键字字段被改变，将使更新失败
关键字和可更新字段	若远程表中被标记为可更新的字段被更改，将使更新失败
关键字和已修改字段	若在本地改变的任意字段在源表中被改变，将使更新失败
关键字和时间戳	如果源表记录的事件在首次检索以后被修改，将使更新失败

冲突是由视图中的旧值和原始表的当前值之间的比较结果决定的。如果两个值相等，则认为原始值未做修改，不存在冲突；如果它们不相等，则存在冲突，数据源返回一条错误信息。

若要控制字段信息在服务器上的实际更新方式，可以使用"使用更新"中的选项，这些选项决定了当记录中的关键字段更新后回送到服务器上的更新语句使用哪种 SQL 命令。

可以用以下方法指定字段如何在后端服务器上更新。

1）"SQL DELETE 然后 INSERT"用于删除源表记录，并创建一个新的在视图中被修改的记录。

2）"SQL UPDATE"用视图字段中的变化来修改源表中的字段。

4.2.4　远程视图

为了建立远程视图，必须首先建立远程数据库的连接。

1．定义数据源和连接

远程视图是使用当前数据库之外的数据源建立的视图，例如 ODBC。通过远程视图，用户无须将所有需要的远程记录下载到本地机，即可提取远程 ODBC 服务器上的数据子集，并在本地操作提取的记录，然后将更改或添加的值回送到远程数据源中。

1）数据源 ODBC 即 Open Database Connectivity（开放式数据互连）的英语缩写，它是一种连接数据库的通用标准。

2）连接是 Visual FoxPro 数据库中的一种对象，它是根据数据源创建并保存在数据库中的一个命名连接。

2．创建连接

使用连接设计器可以为服务器创建自定义的连接，所创建的连接包含如何访问特定数据源的信息，并将其作为数据库的一部分保存。

用户可以自行设置连接选项，命名并保存创建的连接。在某些情况下，可能需要同管理员协商或查看服务器文档，以确定连接到指定服务器的正确设置。

可以按照以下步骤创建新的连接。

1）打开一个已经存在的数据库。

2）在数据库设计器中单击鼠标右键，并在弹出的快捷菜单中选择“连接”命令。

3）在“连接”对话框中单击[新建(N)...]按钮，显示连接设计器。

4）在连接设计器中根据服务器的需要设定相应的选项。

5）确定连接设置后，单击[确定]按钮，并在“连接名称”对话框中输入设定的连接名称。

6）单击[确定]按钮，完成新连接的建立。

3．远程视图的创建

如果要创建新的远程视图，应首先建立与数据源的连接，再按以下步骤完成远程视图的创建。

1）在数据库设计器中单击鼠标右键，在弹出的快捷菜单中选择“新建远程视图”命令。

2）在“新建远程视图”对话框中单击“新建视图”图标按钮。

3）在“选择连接或数据源”对话框中，选择“可用的数据源”选项。如果有已定义并保存过的连接，也可以选择“选取连接”选项。

4）选择指定的数据源或连接后，单击[确定]按钮。

5）在“设置连接”对话框中选择数据来源的位置。

6）确定数据来源的表。

7）选择表后，远程视图的视图设计器将被打开。

8）按照建立本地视图的方式设置远程视图的各项内容。

4.2.5 视图的有关操作

1．更新数据

在视图设计器中，“更新条件”选项卡控制对数据源的修改（如更改、删除、插入）应发送回数据源的方式，还控制对表中的特定字段定义是否为可修改字段，并能对用户的服务器设置合适的 SQL 更新方法。

2．修改视图

方法 1：使用 MODIFY VIEW 命令修改视图。其命令格式为：

```
MODIFY VIEW <视图名>
```

方法 2：在数据库设计器中选定要修改的本地视图或远程视图→单击鼠标右键→弹出快捷菜单→选择“修改”命令。

3. 删除视图

方法 1：使用 DROP|DELETE VIEW 命令删除视图。其命令格式为：

```
DROP VIEW <视图名>
```

或

```
DELETE VIEW <视图名>
```

方法 2：在数据库设计器中选定要删除的本地视图或远程视图→单击鼠标右键→弹出快捷菜单→选择“删除”命令→单击确认操作提示对话框中的 移去(Y) 按钮。

4. 浏览视图

方法 1：使用命令浏览视图。

```
OPEN DATABASE <数据库文件名>
USE <视图名>
BROWSE
```

方法 2：在数据库设计器中选定要浏览的本地视图或远程视图→单击鼠标右键→弹出快捷菜单→选择“浏览”命令。

5. 显示 SQL 语句

方法 1：

单击“视图设计器”工具栏→“查看 SQL 窗口” SQL 按钮。

方法 2：

用鼠标右键单击视图设计器→选择“查看 SQL”命令。

方法 3：

选择“查询”→“查看 SQL”命令。

视图建立后即可像基本表一样使用，适用于基本表的命令基本都可用于视图，但视图不可以用 MODIFY STRUCTURE 命令修改结构。因为视图毕竟不是独立存在的基本表，它是由基本表派生出来的，只能修改视图的定义。

4.3 查询与视图的区别

查询与视图在功能上有许多相似之处，但又各有特点，主要区别体现在以下方面。

1）功能不同：视图可以更新字段内容并将更新结果返回源表，而查询文件中的记录数据只能看不能被修改。

2）从属不同：视图不是一个独立的文件，其从属于某一个数据库，而查询是一个独立的文件，它不从属于某一个数据库。

3）访问范围不同：视图可以访问本地数据源和远程数据源，而查询只能访问本地数据源。

4）输出去向不同：视图本身就是虚拟表，没有去向问题，而查询可以选择多种去向，如表、图表、报表、标签和屏幕等形式。

5）使用方式不同：视图只有所属的数据库被打开时，才能使用，而查询文件可以在命令窗口中执行。

4.4 上机实训

4.4.1 实训 1——用查询设计器建立查询

【实训目标】

掌握用查询设计器建立查询的方法。

【实训内容】

使用查询设计器建立查询。

【操作过程】

使用查询设计器建立查询文件 SY4-1.qpr，按以下要求查询“运动员表”中符合条件的记录。

1）输出字段为运动员号码、姓名和年龄。

2）条件是年龄大于等于 20 岁并且运动员号码前两位是“01”。

3）按运动员号码降序排序。

4）仅输出查询结果中前 3 条记录。

步骤如下：

1）创建查询并进入查询设计器。

方法 1：在命令窗口中使用 CREATE QUERY 命令创建查询。

```
CREATE QUERY SY4–1
```

方法 2：单击“文件”菜单，选择“新建”命令，在“新建”对话框的“文件类型”选项列表中选择“查询”单选按钮，单击“新建文件”图标按钮。

2）添加表。

在进入查询设计器时，会弹出一个“添加表或视图”对话框，在该对话框中选择“运动员表”；若没有列出“运动员表”，则单击 其他(O) 按钮，弹出“打开”对话框，进行查找和添加，单击 添加(A) 按钮，完成添加表操作后，单击“添加表或视图”对话框中的 关闭(C) 按钮。

3）设定输出字段。

在查询设计器的“字段”选项卡中，分别将“运动员表”的运动员号码、姓名和年龄字段，添加到“选定字段”列表框中。

4）设定筛选条件。

切换到“筛选”选项卡，在该选项卡中设置下面的两个条件：

① 设置“年龄大于等于 20 岁”条件。

单击“字段名”下拉列表框，选择“运动员表.年龄”；单击“条件”下拉列表框，选择“>=”；在“实例”文本框中输入“20”；单击“逻辑”下拉列表框，选择“AND”。

② 设置“运动员号码前两位是 01”条件。

单击 插入(I) 按钮，插入一个条件；单击“字段名”下拉列表框，选择“<表达式...>”，在弹出的“表达式生成器”对话框中输入“LEFT(运动员号码,2)”；单击 确定 按钮；单击“条件”下拉列表框，选择“=”；在“实例”文本框中输入“01”。

5）设定排序字段。

切换到“排序依据”选项卡，将“运动员号码”字段添加到“排序条件”列表框中；单击“降序”单选按钮。

6）设定输出记录个数。

切换到“杂项”选项卡，去掉“全部”复选框的“√”；在“记录个数”微调框中输入“3”。

7）保存并运行查询。

① 保存查询文件。

方法1：单击“文件”菜单，选择“保存”命令。

方法2：单击“常用”工具栏中的“保存”按钮。

如果在弹出“另存为”对话框，则在“保存文档为”文本框中输入文件名“SY4-1”，单击 保存(S) 按钮。

② 运行查询文件。

方法1：单击“查询”菜单，选择“运行查询”命令。

方法2：单击“常用”工具栏中的“运行”按钮!。

方法3：在查询设计器中单击鼠标右键，在弹出的快捷菜单中选择“运行查询”命令。

运行结果如图4-1所示。

查询

运动员号码	姓名	年龄
0103	关庆博	20
0102	邵长刚	20

图4-1　SY4-1.qpr 查询结果

【注意事项】

1）在查询设计器的“字段”选项卡中将表达式作为选定字段，正确的操作方式是：用“函数和表达式”的表达式生成器生成表达式，单击 添加(A)... 按钮，添加到选定字段列表框中。

2）建立查询后，如果设置了输出去向，一定要运行查询，否则得不到预期的结果。

3）当一个查询基于多个表时，这些表之间一定要有联系，查询设计器会自动根据联系提取联接条件。

4）用查询设计器建立查询是有局限性的，并不能实现所有的查询，例如嵌套查询等。

5）用命令方式运行查询时，查询文件的扩展名不能省略。

【实训心得】

4.4.2 实训 2——用查询向导建立查询

【实训目标】

掌握用查询向导建立查询的方法。

【实训内容】

使用查询向导建立查询。

【操作过程】

使用查询向导建立查询文件 SY4-2.qpr，按照以下要求查询“运动员表”中符合条件的记录。

1）输出字段为运动员号码、姓名和年龄。

2）条件是年龄大于等于 20 岁并且运动员号码前两位是“01”。

3）按运动员号码降序排序。

操作步骤如下：

1）创建查询并进入查询向导。

单击“文件”菜单，选择“新建”命令，在“新建”对话框的“文件类型”选项列表中选择“查询”单选按钮，单击“向导”图标按钮，在“向导选取”对话框中选择“查询向导”，再单击 确定 按钮。

2）选定查询字段。

在“查询向导”的“步骤 1-字段选取”对话框中选择“运动员表”（如果没有列出“运动员表”，可以单击…按钮进行查找），在“可用字段”列表中将“运动员表”中的运动员号码、姓名和年龄字段，添加到“选定字段”列表中，单击 下一步(N) > 按钮。

3）选定筛选记录。

在“步骤 3-筛选记录”对话框中，参照实训 1 中设置条件的方法设置“运动员表.年龄”大于等于 20 和“运动员表.运动员号码”等于 01 两个条件，两个条件之间的逻辑关系为“与”，单击 下一步(N) > 按钮。

4）选定排序字段。

在“步骤 4-排序记录”对话框中，选择“运动员表.运动员号码”作为排序字段，并选择“降序”单选按钮，单击 下一步(N) > 按钮。

5）保存并运行查询。

在“步骤 5-完成”对话框中，选择“保存并运行查询”单选按钮，然后单击 完成(F) 按钮，在“另存为”对话框中输入文件名“SY4-2”，单击 保存(S) 按钮并查看查询结果。

【注意事项】

1）对筛选条件的设置方法要清楚。

2）对排序方式的选择要清楚。

【实训心得】

____

____

____

____

____

____

____

____

____

4.4.3 实训3——用SELECT命令建立查询

【实训目标】

1）掌握用SELECT命令建立简单查询的方法。

2）掌握用SELECT命令建立联接查询的方法。

3）掌握用SELECT命令建立嵌套查询的方法。

【实训内容】

1）查询“运动员表”中的所有信息。

2）查询“运动员表”中的运动员号码、姓名和年龄。

3）查询“运动员表”中的单位编号。

4）查询“运动员表”中运动员号码前两位是“01”的记录。

5）查询“运动员表”中的所有记录，结果按运动员号码降序排列。

6）查询“运动员表”中按运动员号码降序排序后的前3条记录。

7）查询“运动员表”中单位编号是“02”的运动员人数。

8）查询“运动员表”中各单位的人数。

9）查询“运动员表”中人数在两人以上的各单位人数。

10）查询所有参加径赛学生的田赛成绩。

11）查询所有参加田赛学生的径赛成绩。

12）查询所有学生的径赛和田赛成绩。

13）查询既参加径赛又参加田赛的学生成绩。

14）查询“运动员表”中年龄最大的学生记录。

15）查询“运动员表”中年龄低于平均年龄的学生记录。

16）查询“运动员表”中已经有比赛成绩的学生记录。

17）查询“运动员表”中没有比赛成绩的学生记录。

【操作过程】

1）查询“运动员表”中的所有信息。

在命令窗口中输入命令：

```
SELECT  *  FROM 运动员表
```

然后按回车键，浏览查询结果。

2）查询“运动员表”中的运动员号码、姓名和年龄。

在命令窗口中输入命令：

```
SELECT 运动员号码,姓名,年龄 FROM 运动员表
```

然后按回车键，浏览查询结果。

3）查询“运动员表”中的单位编号。

在命令窗口中输入命令：

```
SELECT DISTINCT 单位编号 FROM 运动员表
```

然后按回车键，浏览查询结果。

4）查询“运动员表”中运动员号码前两位是“01”的记录。

在命令窗口中输入命令：

```
SELECT  *  FROM 运动员表 WHERE LEFT(运动员号码,2)="01"
```

然后按回车键，浏览查询结果。

5）查询“运动员表”中的所有记录，结果按运动员号码降序排列。

在命令窗口中输入命令：

```
SELECT  *  FROM 运动员表 ORDER BY 运动员号码 DESC
```

然后按回车键，浏览查询结果。

6）查询“运动员表”中按运动员号码降序排序后的前 3 条记录。

在命令窗口中输入命令：

```
SELECT TOP 3  *  FROM 运动员表 ORDER BY 运动员号码 DESC
```

然后按回车键，浏览查询结果。

7）查询“运动员表”中单位编号是“02”的运动员人数。

在命令窗口中输入命令：

```
SELECT COUNT(*) FROM 运动员表 WHERE 单位编号="02"
```

然后按回车键，浏览查询结果。

8）查询“运动员表”中各单位的人数。

在命令窗口中输入命令：

```
SELECT COUNT(*)  FROM 运动员表 GROUP BY 单位编号
```

然后按回车键，浏览查询结果。

9）查询“运动员表”中人数在两人以上的各单位人数。

在命令窗口中输入命令：

```
SELECT COUNT(*) FROM 运动员表 GROUP BY 单位编号 HAVING ON COUNT(*)>2
```

然后按回车键，浏览查询结果。

10）查询所有参加径赛学生的田赛成绩。

分别创建径赛表和田赛表，并输入记录，如图 4-2 所示。

径赛表

姓名	径赛项目	径赛成绩
金立明	100米	11秒51
敬海洋	200米	25秒03
李博航	100米	11秒20
李文月	200米	32秒91

田赛表

姓名	田赛项目	田赛成绩
金立明	铅球	8.41米
敬海洋	铅球	9.02米
李文月	铁饼	13.01米
徐月明	铅球	6.10米

图 4-2　径赛表和田赛表

在命令窗口中输入命令：

```
SELECT 径赛表.*,田赛表.田赛项目,田赛表.田赛成绩 FROM 径赛表 ;
LEFT JOIN 田赛表 ON 径赛表.姓名=田赛表.姓名
```

然后按回车键，浏览查询结果。

11）查询所有参加田赛学生的径赛成绩。

在命令窗口中输入命令：

```
SELECT 田赛表.*,径赛表.径赛项目,径赛表.径赛成绩 FROM 径赛表 ;
 RIGHT JOIN 田赛表 ON 径赛表.姓名=田赛表.姓名
```

然后按回车键，浏览查询结果。

12）查询所有学生的径赛和田赛成绩。

在命令窗口中输入命令：

```
SELECT * FROM 径赛表 FULL JOIN 田赛表 ON 径赛表.姓名=田赛表.姓名
```

然后按回车键，浏览查询结果。

13）查询既参加径赛又参加田赛的学生成绩。

在命令窗口中输入命令：

```
SELECT * FROM 径赛表 INNER JOIN 田赛表 ON 径赛表.姓名=田赛表.姓名
```

然后按回车键，浏览查询结果。

14）查询“运动员表”中年龄最大的学生记录。

在命令窗口中输入命令：

```
SELECT * FROM 运动员表 where 年龄=(SELECT MAX(年龄) FROM 运动员表)
```

然后按回车键，浏览查询结果。

15）查询“运动员表”中年龄低于平均年龄的学生记录。

在命令窗口中输入命令：

```
SELECT  *  FROM 运动员表 WHERE 年龄 <(SELECT AVG(年龄) FROM 运动员表)
```

然后按回车键，浏览查询结果。

16）查询“运动员表”中已经有比赛成绩的学生记录。

在命令窗口中输入命令：

```
SELECT  *  FROM 运动员表 WHERE 运动员号码 IN ;
    (SELECT DISTINCT 运动员号码 FROM 比赛成绩表)
```

然后按回车键，浏览查询结果。

17）查询“运动员表”中没有比赛成绩的学生记录。

在命令窗口中输入命令：

```
SELECT  *  FROM 运动员表 WHERE 运动员号码 NOT IN ;
    (SELECT DISTINCT 运动员号码 FROM 比赛成绩表)
```

然后按回车键，浏览查询结果。

【注意事项】

1）在 SELECT 查询命令中出现的字段名，如果在两个或两个以上的表中存在，则在字段名前一定要加上字段所属的表的别名，即“表名.字段名”。

2）WHERE 短语与 GROUP BY 短语的作用不同，WHERE 短语是设置查询的条件，GROUP BY 短语是分组。分组操作是按分组字段将字段值相同的记录放在同一组中，再查询相应的数据信息。HAVING 短语通常与 GROUP BY 短语连用，用于设置分组结果中需要的数据。

3）在多表查询时，等值联接可以使用：

```
SELECT  FROM  表名 1 INNER JOIN  表名 2  ON 联接条件
```

或

```
SELECT  FROM  表名 1 ,表名 2  WHERE 联接条件
```

其中，联接条件通常是“表名 1.联接字段=表名 2.联接字段”形式。

4）嵌套查询的形式通常为：

```
SELECT  FROM  WHERE  字段名 1  运算符(SELECT 表达式 FROM …)
```

其中，表达式应该是与字段名 1 有关的表达式，或是字段名 1 本身，如 AVG(字段名 1)。

5）输出去向的设置在输出去向的短语中能够表示出来，在使用的时候，根据查询结果的要求选择相应的输出去向。

【实训心得】

4.4.4 实训4——用视图设计器建立视图

【实训目标】

1）掌握使用视图设计器建立视图的方法。

2）掌握建立可更新源表的视图设计方法。

【实训内容】

1）使用视图设计器对“运动员表”建立视图。

2）设置“发送SQL更新”，建立可更新源表的视图。

【操作过程】

1）使用视图设计器对“运动员表”建立视图，具体要求如下：

- 输出“运动员表”中的所有字段。
- 按运动员号码降序排列。
- 视图名为“运动员视图”。

操作步骤如下：

① 打开数据库。单击“文件”菜单，选择“打开”命令，在“打开”对话框中将“文件类型”设置为“数据库（*.dbc）”，找到“运动会.dbc”数据库，单击打开(O)按钮。

② 建立视图并进入视图设计器。单击“文件”菜单，选择“新建”命令，在“新建”对话框的“文件类型”选项列表中选择“视图”选项，单击“新建文件”图标按钮，进入视图设计器。

③ 添加表。在“添加表或视图”对话框中选择“运动员表”，单击添加(a)按钮，再单击关闭(C)按钮关闭“添加表或视图”对话框。

④ 选定输出字段。在视图设计器的“字段”选项卡中，单击全部添加(D)>>按钮，将所有字段添加到“选定字段”列表框中。

⑤ 选定排序字段。在“排序依据”选项卡中，选择“运动员表.运动员号码”字段，单击添加(A)...按钮，将该字段添加到“排序条件”列表框中，然后单击“降序”单选按钮。

⑥ 运行并保存视图。单击“常用”工具栏中的“运行”按钮!，查看视图运行结果。再单击“常用”工具栏中的“保存”按钮，在“保存”对话框中输入“运动员视图”，单击确定按钮。

2）设置“发送SQL更新”，建立可更新源表的视图。

操作如下：

① 设置关键字。在视图设计器的“更新条件”选项卡中，将字段列表中的“运动员号码”

字段设置为“关键字”(即在钥匙符号的下面，为“运动员号码”字段打一个“√”)。

② 设置可更新字段。单击 全部更新(U) 按钮，则此时在字段列表中除关键字段外，其他的字段前都有一个“√”。

③ 设置“发送 SQL 更新”。选中“发送 SQL 更新”复选框。

④ 查看运行结果并验证更新数据。单击“常用”工具栏中的“运行”按钮 ! ，查看视图运行结果，同时打开“运动员表”，如图 4-3 所示。

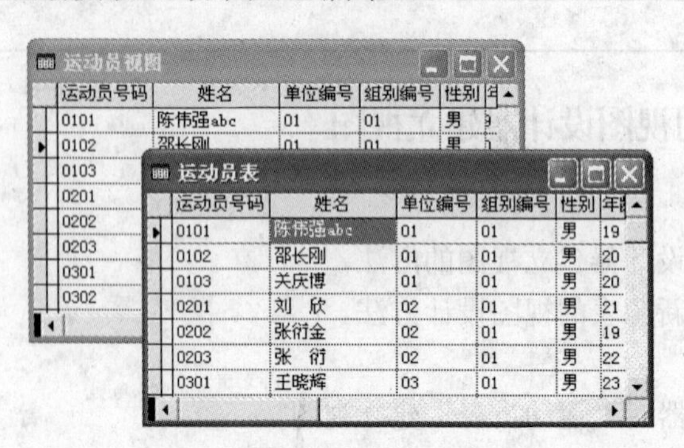

运动员号码	姓名	单位编号	组别编号	性别	年
0101	陈伟强abc	01	01	男	19
0102	邵长刚	01	01	男	20
0103	关庆博	01	01	男	20
0201	刘　欣	02	01	男	21
0202	张衍金	02	01	男	19
0203	张　衍	02	01	男	22
0301	王晓辉	03	01	男	23

图 4-3　验证更新操作

在“运动员视图”浏览窗口中任意修改数据（不能修改关键字段，即“运动员号码”字段的值），然后移动记录指针，再单击“运动员表”浏览窗口观察数据是否被同步修改。

【注意事项】

1）在视图设计器中没有输出去向内容的设置。

2）在设置了“发送 SQL 更新”并修改视图数据后，只有当移动记录指针或关闭视图时，才会发送 SQL 更新，源表中的数据才会改变。

【实训心得】

4.5 习题

（一）选择题

1. 以下关于查询的描述，正确的是（　　）。

A．不能根据自由表建立查询　　B．只能根据自由表建立查询

C．只能根据数据库表建立查询　　D．可以根据数据库表和自由表建立查询

2. 以下关于视图的描述，正确的是（　　）。

A．可以根据自由表建立视图　　B．可以根据查询建立视图

C．可以根据数据库表建立视图　　D．可以根据数据库表和自由表建立视图

3. 查询设计器中包括的选项卡有（　　）

A．字段、筛选、排序依据　　B．字段、条件、分组依据

C．条件、排序依据、分组依据　　D．条件、筛选、杂项

4. 视图设计器中包含的选项卡有（　　）。

A．联接、显示、排序依据　　B．显示、排序依据、分组依据

C．更新条件、排序依据、显示　　D．更新条件、筛选、字段

5. 在查询设计器中，系统默认的查询结果的输出去向是（　　）。

A．浏览　　B．报表　　C．表　　D．图形

6. 在查询设计器中，创建的查询文件的扩展名是（　　）。

A．.prg　　B．.qpr　　C．.scx　　D．.mpr

7. 关于视图操作，说法错误的是（　　）。

A．利用视图可以实现多表查询　　B．利用视图可以更新源表的数据

C．视图可以产生表文件　　D．视图可以作为查询的数据源

8. 在“查询设计器”的“筛选”选项卡中，“插入”按钮的功能是（　　）。

A．用于插入查询输出条件　　B．用于增加查询输出字段

C．用于增加查询表　　D．用于增加查询去向

9. “查询设计器”是一种（　　）。

A．建立查询的方式　　B．建立报表的方式

C．建立新数据库的方式　　D．打印输出方式

10. 在下列方法中，不能建立查询的是（　　）。

A．选择“文件”菜单中的“新建”命令，弹出“新建”对话框，在“文件类型”选项列表中选择“查询”，单击“新建文件”按钮

B．在“项目管理器”的“数据”选项卡中选择“查询”，然后单击“新建”按钮

C．在命令窗口中输入 CREATE QUERY 命令建立查询

D．在命令窗口中输入 SEEK 命令建立查询

11．查询设计器中的“筛选”选项卡的作用是（　　）。

A．指定查询条件　　B．增加或删除查询的表

C．观察查询生成的 SQL 程序代码　　D．选择查询结果中包含的字段

12．多表查询必须设定的选项卡为（　　）。

A．字段　　B．联接　　C．筛选　　D．更新条件

13．以下关于视图的说法，错误的是（　　）。

A．视图可以对表中的数据按指定内容和指定顺序进行查询

B．视图可以脱离数据库单独存在

C．视图必须依赖数据表而存在

D．视图可以更新数据

14．以下关于视图的描述中，正确的是（　　）。

A．视图结构可以使用 MODIFY STRUCTURE 命令来修改

B．视图不能与数据表进行联接操作

C．视图不能进行更新操作

D．视图是从一个或多个数据库表中导出的虚拟表

15．为视图重命名的命令是（　　）。

A．MODIFY VIEW　　B．CREATE VIEW

C．DELETE VIEW　　D．RENAME VIEW

16．在使用视图之前，首先应该（　　）。

A．新建一个数据库　　B．新建一个数据库表

C．打开相关的数据库　　D．打开相关的数据表

17．在 SELECT 查询命令中，使用 WHERE 子句指出的是（　　）。

A．查询目标　　B．查询结果　　C．查询条件　　D．查询视图

18．以下列出了 SELECT 查询命令可以进行的联接操作，其中错误的是（　　）。

A．左联接和右联接　　B．前联接和后联接

C．完全联接　　D．自然联接

19．在 SELECT 查询命令中，用于排序的短语是（　　）。

A．ORDER BY　　B．SORT BY

C．GROUP BY　　D．SORT

20．下列说法中正确的是（　　）。

A．SQL 语言不可以直接以命令方式交互使用，只能嵌入到程序设计语言中以程序方式使用

B．SQL 语言只能直接以命令方式交互使用，不能嵌入到程序设计语言中以程序方式使用

C．SQL 语言既不可以直接以命令方式交互使用，也不可以嵌入到程序设计语言中以程序方式使用，是在一种特殊的环境下使用的语言

D．SQL 语言可以直接以命令方式交互使用，也可以嵌入到程序设计语言中以程序方式使用

21．在 SQL 语言中，SELECT 命令中的 JOIN 短语用于建立表之间的联系，联接条件应出现在（　　）短语中。

A．WHERE　　B．ON　　C．HAVING　　D．IN

22．将查询结果放在数组中应使用（　　）短语。

A．INTO CURSOR　　B．TO ARRAY

C．INTO TABLE　　D．INTO ARRAY

23．SQL 查询命令中实现分组查询的短语是（　　）。

A．ORDER BY　　B．GROUP BY　　C．HAVING　　D．ASC

24．在 SQL 查询命令中，（　　）短语用于实现关系的投影操作。

A．WHERE　　B．SELECT　　C．GROUP BY　　D．FROM

25．HAVING 短语通常与（　　）短语连用。

A．ORDER BY　　B．FROM

C．WHERE　　D．GROUP BY

以下各题可能要用到下面的表。

STUDENT 表：

学号(C/4)	姓名(C/6)	性别(C/2)	年龄(N/2)	总成绩(N/3．0)
0301	曹茹欣	女	19	
0302	倪红健	男	20	
0303	肖振奥	男	21	

COURSE 表：

课程号(C/2)	课程名(C/10)	学时数(N/3．0)
01	计算机	68
02	哲学	120
03	大学物理	190

SCORE 表：

学号(C/4)	课程号(C/2)	成绩(N/3．0)
0301	01	85
0301	02	86
0302	03	65
0302	02	78
0303	01	90
0303	02	91
0303	03	96

26．在上面 3 个表中查询学生的学号、姓名、课程名及成绩，使用的 SQL 命令是（　　）。

A．SELECT　A.学号,A.姓名,B.课程名, C.成绩 FROM STUDENT,COURSE,SCORE

B．SELECT 学号,姓名,课程名,成绩 FROM STUDENT,COURSE,SCORE

C．SELECT 学号,姓名,课程名,成绩 FROM STUDENT,COURSE,SCORE;
WHERE STUDENT．学号=SCORE．学号 AND;
COURSE．课程号=SCORE．课程号

D．SELECT A.学号,A.姓名,B.课程名,C.成绩 FROM COURSE B,;
SCORE C,STUDENT A WHERE A.学号=C.学号 AND;
C.课程号=B.课程号

27. 在SCORE表中，按成绩升序排列，将结果存入NEW表中，使用的SQL命令是（　　）。

A．SELECT * FROM SCORE ORDER BY 成绩

B．SELECT * FROM SCORE ORDER BY 成绩 INTO CURSOR NEW

C．SELECT * FROM SCORE ORDER BY 成绩 INTO TABLE NEW

D．SELECT * FROM SCORE ORDER BY 成绩 TO NEW

28．有SQL命令：

```
SELECT 学号,AVG(成绩) AS 平均成绩 FROM SCORE;
            GROUP BY 学号 INTO TABLE TEMP
```

执行该命令后，TEMP表中第二条记录的“平均成绩”字段的内容是（　　）。

A．85．5　　B．71．5　　C．92．33　　D．85

29．有SQL命令：

```
SELECT DISTINCT 学号 FROM SCORE INTO TABLE T
```

执行该命令后，T表中记录的个数是（　　）。

A．6　　B．5　　C．4　　D．3

30．在以下短语中，与排序无关的是（　　）。

A．GROUP BY　　B．ORDER BY　　C．ASC　　D．DESC

31. 在SQL命令中，与表达式“成绩 BETWEEN 80 AND 90”功能相同的表达式是（　　）。

A．成绩<=80 AND 成绩>=90　　B．成绩<=90 AND 成绩>=80

C．成绩<=90 OR 成绩>=80　　D．成绩<=90 OR 成绩>=80

32．在创建SQL查询时，GROUP BY子句的作用是确定（　　）。

A．查询目标　　B．分组条件　　C．查询条件　　D．查询视图

33．SQL-INSERT命令的功能是（　　）。

A．在表头插入一条记录　　B．在表尾插入一条记录

C．在表中任意位置插入一条记录　　D．在表中插入任意条记录

34．查询学生表中学号（字符型，长度为2）末尾字符是“1”的错误命令是（　　）。

A．SELECT * FROM 学生 WHERE "1"$学号

B．SELECT * FROM 学生 WHERE RIGHT(学号，1)="1"

C．SELECT * FROM 学生 WHERE SUBSTR(学号，2)="1"

D．SELECT * FROM 学生 WHERE SUBSTR(学号，2，1)="1"

35．在成绩表中要求按“总分”降序排列，并查询前3名学生的记录，正确的命令是（　　）。

A．SELECT * TOP 3 FROM 成绩 WHERE 总分 DESC

B. SELECT * TOP 3 FROM 成绩 FOR 总分 DESC

C. SELECT * TOP 3 FROM 成绩 GROUP BY 总分 DESC

D. SELECT * TOP 3 FROM 成绩 ORDER BY 总分 DESC

36. 在SQL命令中，与表达式“学号 NOT IN ('10102','10105')”功能相同的表达式是（　）。

A. 学号='10102' AND 学号='10105'　　B. 学号='10102' OR 学号='10105'

C. 学号<>'10102' OR 学号<>'10105'　　D. 学号!='10102' AND 学号!='10105'

37. 在SQL的计算查询中，用于统计个数的函数是（　）。

A. COUNT()　　B. SUM()　　C. AVG()　　D. SUM()

38. 在学生表中查询所有学生的姓名，应使用命令（　）。

A. SELECT 学生 FROM 姓名　　B. SELECT 姓名 FROM 学生

C. SELECT 姓名　　D. SELECT 学生 WHERE 姓名

39. 将查询结果存入文本文件的SQL短语是（　）。

A. INTO TABLE　　B. INTO ARRAY

C. INTO CURSOR　　D. TO FILE

40. 将查询结果存入临时表的SQL短语是（　）。

A. INTO TABLE　　B. INTO ARRAY

C. INTO CURSOR　　D. TO FILE

（二）填空题

1. 查询设计器________（能/不能）实现所有的查询功能。

2. 查询设计器的筛选选项卡用来指定查询的________。

3. 通过Visual FoxPro的视图，不仅可以查询数据库表，还可以________数据库表。

4. 建立远程视图必须首先建立与远程数据库的________。

5. 在项目管理器中，每个数据库都包含____________、远程视图、表、存储过程和连接。

6. 视图是在________的基础上创建的一种虚拟表，在查询中有着广泛的应用。

7. 联接查询是基于多个________的查询，即FROM短语后面有多个________。

8. 分组查询使用________短语来实现分组查询，还可以进一步用________短语限定分组的条件。

9. 创建视图的命令是________，修改视图的命令是________。

10. 在SQL命令中，空值用_______表示。

11. 如果要在查询结果中去掉重复值，则必须在命令中加入_______短语。

12. 查询职称为“讲师”的所有职工的平均工资：

SELECT _______FROM 教师_______职称="讲师"

13. 在SQL SELECT中，用于统计的函数有COUNT、_______、_______、MAX和MIN。

样本数据库

设图书管理数据库中有3个表，图书．dbf、读者．dbf和借阅．dbf。它们的结构分别如下：

图书(总编号 C(6),分类号 C(8),书名 C(16),作者 C(6),出版单位 C(20),单价 N(6,2))

读者(借书证号 C(4),单位 C(8),姓名 C(6),性别 C(2),职称 C(6),地址 C(20))

借阅(借书证号 C(4),总编号 C(6),借书日期 D(8))

14．在上述图书管理数据库中，图书的主索引是总编号，读者的主索引是借书证号，借阅的主索引应该是________。

15．有如下 SQL 命令：

```
SELECT 读者.姓名,读者.职称,图书.书名,借阅.借书日期;
                    FROM 读者,借阅,图书;
             WHERE 借阅. 借书证号=读者.借书证号;
                 AND 图书. 总编号=借阅.总编号
```

其中，WHERE 子句中的“借阅.借书证号=读者.借书证号”对应的关系操作是______。

16．如果要查询“郝方”借阅了几册书，可以使用如下 SQL 命令：

```
SELECT COUNT( * );
FROM 读者 JOIN 借阅________借阅.借书证号=读者.借书证号;
WHERE 姓名="郝方"
```

17．查询所藏图书中各个出版社的图书最高单价、平均单价和数目，可以使用如下 SQL 命令。

SELECT 出版单位,MAX(单价),______,_______FROM 图书_______出版单位;

18．要查询借阅了两本和两本以上图书的读者姓名和单位，可以用如下 SQL 命令：

```
SELECT 姓名,单位 FROM 读者 WHERE 借书证号 IN;
```

(SELECT________FROM 借阅 GROUP BY 借书证号 HAVING _______)

19．在 SQL-SELECT 命令中进行连接运算时，_______连接是去掉重复属性的等值连接。

20．SELECT_______姓名,成绩 FROM 成绩表 ORDER BY 成绩 DESC;
INTO TABLE 成绩前两名名单

21．SELECT AVG(成绩) AS 平均成绩 FROM 成绩表_______ BY 课程号;
INTO TABLE 每科的平均成绩

22．SELECT * FROM 学生表_______ TABLE STUDENT;

23．SELECT 姓名,单位 FROM 读者_______借书证号 IN;
(SELECT 借书证号 FROM 借阅 GROUP BY 借书证号)

24．SELECT MAX (单价),MIN(单价) ,AVG(单价) FROM 图书_______出版单位

注：要求按照“出版单位”字段分组

25．SELECT AVG（工资）_______教师 WHERE 职称="讲师";

26．SELECT TOP 40 PERCENT 教师号，姓名 FROM 教师_______出生日期 ASC;

下面各填空题将会使用如下的“教师.DBF”表和“系.DBF”表。

教师.DBF：

职工号	姓名	职称	年龄	工资	系号
030001	王 宏	教授	38	2500.00	02
030002	张 雨	讲师	28	1500.00	03
030003	孙羽飞	副教	35	2100.00	01
030004	许 禾	助教	23	1000.00	03

系．DBF:

系号	系名
01	信息院
02	外语院
03	社科院

27．使用 SQL 命令求“社科院”系所有职工的工资：

SELECT 工资 FROM 教师 WHERE 系号;

_______(SELECT 系号 FROM________ WHERE 系名 ="社科院")

（三）判断题

1．查询设计器中进行的所有查询设计，都可以利用 SQL 语言的 SELECT 命令完成。

2．视图同数据表一样可以作为报表的数据源。

3．“视图设计器”比“查询设计器”多了一个“更新条件”选项卡。

4．“查询设计器”设计的查询是作为一个独立的文件保存在磁盘上的。

5．查询的输出可以作为一个图形输出。

6．“视图设计器”设计的查询是作为一个独立的文件保存在磁盘上的。

（四）写出 SQL 命令

1．设图书管理数据库 DSGL.DBC 中包含如下 3 个表。

图书表 TSB.DBF:包含字段总编号、分类号、书名、作者、出版单位、单价，在上述字段中，只有“单价”为数值型，其余均为字符型。

读者表 DZB.DBF:包含字段借书证号、姓名、性别、单位、职称、地址，均为字符型。

借阅表 JYB.DBF:包含字段借书证号、总编号、借阅日期、备注，其中“借阅日期”为日期型，“备注”为备注型，其余为字符型。

试用 SELECT-SQL 命令实现功能：查找 2003 年 10 月 10 日之前借书的记录，并将结果放入表 CXJG.DBF 中，该表中包含的字段有借书证号、姓名、单位、书名、分类号、单价和借阅日期。

2．设有如下两个表。

学生情况表：

学号	班级	姓名	性别	出生年月
030701	03 数学	张红	男	12/20/99

学生成绩表：

学号	课程	成绩
030701	数学分析	68

试写出以下问题的 SQL-SELECT 查询命令。

1）查询学生成绩表中所有不及格的学生成绩记录。

2）查询学生情况表中“03 数学”与“03 中文”所有学生的记录。

3）按班级、学号、姓名、成绩字段顺序显示，查询班级为“03 数学”、课程为“数学分析”的学生。

3．设有如下两个表：

T1．DBF(产品编号 C/8，产品名称 C/20，型号规格 C/12，单价 N/7/1)

T2．DBF(合同号 C/10，产品编号 C/8，数量 N/10/0)

现要求查询产品编号、产品名称、单价、数量，查询“数量”在 10 以上的产品，将查询结果按数量升序排序，并放入表“查询数量”中。写出能实现此要求的 SELECT-SQL 命令。

4．设表 STUDENT.dbf 有字段学号、姓名、性别、年龄、民族、专业和成绩等。按以下要求写出有关的 SQL 命令。

1）列出男生的平均年龄。

2）列出女生的最小年龄。

3）列出所有姓“李”的学生的姓名、性别与年龄。

5．已知 Ygb.dbf 表的数据如图 4-4 所示，完成下列题目的要求。

Ygb

职工编号	职工姓名	出生日期	职工性别	工作日期	部门名称	职工职称	职工婚否	职工照片	基本工资	备注
000001	许笑天	11/12/68	男	10/12/88	检验部	高级	T	gen	2000	memo
000002	王明宇	02/05/68	男	11/11/84	生产部	中级	T	gen	1820	memo
000003	王九天	03/03/56	男	04/04/66	销售部	高级	F	gen	2004	memo
000004	张静	02/02/88	女	02/02/01	财务部	初级	F	gen	1300	memo
000005	田野	08/09/78	男	11/12/86	管理部	高级	T	gen	2410	memo
000006	刘伟	04/04/77	男	01/02/81	生产部	中级	F	gen	1950	memo
000007	赵英	09/09/86	女	02/09/99	检查部	中级	T	gen	1720	memo

图 4-4 Ygb.dbf 表的数据

1）在 Ygb 表中查询所有职工的职工编号、职工姓名、职工性别、职工职称和基本工资字段的内容。

2）查询 Ygb 表中职工性别为女的职工信息。

3）查询 Ygb 表中基本工资字段的最高值、最低值、平均值及总人数。

4）查询 Ygb 表中“职工职称”字段的种类。

5）查询 Ygb 表中“王”姓职工的记录，要求显示职工姓名、职工性别和出生日期字段的内容。

6）查询 Ygb 表中基本工资在 1000～2000 元的职工记录，要求显示职工姓名、职工性别、职工职称和基本工资字段的内容。

7）在 Ygb 表中查询每个部门的人数。

8）在 Ygb 表中查询各类职称的人数、基本工资的最高值、最低值和平均值。

9）在 Ygb 表中按职称分类统计基本工资的最高值、最低值和平均值，只显示基本工资平均值大于 1000 元的统计结果。

10）查询 Ygb 表中职工姓名、出生日期、职工职称和基本工资字段内容，结果按出生日期的升序排序输出。

11）在 Ygb 表中先按职工性别升序排序，对于性别相同的再按职称字段降序排序，最后按基本工资降序排序输出，并将查询结果保存到临时表 temp 中。

12）查询“生产部”职工的工资详细数据。

13）查询所有“高级”职称的工资详细数据，结果按“基本工资”降序排列，分别保存到表 js1.dbf 和文本文件 JS2.txt。

（五）思考题

1．视图有几种类型？试说明它们各自的特点。

2．简述视图和查询的异同。

3．简述视图和表的异同。

4．查询的去向有几种？

5．如何修改查询？

第5章　表单设计和应用

知识结构图

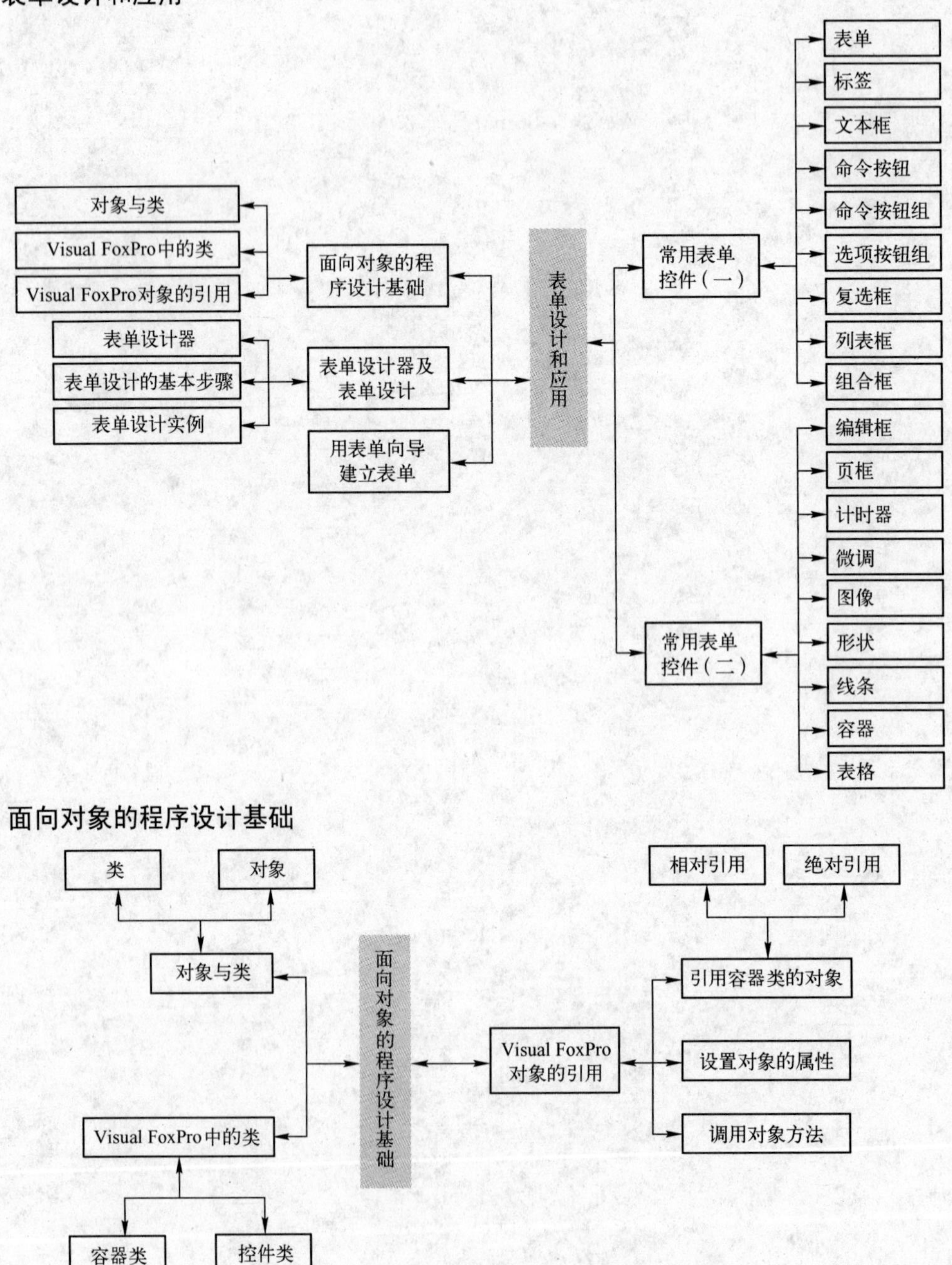

表单设计器及表单设计

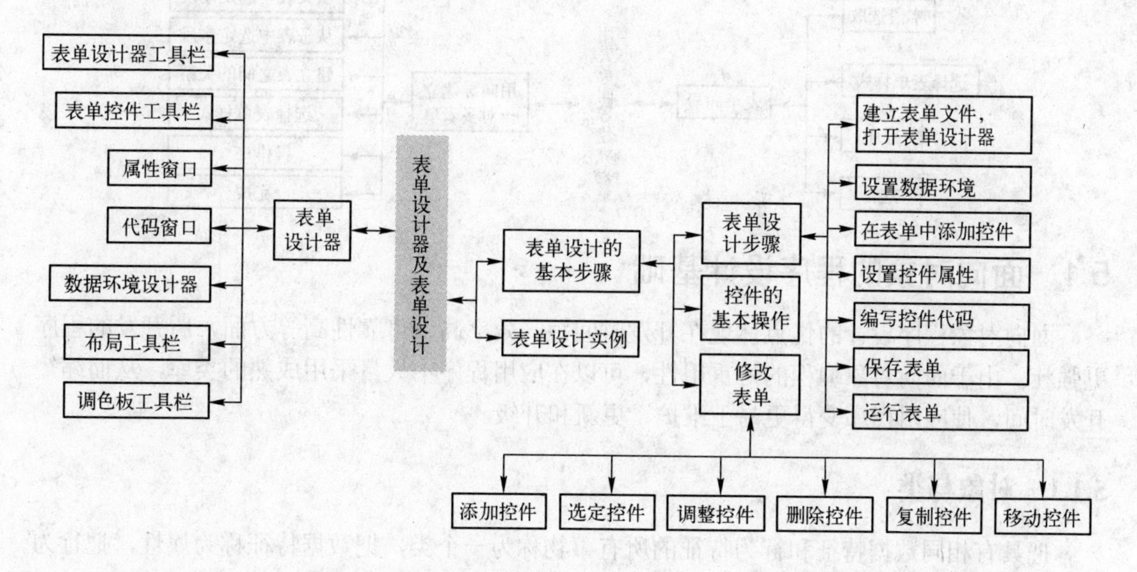

常用表单控件（一）

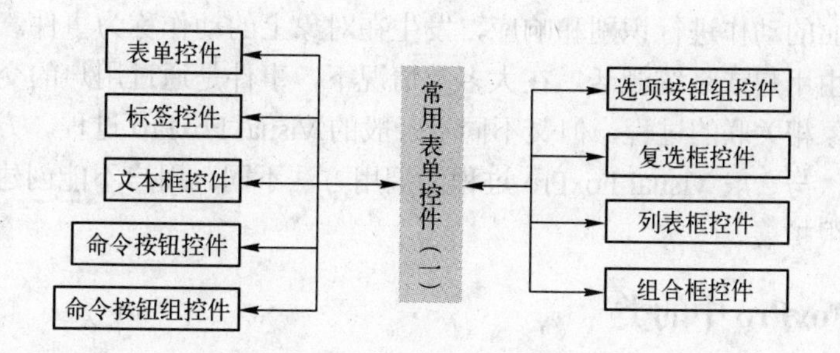

常用表单控件（二）

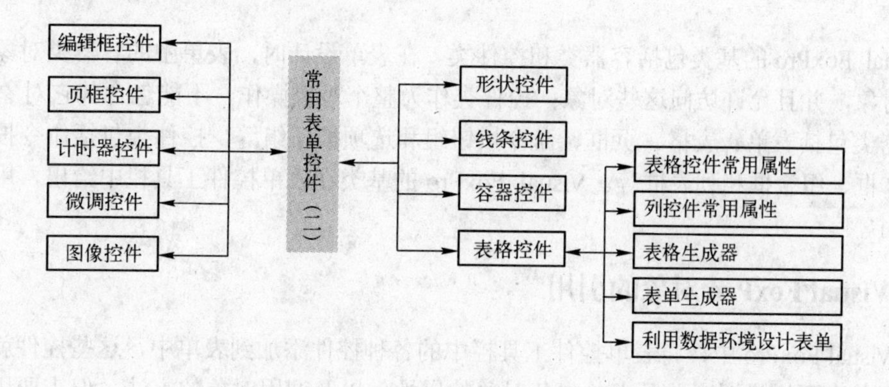

用表单向导建立表单

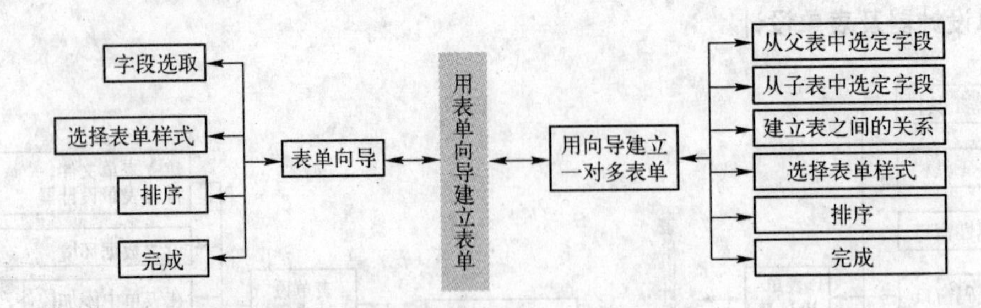

5.1 面向对象的程序设计基础

面向对象程序设计的优点体现在开发时间短、效率高、可靠性高等方面，所开发的程序更强壮。由于面向对象编程的可重用性，可以在应用程序中大量采用成熟的类库，从而缩短开发时间，使应用程序变得更易于维护、更新和升级。

5.1.1 对象与类

把具有相同数据特征和行为特征的所有事物称为一个类，把数据特征称为属性，把行为特征称为方法程序。

对象是类的一个实例，对象具有属性、事件和方法程序三要素。类包含了有关对象的特征和行为信息，它是对象的蓝图和框架，对象的属性由对象所基于的类决定。每个对象都可以对发生在其上面的动作进行识别和响应，发生在对象上的动作称为事件。事件是预先定义好的特定动作，由用户或系统激活。在大多数情况下，事件是通过用户的交互操作产生的。方法程序是与对象相关联的过程，但又不同于一般的 Visual FoxPro 过程。方法程序与对象紧密地连接在一起，与一般 Visual FoxPro 过程的调用方法不同。用户不能创建新的事件，而方法程序却可以无限扩展。

5.1.2 Visual FoxPro 中的类

在 Visual FoxPro 系统中，类就像一个模板，对象都是由它生成的。类定义了对象所具有的属性、事件和方法，从而决定了对象的外观及其行为。Visual FoxPro 提供了大量可以直接使用的类，使用这些类可以定义或派生其他的类（子类），这样的类称为基类或基础类。

Visual FoxPro 的基类包括容器类和控件类。在表单设计时，表单中的容器类对象可以包括其他对象，并且允许访问这些对象；控件类作为整个对象操作，不能包含其它对象。

容器类包括表单、表格、页框、命令按钮组和选项按钮组等，控件类包括命令按钮、标签、文本框、组合框和列表框等。Visual FoxPro 的基类在表单控件工具栏中给出，用户可以直接使用。

5.1.3 Visual FoxPro 对象的引用

在 Visual FoxPro 中，将表单控件工具栏中的各种控件添加到表单中，这些控件就称为对象。在表单中可以设置表单及表单中各对象的属性，以及调用对象的方法，但需要用户掌握对象的引用形式。

1．引用容器类对象

在设计表单时，一个对象可以包含在容器对象中。为了引用和操作容器中的对象，首先要确定并标识出对象和与之相关的容器层次。例如，为了操作表单中的某一命令按钮，必须先引用表单，然后才能引用该命令按钮。

Visual FoxPro 中对象的引用形式有两种，即绝对引用和相对引用。

（1）绝对引用

绝对引用某一个对象时，必须指明与该对象相关的所有容器对象，例如，使表单文件 Myform1 中命令按钮 Command1 的 Caption 属性值为“隐藏”，可以这样引用：

```
Myform1.Command1.Caption="隐藏"
```

（2）相对引用

对上述例子的相对引用为：

```
Thisform.Command1.Caption="隐藏"
```

在对象 Command1 的事件过程中，也可以直接这样引用：

```
This.Caption="隐藏"
```

在相对引用方式下，需要使用一些关键字来标识出操作对象。表 5-1 列出了这些关键字的含义。

表 5-1　对象相对引用关键字及其含义

代　词	意　义	实　例
Parent	表示对象的父容器对象	Command1.Parent 表示对象 Command1 的父容器
This	表示对象本身	This.Visible 表示对象本身的 Visible 属性
ThisForm	表示对象所在的表单	ThisForm.Cls 表示执行对象所在表单的 Cls 方法

2．设置对象的属性值

表单中对象的属性可以在设计表单时通过属性窗口设置；也可以在代码窗口中设置，在运行表单时所设置的属性才起作用。在代码窗口中设置对象的属性，要正确引用对象的属性，需要使用如下形式：

```
Parent.Object.Property=Value
```

“Parent.Object.Property”表示“父对象.对象.属性”，其作用是对指定容器中的指定对象的指定属性设置属性值。

3．调用对象方法

在对象创建之后，就可以从应用程序的任何位置调用该对象中的方法，调用对象中的方法形式为：

```
Parent.Object.Method
```

“Parent.Object.Method”表示“父对象.对象.方法”，其作用是对指定容器中的对象调用指定的方法。

5.2 表单设计器及表单设计

在 Visual FoxPro 中，表单可以使用表单设计器设计，也可以通过向导建立表单，所建立表单文件的扩展名为.scx。表单中包含各种对象，对象具有属性、事件和方法三要素。

5.2.1 表单设计器

1．打开表单设计器

当用表单设计器创建一个新的表单时，首先要打开表单设计器，可以采用以下方法打开表单设计器。

方法 1：用命令方式建立表单文件，其命令格式为：

```
CREATE FORM [表单文件名]
```

方法 2：选择“文件”→“新建”命令→弹出“新建”对话框→在“文件类型”选项列表中选择“表单”单选按钮→单击“新建文件”图标按钮。

方法 3：单击“常用”工具栏→“新建”按钮→弹出“新建”对话框→在“文件类型”选项列表中选择“表单”单选按钮→单击“新建文件”图标按钮。

2．表单设计器的组成

表单设计器提供了设计表单所使用的属性窗口、代码窗口和数据环境设计器等，表单设计器中还带有各种工具栏，常用的工具栏有表单设计器工具栏、表单控件工具栏、调色板工具栏和布局工具栏等。图 5-1 给出了表单设计器。

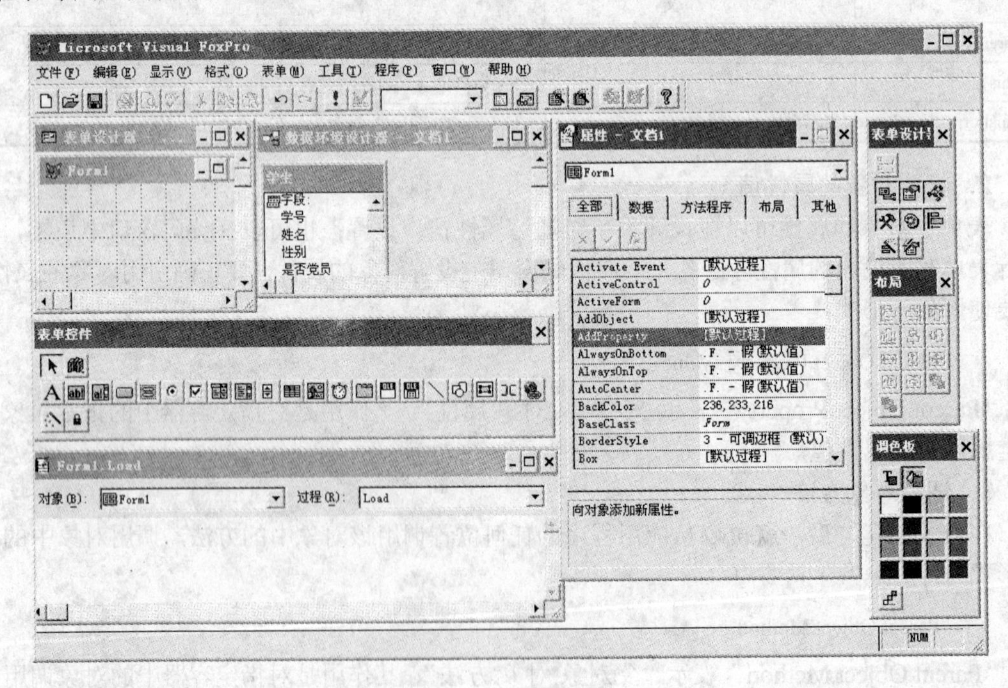

图 5-1　表单设计器

3. 表单设计器工具栏

图 5-2 给出了表单设计器工具栏。在一般情况下，表单设计器工具栏会在表单设计器打开的同时在屏幕上显示。

图 5-2 表单设计器工具栏

显示表单设计器工具栏的方法如下。

方法 1：在“常用”工具栏的任意位置单击鼠标右键→弹出工具栏列表→选择表单设计器工具栏。

方法 2：单击“显示”→“工具栏”命令→弹出“工具栏”对话框→选择“表单设计器”→单击 确定 按钮。

表 5-2 给出了表单设计器工具栏中的各按钮及其作用。

表 5-2 表单设计器工具栏中各按钮及其作用

按钮	作用
	设置 Tab 键次序
	显示/关闭数据环境设计器
	显示/关闭属性窗口
	显示/关闭代码窗口
	显示/关闭表单控件工具栏
	显示/关闭调色板工具栏
	显示/关闭布局工具栏
	打开表单生成器
	打开自动格式生成器

4. 表单控件工具栏

打开/关闭表单控件工具栏的方法如下。

方法 1：选择“显示”→“表单控件工具栏”命令。

方法 2：在表单设计器工具栏中单击表单控件工具栏按钮。

表单控件工具栏给出了设计表单时常用的控件，如图 5-3 所示。

图 5-3 表单控件工具栏

（1）“选定对象”按钮

“选定对象”按钮用于指明当前是否选定控件并准备放在相应的位置。如果决定不想放下刚选定的控件，可单击箭头按钮，终止该进程，使鼠标恢复为一个指针的状态。

（2）“查看类”按钮

“查看类”按钮的功能是在不同的类库之间进行切换，单击按钮，会显示常用、ActiveX控件和添加3项内容。

1）常用：包含来自Visual FoxPro基本类的相应控件。

2）ActiveX控件：包含Visual FoxPro默认的ActiveX控件（如日历控件和Microsoft进度栏）。

3）添加：将其他的类库添加到表单控件工具栏中。

（3）标准控件

标准控件包含了当前选定的类库中的所有可用类。表5-3给出了各个控件及其对应的中文名称。

表5-3　标准控件按钮及其名称

控件按钮	中文名称	控件按钮	中文名称
	标签		图像
	文本框		计时器
	编辑框		页框
	命令按钮		OLE控件
	命令按钮组		OLE捆绑控件
	选项按钮组		线条
	复选框		形状
	组合框		容器控件
	列表框		分隔符
	微调控件		超级链接
	表格		

（4）“生成器锁定”按钮

“生成器锁定”按钮用于控制添加控件后是否自动装载相关的生成器。生成器是一个对话框，在生成器对话框中能够迅速、方便地定义表单及其控件的某些基本行为特性和格式。

（5）“按钮锁定”按钮

Visual FoxPro默认的特性是每次只能选择和放置一个控件。当按下“按钮锁定”按钮时，可添加多个相同控件，而不必返回控件工具栏再次单击该控件。

5．属性窗口

显示/关闭属性窗口的方法如下。

方法1：选择“显示”→“属性”命令。

方法2：单击表单设计器工具栏中的“属性窗口”按钮。

方法3：在表单中单击鼠标右键→弹出快捷菜单→选择“属性”命令。

在属性窗口中可以对表单中各个对象的属性进行设置或更改，如图5-4所示。

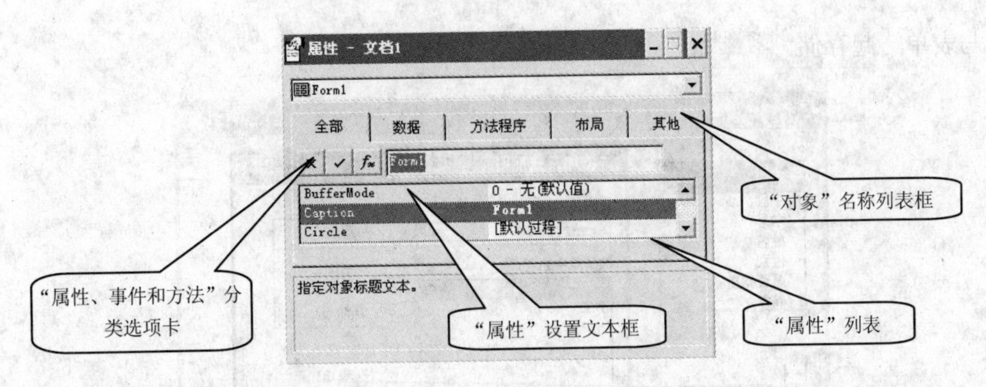

图 5-4 属性窗口

属性窗口从上到下依次包括以下内容。

1)"对象"名称下拉列表框：单击右侧的向下按钮，可以看到当前表单（或表单集）及其所包含的全部对象的名称列表。用户可以从列表中选择要修改属性的对象。

2)"属性、事件和方法"分类选项卡：按分类方式显示所选对象的属性、事件和方法。

3)"属性"设置文本框：在该文本框中可以更改属性列表中选定的属性值。单击"确认"✓按钮来确认对此属性的更改；单击"取消"×按钮则取消本次更改，恢复原属性值。单击"函数"f_x按钮可以打开表达式生成器。属性值可以是一个变量，也可以是表达式返回值。如果以表达式作为属性值，表达式的前面应该有等号"="。

4)"属性"列表：显示控件所有的属性及其当前值。只读属性、事件和方法以斜体显示。

6．代码窗口

代码窗口用于编写对象的事件过程，代码窗口如图 5-5 所示。

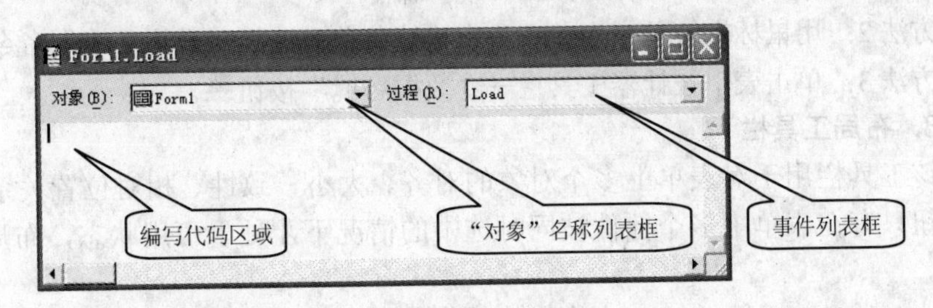

图 5-5 代码窗口

在代码窗口的左上部是对象名称列表，可以从中选择要编写代码的对象。右上部是事件过程列表，可以从中选择要编写代码的事件。

代码窗口可以用以下方法显示/关闭。

方法 1：在表单中用鼠标右键单击需要编写代码的对象→弹出快捷菜单→选择"代码"命令。

方法 2：单击表单设计器工具栏→"代码窗口"按钮。

方法 3：用鼠标左键双击要编写代码的对象。

7．数据环境设计器

数据环境设计器如图 5-6 所示。每个表单都包含一个数据环境。数据环境是包含表、视图及表之间关系的对象。在 Visual FoxPro 中，可以使用数据环境设计器来设计数据环境，并将其与表单一起存储。

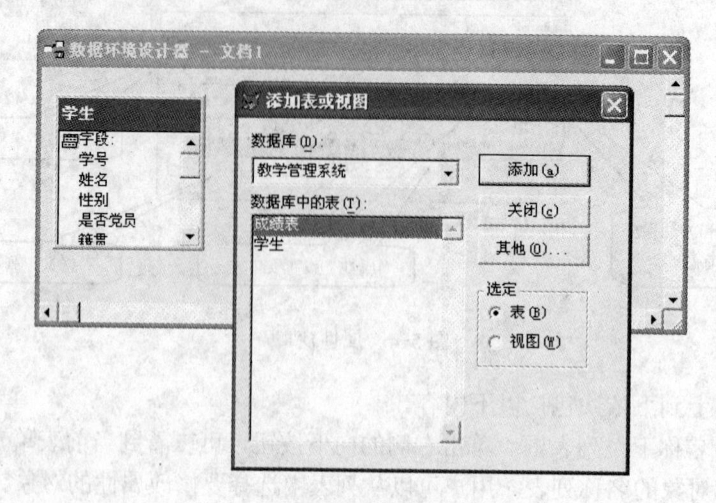

图 5-6 “数据环境设计器”窗口

引入数据环境的目的在于：

1）打开或者运行表单时自动打开表和视图（可以通过数据环境中的相应属性取消自动打开和自动关闭）。

2）可以通过数据环境中的所有字段来设置控件的 ControlSource 属性。

3）关闭或者释放表单时自动关闭表和视图。

可以使用下面的方法打开/关闭“数据环境设计器”。

方法 1：单击“显示”→“数据环境”命令。

方法 2：用鼠标右键单击表单→弹出快捷菜单→选择“数据环境”命令。

方法 3：单击表单设计器工具栏→“数据环境”按钮。

8．布局工具栏

该工具栏用于对表单上多个对象的对齐、大小一致性、相对位置关系等进行设置，这些按钮只有在表单中多个控件被同时选中的情况下才处于可用状态，布局工具栏如图 5-7 所示。

图 5-7 布局工具栏

可以使用下面的方法打开/关闭布局工具栏。

方法 1：选择“显示”→“布局工具栏”命令。

方法 2：单击表单设计器工具栏→“布局工具栏”按钮。

9．调色板工具栏

在调色板工具栏上除了颜色按钮以外，还有“前景颜色”、“背景颜色”和“其他颜色”按钮，用来设置控件的颜色，工具栏如图 5-8 所示。

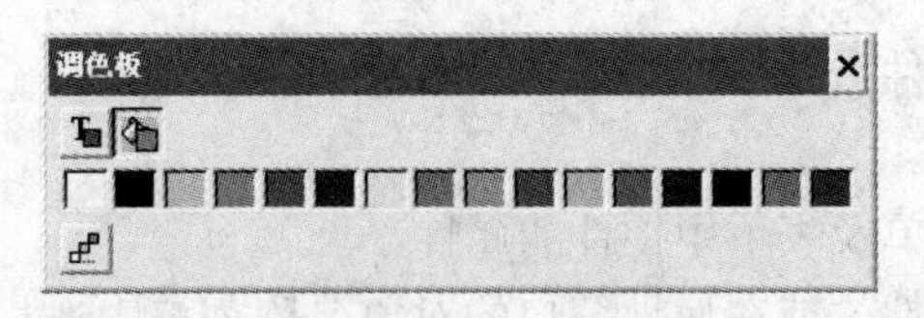

图 5-8　调色板工具栏

可以使用下面的方法打开/关闭调色板工具栏。

方法 1：选择“显示”→“调色板工具栏”命令。

方法 2：单击表单设计器工具栏→“调色板工具栏”按钮。

5.2.2　表单设计的基本步骤

1．控件的基本操作

表单控件的基本操作包括在表单中添加控件、调整控件和设置控件属性等。

（1）添加控件

在表单控件工具栏中单击某一个按钮→单击表单窗口中的某处，就会在该处产生一个表单控件。

单击表单控件工具栏的按钮→在表单中的选定位置按下鼠标左键并在表单上拖曳，以产生一个大小合适的控件。

（2）选定控件

表单窗口中的所有操作都是针对当前控件，在对控件进行操作前，首先选定控件。

1）选定单个控件：单击控件，控件四周会出现 8 个正方形句柄，表示控件已被选定。

2）选定多个控件：按下〈Shift〉键，逐个单击要选定的控件，或按下鼠标左键拖曳，使表单上出现一个虚线框，放开鼠标按键后，虚线框所包围的控件就被选定。

3）取消选定：单击已选控件的外部某处。

（3）调整控件

表单中的控件位置和大小是可以改变的，当多个控件要统一调整位置或大小时，可以使用布局工具栏，使选定的多个控件具有相同的左边距、上边距、高度和宽度等属性。

1）调整控件大小：选定控件后，拖曳其四周出现的句柄，可以改变控件的大小。

2）调整控件位置：选定控件后，按下鼠标左键，拖曳控件到合适的位置。

（4）删除控件

1）选定控件后，按〈Del〉键。

2）选择“编辑”→“清除”命令。

（5）复制/移动控件

选定要复制/移动的控件后，利用“编辑”菜单或快捷菜单中的复制/剪切命令和粘贴命令实现复制/移动控件操作。

2．表单设计步骤

（1）建立表单文件，打开表单设计器

（2）设置数据环境

数据环境是一个容器对象，用来定义与表单相联系的表或视图等信息及其相互联系。如果建立与表有关的表单，则需要设置数据环境。

（3）在表单中添加控件

（4）设置控件属性

在属性窗口中设置表单及表单中控件的属性。

单击要设置属性的控件，或在属性窗口的对象名称列表中选择要设置属性的对象名称→在属性列表中选择需要设置的对象属性→设置属性的值。

（5）编写事件代码

在代码窗口中编写相应对象的事件代码→在代码窗口中的对象名称列表中选择需要编写代码的对象名→在过程列表中选择要编写代码的事件→在代码区域输入事件代码。

（6）保存并运行表单

可以使用下面的方法保存表单文件。

方法 1：选择“文件”→“保存”命令。

方法 2：单击“常用”工具栏→“保存”按钮。

新建立的表单，在第一次保存时，会弹出“另存为”对话框，在“另存为”对话框中选择表单要保存的位置，在“保存表单为”文本框中输入表单名称。

表单文件以“.scx”为扩展名保存在磁盘中，同时系统还会生成以“.sct”为扩展名的表单备注文件。

运行表单可以使用以下方法。

方法 1：选择“表单”→“执行表单”命令。

方法 2：在表单设计器中用鼠标右键单击表单→在弹出的快捷菜单中选择“执行表单”命令。

方法 3：在命令窗口中输入“DO　FORM　表单文件名”运行表单。其命令格式为：

```
DO　FORM　<表单文件名>
```

方法 4：单击“常用”工具栏→“运行”按钮。

方法 5：选择“程序”→“运行”命令→弹出“运行”对话框→在“文件类型”下拉列表框中选择“表单”→选定要运行的表单→单击 运行 按钮。

在运行表单时，单击“常用”工具栏→“修改表单”按钮，可快速切换到表单设计模式。

3．修改表单

可以使用下面的方法修改已经存在的表单。

方法 1：用 MODIFY FORM 命令修改表单文件，其命令格式为：

MODIFY FORM [表单文件名]

方法 2：选择“文件”→“打开”命令→弹出“打开”对话框→将“文件类型”设置为“表单（*.scx）”→选择要修改的表单文件→单击 确定 按钮。

5.3　常用表单控件（一）

在 Visual FoxPro 中，表单控件的属性决定该控件的数据特征，例如命令按钮的位置等。而当控件的某个事件发生时，例如鼠标在命令按钮上单击，将驱动一个约定的事件过程完成特定的功能处理。方法是表单等控件的行为特征，例如释放表单、移动表单等。

表单控件中有些属性对于大部分控件而言，其作用相同，常用到的通用属性及其作用如表 5-4 所示。

表 5-4　表单控件的通用属性

属　性	作　用
Name	指定在代码中用于引用对象的名称
Caption	指定对象标题文本
Enabled	指定能否由用户引发事件
Visible	指定对象是否可见
Alignment	指定与控件相关联的文本的对齐方式
BackColor	指定对象内文本和图形的背景色
ForeColor	指定对象内显示的文本和图形的前景色
FontSize	指定显示文本的字体大小
FontName	指定显示文本的字体名称
FontBold	指定文字是否为粗体，.T.为粗体
FontItalic	指定文字是否为斜体，.T.为斜体

5.3.1　表单控件

表单（Form）是 Visual FoxPro 中其他控件的容器，通常用于设计应用程序中的窗口或对话框等操作界面。在表单上添加需要的控件，以完成应用程序中窗口或对话框的设计要求。

1．常用属性

- Caption：表单标题栏中显示的文本。
- MaxButton：表单是否可以进行最大化操作，当为.T.时表示可以进行最大化操作。
- MinButton：表单是否可以进行最小化操作，当为.T.时表示可以进行最小化操作。
- Closable：表单是否可以通过双击控制菜单或关闭按钮来关闭表单，当为.T.时表示可以关闭表单。
- ControlBox：系统控制菜单是否显示，当为.T.时显示，当为.F.时不显示，此时的最大化按钮、最小化按钮、关闭按钮不显示在表单上。
- Icon：表单中系统控制菜单的图标，图标文件是扩展名为“.ICO”的文件。
- TitleBar：表单的标题栏是否可见，“1-打开”表示显示表单的标题栏；“0-关闭”表示关闭表单的标题栏。

2．常用事件

- Load：表单运行时，在创建表单之前触发此事件。
- Init：表单运行时，在创建表单时触发此事件。
- Destroy：在释放表单之前触发此事件。
- Unload：在释放表单时触发此事件。
- Click：表单运行时，单击表单触发此事件。

- RightClick：表单运行时，右击表单触发此事件。
- DblClick：表单运行时，双击表单触发该事件。

3．常用方法

- Show：显示表单。
- Hide：隐藏表单。
- Refresh：刷新表单。
- Release：释放表单。
- Cls：清除表单中的图形或文本。

5.3.2 标签控件

标签（Label）控件是按一定格式显示在表单上的文本信息，用来显示表单中的各种说明和提示。一旦标签控件的属性被定义，输出信息将根据这些定义，按指定的格式输出。

1．常用属性

- Caption：标签控件的标题文本。
- Alignment：标题文本的对齐方式，可以选择“0-左（默认值）”、“1-右”和“2-中央”3种对齐方式。
- BackStyle：标签背景是否透明，可以选择“0-透明”或“1-不透明（默认值）”。
- AutoSize：指定是否自动根据字号调整标签控件的大小。
- BackColor：指定标签控件的背景颜色。
- ForeColor：指定标签控件的前景颜色。
- BorderStyle：指定标签控件的边线类型。
- FontName：指定标签上显示文本的字体名称。
- WordWrap：指定文本信息是否可以多行显示。

2．常用事件

Click：当用户单击标签时触发该事件。

5.3.3 文本框控件

文本框（Text）是一个非常灵活的数据输入工具，可以输入单行文本，是设计交互式应用程序界面不可缺少的控件。文本框主要用于编辑或显示文本、内存变量和字段变量，是一个结合数据处理的控件。文本框接收的数据输入，可以是任何数据类型，但默认的数据类型是字符型，其字符串最长不能超过 255 个字符，文本框也可以输出数据。

1．常用属性

- Alignment：用于指定文本框中文本的对齐方式，可以选择“0-左”、“1-右”、“2-中间”和“3-自动（默认值）”4种对齐方式。
- PasswordChar：用于指定文本框是显示用户输入的字符还是显示占位符。
- SelText：在文本输入区域选定的文本内容。
- SelLength：在文本输入区域选定的字符数目。

- SelStart：在文本输入区域选定字符的起始位置。
- Value：文本区域中的内容。

文本框中的文本类型可以是字符型、数值型、日期型和逻辑型，默认类型为字符型。可以在属性窗口中设置 Value 属性的初始值，以确定文本类型；也可以右击文本框，在弹出的快捷菜单中选择“生成器”选项，在“文本框生成器”对话框中设置文本类型。

- ControlSource：指定文本框的数据源。
- Enabled：指定文本框是否响应由用户引发的事件。
- ForeColor：指定文本框的前景颜色。
- ReadOnly：指定文本框的文本是否为只读。

2．常用事件

- GotFocus：当文本框对象接收焦点时触发该事件。
- InteractiveChange：在运行表单时，更改文本框中的数据触发该事件。
- LostFocus：当文本框对象失去焦点时触发该事件。

5.3.4 命令按钮控件

Visual FoxPro 提供的命令按钮（CommandButton）通常用来启动一个事件，如关闭一个表单、添加一条记录或打印报表等操作，以便由用户控制启动时机。一般通过鼠标或键盘操作来触发命令按钮的事件程序。

命令按钮可以设计成多种样式，通常有“文字型命令按钮”样式和“图形型命令按钮”样式。命令按钮的不同样式通过属性设置来实现，“文字型命令按钮”上显示的内容是文字，通过 Caption 属性设置；“图形型命令按钮”上显示的是图形，通过 Picture 属性设置，指定一个图形文件（.bmp、gif 和.jpg 等格式），使该图形直接在命令按钮上显示。

1．常用属性

- Caption：命令按钮上的标题文本。如果要用热键的方式控制触发其事件，可以在命令按钮的 Caption 属性设置中加入“\<”，其后跟热键名来指定一个热键。例如，用字母“C”作为一个“关闭”命令按钮的热键，则可将其 Caption 属性设置为“关闭(\<C)”。
- Enabled：指定命令按钮是否响应由用户引发的事件。
- Picture：指定命令按钮中显示的图形文件。
- Default：当该属性设置为“.T.”时，可按〈Enter〉键执行该命令按钮的单击事件。
- Cancel：当该属性设置为“.T.”时，按〈Esc〉键，可执行与命令按钮的 C1ick 事件相关的代码。

2．常用事件

- Click：在表单运行时，单击命令按钮触发该事件。

5.3.5 命令按钮组控件

命令按钮组（Commandgroup）是一组包含命令按钮的容器控件，用户可以单个或作为一组来操作其中的控件，常用来执行一些特定的程序代码，以完成相应功能。

1．常用属性

- ButtonCount：指定命令按钮组中包含命令按钮的个数。
- Value：命令按钮组中当前被选中的命令按钮的序号，序号是根据命令按钮的排列顺序从 1 开始编号。

2．属性设置

属性设置包括命令按钮组的属性设置和命令按钮组中包含的命令按钮的属性设置。

方法 1：在属性窗口中设置命令按钮组及其包含的命令按钮的属性。在属性窗口的对象名称列表中选择要设置属性的对象名称，设置其属性。

方法 2：通过生成器快速设置命令按钮组的属性。命令按钮组的生成器如图 5-9 所示，生成器包括“按钮”和“布局”选项卡。在生成器中可以设置命令按钮组中包含的命令按钮的个数、命令按钮的标题和命令按钮的布局等属性。

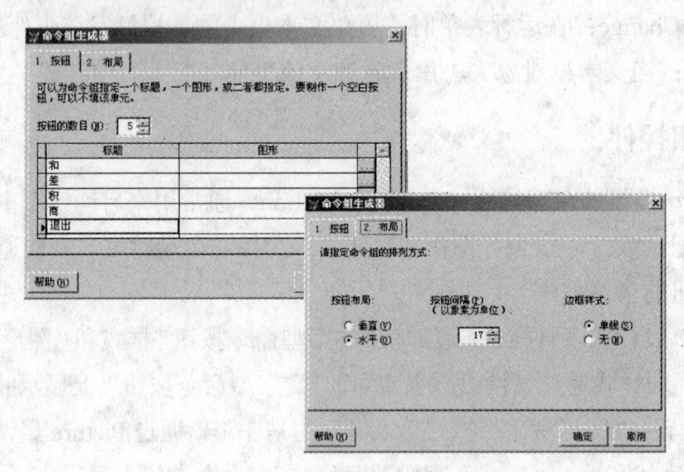

图 5-9 “命令组生成器”对话框

可以使用下面的方法打开“命令组生成器”对话框。

方法 1：添加命令按钮组控件到表单中→右键单击命令按钮组→在快捷菜单中选择“生成器”命令。

方法 2：单击表单控件工具栏→“生成器锁定”按钮→添加命令按钮组控件到表单中。

3．常用事件

- InteractiveChange：当命令按钮组的 Value 属性值改变时触发该事件。
- Click：当单击命令按钮组时触发该事件。

5.3.6 选项按钮组控件

选项按钮组（Optiongroup）又称为单选按钮，属于容器类控件，一个选项按钮组中包含若干个选项按钮，但用户只能从中选择一个按钮。当用户单击某个选项按钮时，该按钮即成为被选中状态，而选项按钮组中的其他选项按钮，不管原来是什么状态，都变为未选中状态，被选中的选项按钮中会显示一个圆点。

1．常用属性

选项按钮组的常用属性如下。

● ButtonCount：选项按钮组中选项按钮的数目。
● Value：在选项按钮组中选中的选项按钮的序号，序号是根据选项按钮的排列顺序从 1 开始编号的。
● Enabled：说明能否选择此按钮组。
● Visible：说明该按钮组是否可见。

选项按钮的常用属性如下。

● Caption：在按钮旁显示的标题文本。
● Alignment：说明文本对齐方式，可以选择“0-左(默认值)”和“1-右”两种对齐方式。

2．常用事件

● Click：当单击选项按钮组时触发该事件。
● InteractiveChange：当选项按钮组中选中的按钮发生改变时触发该事件。

5.3.7 复选框控件

复选框（Check）也称为选择框，用于指明一个选项是否选中。复选框一般是成组使用的，用来表示一组选项，在应用时可以同时选中多项，也可以一项都不选。

1．常用属性

● Caption：复选框的标题文本。
● Alignment：说明文本的对齐方式。
● Enabled：说明此复选框是否可用。
● Visible：说明此复选框是否可见。
● Value：说明此复选框是否被选中，值为 1 或.T.时为选中，值为 0 或.F.时为未选中。
● ControlSource：指定复选框的控制源。

2．主要事件

● Click：当单击复选框时触发该事件。
● InteractiveChange：当复选框中选项状态发生改变时触发该事件。

5.3.8 列表框控件

列表框（List）用于显示一系列数据项，用户可以从中选择一项或多项。在列表框中可以显示多个数据项，也可以选择多个数据项，但是列表框不允许用户输入新的数据项。

1．主要属性

● ColumnCount：列表框的列数。当有多列时，使用 ColumnWidths 属性设置每列的宽度，宽度值用“,”分隔。
● ControlSource：从列表中选择的值保存在何处。
● MultiSelect：能否从列表中一次选择多项，值为.T.时表示可以选择多项。
● RowSourceType：确定列表框 RowSource 属性值的类型，该属性可以设置的属性值如表 5-5 所示。

表 5-5　列表框的 RowSourceType 属性设置

RowSourceType	列表项的源	RowSourceType	列表项的源
0	无	5	数组
1	值	6	字段
2	别名	7	文件
3	SQL 语句	8	结构
4	查询（.qpr）	9	弹出式菜单

- RowSource：列表框中显示的值的来源，与 RowSourceType 所设置的属性要一致。
- Value：列表框中选中的内容。
- List：用来存取列表框中数据项的数组。
- ListIndex：选中数据项的索引值，索引值从 1 开始。
- Selected：列表框中某条目是否处于选定状态。
- ListCount：返回列表框数据项的数目。

2．主要事件

- Click：当单击列表框时触发该事件。
- InteractiveChange：当列表框中选定的选项发生改变时触发该事件。

3．常用方法

- AddItem：向列表框中添加一个数据项，允许用户指定数据项的索引位置，但此时的 RowSource 属性必须为 0 或 1。
- RemoveItem：从列表框中移去一个数据项，允许用户指定数据项的索引位置，但此时的 RowSource 属性必须为 0 或 1。
- Clear：清除列表框中的所有数据项。

4．属性 RowSourceType 和属性 RowSource 的一致性要求

1）0-无。如果将 RowSourceType 属性设置为“0-无”，则不能自动填充列表项，可以用 AddItem 方法在程序中添加列表项。

添加列表项的形式：

```
Thisform.List1.RowSourceType=0
Thisform.List1.AddItem　(要添加的列表项)
```

可以用 RemoveItem 方法从列表中移去列表项。

移去列表项的形式：

```
Thisform.List1.RemoveItem　(移去列表项的序号)
```

2）1-值。如果将 RowSourceType 属性设置为“1-值”，则可用 RowSource 属性指定多个要在列表框中显示的值。如果在属性窗口中设置 RowSource 属性的值，则可用逗号分隔列表项；如果要在程序中设置 RowSource 属性，则可用逗号分隔列表项，并用字符界限符括起来。

3）2-别名。如果将 RowSourceType 属性设置为“2-别名”，可以在列表中包含打开表的一个或多个字段的值。

如果 ColumnCount 属性设置为 0 或 1，则列表将显示表中第一个字段的值；如果 ColumnCount 属性设置为非 0 或 1，则列表将显示表中最前面的几个字段值。

如果要在属性窗口中设置 RowSource 属性的值，直接输入表的别名即可，如果要在程序中设置，则将表的别名用字符界限符括起来。

4）3-SQL 语句。如果将 RowSourceType 属性设置为“3-SQL 语句”，则在 RowSource 属性中包含一个 SQL-SELECT 语句。

如果在属性窗口中设置 RowSource 属性的值，直接输入 SELECT 语句即可；如果在程序中设置，则需要将 SELECT 语句用字符界限符括起来。

5）4-查询（.qpr）。如果将 RowSourceType 属性设置为“4-查询（. qpr）”，则可以用查询的结果填充列表框。查询一般是在查询设计器中设计的。当 RowSourceType 设置为“4-查询（.qpr）”时，需要将 RowSource 属性设置为一个查询文件，即扩展名为“.qpr”的文件。在属性窗口中直接输入查询文件名，可以给出扩展名“.qpr”；在程序中设置时，需要将查询文件用字符界限符括起来，如果不指定文件的扩展名，则 Visual FoxPro 默认扩展名是“.qpr”。

6）5-数组。如果 RowSourceType 属性设置为“5-数组”，则可以用数组中的元素填充列表框。在表单的 Init 事件或 Load 事件中创建数组，将 RowSource 的值设置为数组名即可。

如果在属性窗口中设置 RowSource，则直接输入数组名 XY 即可；如果在程序中设置，则需用字符界限符将数组名括起来。

7）6-字段。如果 RowSowceType 属性设置为“6-字段”，则可以为 RowSource 属性指定一个字段或用逗号分隔的一系列字段值来填充列表框，当为列表框指定多个字段时，需要同时设置 ColumnCount（列表框的列数）属性的值。

当 RowSourceType 属性为“6-字段”时，可在 RowSoure 属性中包括下列几种信息：

- 字段名。
- 别名.字段名。
- 别名.字段名 1，别名.字段名 2，别名.字段名 3，…。

如果在属性窗口中设置，则在设置 RowSourceType 属性为 6 时，在 RowSource 属性处可以选择字段，如果在程序中设置，则需将字段名用字符界限符括起来。

8）7-文件。如果将 RowSourceType 属性设置为“7-文件”，则用当前目录下的文件名填充列表框，而且列表框中的选项允许选择不同的驱动器和目录，并在列表框中显示其中的文件名。可将 RowSource 属性设置为列表中显示的文件类型或要显示文件的驱动器和目录。

如果在属性窗口中设置 RowSource 属性，则直接输入要在列表框中显示文件所在的驱动器和目录及文件类型；如果在程序中设置 RowSource 属性，则需要将设置的内容用字符界限符括起来。

9）8-结构。如果将 RowSourceType 属性设置为“8-结构”，则将用 RowSource 属性所指定表中的字段名填充列表框。如果在属性窗口中设置，则可以将 RowSource 属性设置为表的别名；如果在程序中设置，则需要将表的别名用字符界限符括起来。

如果想为用户提供用来查找值的字段名列表或用来对表进行排序的字段名列表，设置 RowSourceType 属性很有用。

10）9-弹出式菜单。如果将 RowSourceType 属性设置为“9-弹出式菜单”，则可以用一个先前定义的弹出式菜单来填充列表框。

5.3.9 组合框控件

组合框（Combo）相当于文本框和列表框的组合。可以利用组合框通过选择数据项的方式来快速、准确地输入数据。

组合框有两种样式，一种样式是下拉组合框，另一种样式是下拉列表框，通过设置 Style 属性实现组合框两种样式的设置。两种样式的区别在于利用下拉组合框可以通过键盘输入数据和选择已有数据；而在下拉列表框中只能选择列表中的数据，无法输入数据。一般而言，当引用一些基础数据（如学号等）时，可以使用下拉列表框，用户只能从列表框中选择数据项，而不能直接输入内容。在某些情况下，如果组合框中列出的各数据项不能包括所结合字段或内存变量的各种取值可能性，则可以考虑使用下拉组合框来对数据进行维护，用户既可以选择输入，又可以直接通过键盘输入数据。

1．主要属性

- ControlSource：指定从组合框中选择的值保存在何处。
- RowSourceType：指定 RowSource 属性的类型。
- RowSource：指定组合框中的数据源。
- Style：指定组合框为下拉组合框还是下拉列表框，默认设置为下拉组合框。
- Value：指定或返回组合框中选中的数据。

2．主要事件

- InteractiveChange：在使用键盘或鼠标更改列表框的值时触发该事件。

5.4 常用表单控件（二）

5.4.1 编辑框控件

编辑框（Edit）控件与文本框相似，其也是用来输入用户的数据，但它有自己的特点。编辑框实际上是一个完整的字处理器，利用它能够选择、剪切、粘贴及复制文本，可以实现换行，能够有自己的垂直滚动条。编辑框只能输入、编辑字符型数据，包括字符型内存变量、数组元素、字段和备注字段的内容。

1．常用属性

- ControlSource：指定编辑框的控制源。
- ReadOnly：指定编辑框是否为只读。
- SelLength：返回在编辑框的文本区域中所选文本的字符数。
- SelStart：返回在编辑框的文本区域中所选文本的起始位置。
- SelText：指定所选定文本的内容。
- Value：指定或返回编辑框中的文本。

2．常用事件

InteractiveChange：当更改编辑框对象的文本值时触发该事件。

5.4.2 页框控件

在设计应用程序中的对话框时，如果对话框中包含的内容很多，不容易布局时，可以把对话框中的内容按照紧密程度进一步划分为若干个组，把一组中的内容进行布局，这样对话框中的内容就显得简要、清晰了，具有这种能力的控件就是页框。页框（Pageframe）是容器控件，由页面（Page）组成。页框建立在表单上，页面建立在页框上，经过页框的处理后，一个表单中的全部对象就分布到了多个页面上。

常用属性

页框的常用属性如下。

- Tabs：确定页框控件有无选项卡。
- PageCount：页框中包含的页面数。

页面的常用属性如下。

Caption：页面显示的标题文本。

一般不需要对页框编写代码。但在代码中出现页面中的对象引用时，可以按照下面的形式给出。

```
Thisform.PageFrame1.Page1.页面中的对象名.对象的属性名或方法程序名
```

5.4.3 计时器控件

计时器（Timer）控件与界面的操作独立，它只对自身的 Timer 事件做出反应，以一定的时间间隔重复地执行 Timer 事件中的代码。

1．主要属性

Enabled：若想让计时器在表单加载时即开始工作，应将该属性设置为.T.，否则将该属性设置为.F.，也可以选择一个外部事件（如命令按钮的 Click 事件）启动或挂起计时器。

Interval：计时时间间隔（以毫秒为单位），当值为 0 时，不触发计时器的 Timer 事件。

2．主要事件

Timer：计时器每隔 Interval 属性所规定的时间，就会触发一次该事件，运行该事件中所编写的代码。

☞ 提示

计时器的 Enabled 属性和其他对象的 Enabled 属性不同。对于大多数对象而言，Enabled 属性决定对象是否能对用户引起的事件做出反应。对于计时器控件而言，将 Enabled 属性设置为.F.，会挂起计时器。

5.4.4 微调控件

使用微调（Spinner）控件可以让用户通过微调箭头调整所需要的数据，或者直接在微调框中输入所需要的数据。

1．主要属性

- Increment：每次单击向上或向下按钮时增加和减少的值。
- KeyboardHighValue：能输入到微调文本框中的最大值。

● KeyboardLowValue：能输入到微调文本框中的最小值。
● SpinnerHighValue：当单击向上按钮时，微调控件能显示的最大值。
● SpinnerLowValue：当单击向下按钮时，微调控件能显示的最小值。
● Value：微调控件的当前值。

2．主要事件

InteractiveChange：当微调控件的值发生改变时触发该事件。

5.4.5 图像控件

图像（Image）控件的功能是在表单上显示图像文件（.BMP、.GIF 和.JPG 文件格式均可），主要用于图像显示，而不能对它们进行编辑。使用图像控件可以使应用程序的界面显得更富有生机和活力。

图像控件的主要属性如下。

● Picture：指定待显示的图片文件名。
● BorderStyle：指定图像控件的边框样式。
● BackStyle：指定图像的背景是否透明。
● Stretch：指定如何对图片的尺寸进行调整，以放入一个图像控件，其取值为“0-裁剪”（默认值）、“1-等比填充”和“2-变比填充”。

5.4.6 形状控件

形状（Shape）控件主要用于创建矩形、圆或椭圆形状的对象。形状控件是一种图形控件，不能直接对其进行修改，但可以通过形状的属性设置来修改形状。对于形状控件，通过Curvature 属性设置图形中角的曲率，该属性值确定了形状控件的外观显示方式，形状控件的Curvature 属性值可以是 0～99 中的任一数值，当其值为 0 时表示无曲率，形状控件成为矩形；当其值为 99 时，表示达到最大曲率，成为一个圆或椭圆。通过形状的 FillStyle 属性指定形状中所用的填充图案。

形状控件的主要属性如下。

● BackStyle：指定形状控件的背景是否透明。
● Curvature：指定形状控件角的曲率。当值为 99 时形状为椭圆形，当值为 0 时形状为矩形。
● BorderStyle：指定线条的线型。
● FillStyle：指定用来填充形状的图案。
● SpeciaEffect：指定控件不同的外观，可以设置为“0-3 维”或“1-平面”。

5.4.7 线条控件

线条（Line）控件用于创建水平线、垂直线或对角线。线条控件是一种图形控件，不能对其进行编辑。若要对线条进行修改，可以通过线条属性设置或事件过程来对其外观进行静态或动态修改。

线条控件的主要属性如下。

● LineSlant：指定线条如何倾斜，是从左上到右下（\）还是从左下到右上（/）。属性设置使用键盘上的“\”和“/”进行。

- Height：指定对象的高度。当值为 0 时，表示是水平直线。
- Width：指定对象的宽度。当值为 0 时，表示是垂直直线。
- BorderStyle：指定对象的边框样式。可以设置的样式包括“0-透明”、“1-实线（默认值）”、“2-虚线”、“3-点线”、“4-点画线”、“5-双点画线”和“6-内实线”。
- BorderWidth：指定对象边框的宽度。

5.4.8 容器控件

容器（Container）控件可以包含其他对象，并且允许编辑和访问所包含的对象。在设计应用程序的界面时，主要用容器控件对表单中的对象进行分组。

容器控件的主要属性如下。

- BackStyle：指定容器是否透明。
- BorderWidth：指定容器边框的宽度。
- SpecialEffect：指定容器的样式，其取值为“0-凸起”、“1-凹下”或“2-平面”（默认值）。

要在容器控件中添加控件，应在容器控件的编辑状态下进行。用鼠标右键单击容器控件，在弹出的快捷菜单中选择“编辑”命令，进入容器控件编辑状态。

5.4.9 表格控件

表格（Grid）控件有垂直滚动条和水平滚动条，可以同时操作和显示多行数据。表格是一个容器控件，表格中包含列，这些列除了包含标头（Header）和控件外，每个列还拥有自己的一组属性、事件和方法程序。用户可以为整个表格设置数据源，该数据源是通过 RecordSourceType 与 RecordSource 两个属性指定的，前者为记录源类型，后者为记录源。RecordSourceType 属性的取值如表 5-6 所示。

表 5-6 RecordSourceType 属性设置

设 置	说 明
0	表。自动打开 RecordSource Type 属性设置中指定的值
1	（默认值）别名。按指定方式处理记录源
2	提示。在表单运行时向用户提示记录源
3	查询(.QPR)。RecordSource Type 属性设置指定一个.QPR 文件
4	SQL 说明，记录来源于 SQL，指定一条 SQL 语句

除了可以在表格中显示字段数据外，还可以在表格的列中嵌入控件，从而为用户提供嵌入的文本框、复选框、下拉列表框和微调控件等。

1．表格控件常用属性

- ColumnCount：指定表格中包含的列数。
- DeleteMark：指定在表格控件中是否出现删除标记列。
- RecordSourceType：指定表格记录源的类型。
- RecordSource：指定表格的记录源，与 RecordSourceType 属性值相匹配。

2．列控件常用属性

- ControlSource: 指定在列中要显示的数据，通常是表中的一个字段。
- Sparse：用于确定 CurrentControl 属性是影响列中的所有单元格还是只影响活动单元格。如果将 Sparse 属性设置为.T.，则只有列中的活动单元格使用 CurrentControl 属性指定的控件显示和接收数据，其他单元格的数据仍以文本形式显示。将 Sparse 设置为.F.，列中所有的单元格都使用 CurrentControl 属性指定的控件显示数据，活动单元格可以接收数据。
- CurrentControl：指定表格中哪一个控件是活动的。如果在列中添加了一个控件，则可以将其指定为 CurrentControl。

3．表格生成器

实际上，Visual FoxPro 提供了一种称为表格生成器的辅助工具，可以帮助用户很快地设置表格属性。

用鼠标右键单击表单中的表格控件→弹出快捷菜单→选择“生成器”命令→弹出“表格生成器”对话框。

表格生成器包含“表格项”、“样式”、“布局”和“关系”4 个选项卡。

1）“表格项”选项卡用于选择表格中包含的字段。

2）“样式”选项卡用于指定表单运行时表格的显示样式。

3）“布局”选项卡用于为表格中的列指定标题和控件类型。

4）“关系”选项卡用于创建一对多表单，设置父表的关键字段和子表中的相关索引，以使表单中子表记录与父表记录匹配。

4．表单生成器

表单生成器为向表单中添加字段提供了一种快速方法，可以使用下面的 3 种方法打开表单生成器。

方法 1：选择“表单”→“快速表单”命令。

方法 2：单击表单设计器工具栏→“表单生成器”按钮。

方法 3：右键单击表单中的空白处→弹出快捷菜单→选择“生成器”命令。

5．利用数据环境设计表单

在设计表单时，可以借助于数据环境，在表单中添加需要的字段。操作步骤为：

1）在表单的空白处右键单击表单→弹出快捷菜单→选择“数据环境”命令，打开数据环境设计器，将表单中用到的表添加到数据环境设计器中。

2）如果将表中的部分字段添加到表单中，可以分别将表单中需要的字段从数据环境设计器中拖曳到表单中，此时会在表单上自动创建与字段对应的标签、文本框等控件。如果将表中的所有字段都添加到表单中，并以表格形式显示表中的数据，可以直接拖曳数据环境设计器中表的标题到表单中。

5.5 用表单向导建立表单

Visual FoxPro 提供了“表单向导”和“一对多表单向导”两种表单向导来创建表单。“表单向导”可以创建基于一个表的表单。“一对多表单向导”可以创建基于两个表（按一对多关系连接）的表单。

1．打开“向导选取”对话框

方法 1：选择“文件”→“新建”命令→弹出“新建”对话框→在“文件类型”选项列表中选中“表单”单选按钮→单击“向导”图标按钮。

方法 2：选择“工具”→“向导”→“表单”命令。

采用上述任意一种方法，都会弹出“向导选取”对话框。在此对话框中选择要使用的向导类型，单击 确定 按钮，即可进入向导建立表单过程。

2．用“表单向导”建立基于一个表的表单

在“向导选取”对话框中选择“表单向导”→单击 确定 按钮→弹出“步骤 1-字段选取”对话框。

步骤 1：字段选取。

表单向导的第一步是要求用户选取包含在表单中的字段。

在“数据库和表”列表框中选择数据库→在其下方列表中选择表→将“可用字段”列表框中列出的（全部）字段添加到“选定字段”列表框中。

单击 下一步(N) > 按钮，弹出“步骤 2-选择表单样式”对话框。

步骤 2：选择表单样式。

Visual FoxPro 提供了标准式、凹陷式、阴影式、边框式、浮雕式、新奇式、石墙式、亚麻式和色彩式 9 种表单样式，以及文本按钮、图片按钮、无按钮和定制 4 种按钮类型供用户选择。

选择样式→选择按钮类型。

单击 下一步(N) > 按钮，弹出“步骤 3-排序次序”对话框。

步骤 3：排序次序。

如果表单是基于一个表而设计的，就会弹出“排序次序”对话框，如果表单是基于一个查询，会跳过这一步。“排序次序”对话框用来选择表单中记录的排序字段以及按该字段排序的排序方式。

选择排序字段→选择升序方式。

单击 下一步(N) > 按钮，弹出“步骤 4-完成”对话框。

步骤 4：完成。

该对话框是向导的最后一个对话框。在此对话框中主要完成显示在表单顶部的标题和确定表单向导的结束方式。该步骤有“保存表单以备将来使用”、“保存并运行表单”和“保存表单并用表单设计器修改表单”3 种选择。此外，在该对话框中还可以指定表单的其他设置，如是否使用字段映像、是否用数据库字段显示类，以及是否为放不下的字段加入页等。

输入表单标题→选择结果处理方式。

单击 预览(P) 按钮，可以预览表单设计效果，如果对表单的设计感到满意，返回向导后单击 完成(F) 按钮，可存储所设计的表单，结束向导操作。

3．用“一对多表单向导”建立基于两个表的表单

“一对多”表单涉及两个表，一个表称为父表或主表，另一个表称为子表或辅表。父表中的一条记录对应着子表中多个与其相关的记录，在表单上的显示形式多半是父表的一条记录

显示在上部，与其对应的子表记录以表格的形式显示在下半部。两者之间应有如下关系：

1）两个表至少要有一个公共内容的字段。

2）父表中的公共字段必须设置成主索引或候选索引，字段值不允许重复，即所谓的“一”。

3）子表中的公共字段只需设置成普通索引，字段值可以有重复，即所谓的“多”。

在“向导选取”对话框中选择“一对多表单向导”→弹出“步骤 1-从父表中选定字段”对话框。

步骤 1：从父表中选定字段。

该步骤主要用来选择来自父表中的字段，即一对多关系中的“一”方，只能从单个的表或视图中选取字段。

在“数据库和表”列表框中选择数据库→在其下方列表中选择表→将“可用字段”列表框中列出的（全部）字段添加到“选定字段”列表框中。

单击[下一步(N) >]按钮，弹出“步骤 2-从子表中选定字段”对话框。

步骤 2：从子表中选定字段。

本步骤选择来自子表中的字段，即一对多关系中的“多”方，只能从单个的表或视图中选取字段。

在“数据库和表”列表框中选择数据库→在其下方列表中选择表→将“可用字段”列表框中列出的（全部）字段→添加到“选定字段”列表框中。

单击[下一步(N) >]按钮，弹出“步骤 3-建立表之间关系”对话框。

步骤 3：建立表之间的关系。

该步确定联接两个表的关键字。这里并不要求两个关键字的字段名相同，只要类型相同即可。

单击[下一步(N) >]按钮，弹出“步骤 4-选择表单样式”对话框。

步骤 4：选择表单样式。

选择表单样式→选择按钮类型。

单击[下一步(N) >]按钮，弹出“步骤 5-排序”对话框。

步骤 5：排序。

选择排序字段→选择排序方式。

单击[下一步(N) >]，弹出“步骤 6-完成”对话框。

步骤 6：完成。

输入表单标题→选择结果处理方式。

单击[完成(F)]按钮结束向导建立表单过程。

5.6 上机实训

5.6.1 实训 1——使用表单设计器建立表单

【实训目标】

1）掌握表单设计器中各组成部分的用法。

2）掌握用表单设计器建立表单的基本操作过程。

3）掌握表单及表单中常用控件的用法。

【实训内容】

1）使用表单设计器制作一个封面表单。

2）利用“快速表单”功能和命令按钮组控件制作可以浏览“运动员表”的表单。

3）设计判断素数表单。

4）设计文本格式设置表单。

5）设计显示字符图形表单。

6）利用计时器控件制作一个可以倒计时 10s 的表单。

7）利用计时器制作一个“弹力球”表单。

8）利用表格控件的“生成器”功能，制作有关“参赛项目表”的表单。

【操作过程】

1）建立表单文件 SY5-1.scx，使用表单设计器制作一个封面表单，表单设计图如图 5-10 所示，运行效果图如图 5-11 所示。

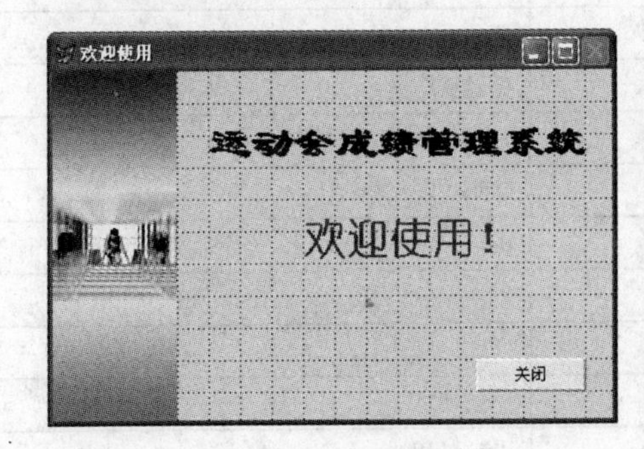

图 5-10　表单设计图

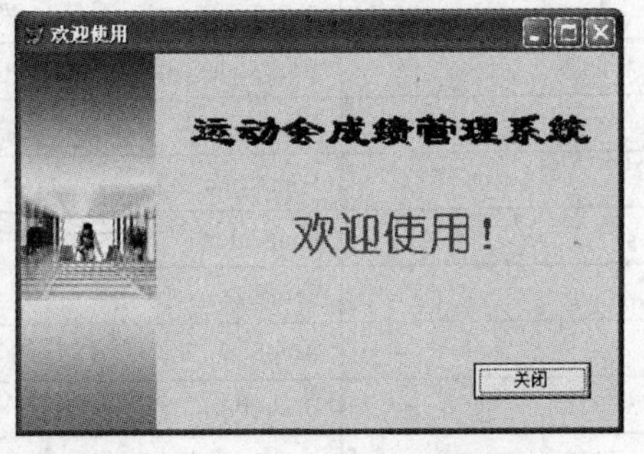

图 5-11　表单运行效果图

具体要求如下：

① 表单标题文字为“欢迎使用”，背景颜色值为 RGB(210,210,255)。

② 表单左侧有一个图像控件，图片可任意。

③ 表单中间有两行文字，分别是“运动会成绩管理系统”和“欢迎使用”。上一行文字为蓝色，带阴影，下一行文字为红色。

④ 表单右下角有一个“关闭“按钮，单击该按钮可以关闭表单。

操作步骤如下：

① 建立表单并进入表单设计器。

方法 1：在命令窗口中使用 CREATE FORM 命令创建表单。

```
CREATE FORM   SY5-1
```

方法 2：单击“文件”菜单，选择“新建”命令，在“新建”对话框的“文件类型”选项列表中选择“表单”单选按钮，单击“新建文件”图标按钮。

② 添加控件。

在表单控件工具栏中单击“图象”按钮，在表单中添加一个图像控件，调整其大小和位置；在表单控件工具栏中单击“标签”按钮A，分别在表单上创建 3 个标签控件，并调整其大小和位置，将前两个标签部分重叠，以形成阴影效果；在表单控件工具栏中单击“命令按钮”按钮，在表单上创建一个命令按钮控件。

③ 设置表单及各个控件的属性。

在属性窗口中，根据表 5-7 设置表单及各个控件的主要属性。

表 5-7 表单包含的控件及其属性

控 件 名	属 性	值
Form1	Caption	欢迎使用
Form1	BackColor	210,210,255
Image1	Picture	封面.JPG（或其他文件名）
Image1	Stretch	2-变比填充
Label1	Caption	运动会成绩管理系统
Label1	FontName	隶书
Label1	FontColor	0,0,255
Label1	FontSize	24
Label1	AutoSize	.T.
Label1	BackStyle	0-透明
Label2	Caption	运动会成绩管理系统
Label2	FontName	隶书
Label2	FontColor	0,0,0
Label2	FontSize	24
Label2	AutoSize	.T.
Label2	BackStyle	0-透明
Label3	Caption	欢迎使用！
Label3	FontColor	255,0,0
Label3	FontName	幼圆
Command1	Caption	关闭

④ 输入事件代码。

在表单设计器中，双击“关闭”按钮（Command1），显示代码窗口，在 Command1 的 Click 事件中输入代码：

```
Thisform.Release
```

⑤ 保存并运行表单。

保存表单文件。

方法 1：选择“文件”→选择“保存”命令。

方法 2：单击“常用”工具栏中的“保存”按钮。

如果弹出“另存为”对话框则在“保存表单为”文本框中输入文件名“SY5-1”；单击“保存”按钮。

运行表单文件。

方法 1：选择“表单”→“执行表单”命令。

方法2：单击“常用”工具栏中的“运行”按钮 ! 。

方法3：在表单设计器中单击鼠标右键，在弹出的快捷菜单中选择“执行表单”命令。

2）建立表单文件 SY5-2.scx，利用“快速表单”功能和命令按钮组控件制作可以浏览“运动员表”的表单，表单设计图如图 5-12 所示，表单运行效果图如图 5-13 所示。

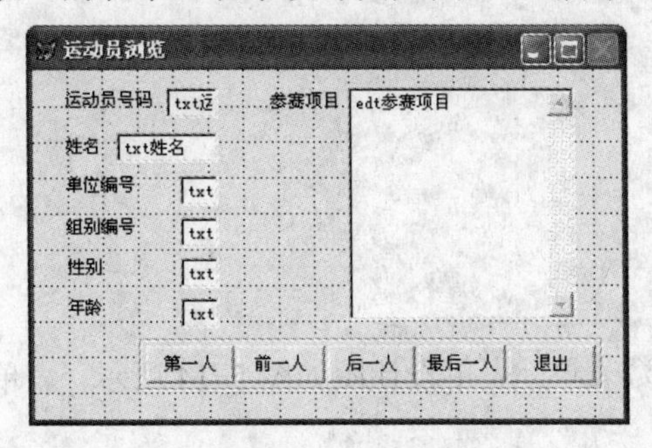

图 5-12　表单设计图

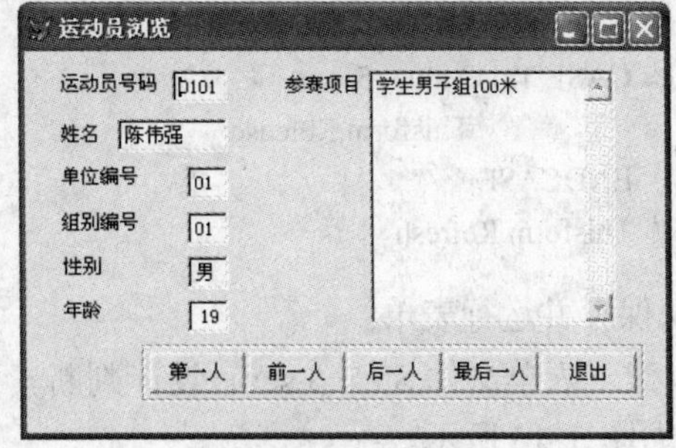

图 5-13　表单运行效果图

操作步骤如下：

① 建立表单并进入表单设计器。

单击“文件”菜单，选择“新建”命令，在“新建”对话框的“文件类型”选项列表中选择“表单”单选按钮，单击“新建文件”图标按钮。

② 在“数据环境”中添加表。

在表单设计器中单击鼠标右键，在弹出的快捷菜单中选择“数据环境”命令，在“添加表或视图”对话框中选择“运动员表”，单击 添加(A) 按钮，然后单击 关闭 按钮，关闭“添加表或视图”对话框。

③ 使用“快速表单”功能添加控件。

单击“表单”菜单，选择“快速表单”命令，在“快速表单”对话框中单击 全部添加(D)>> 按钮，将所有字段添加到“选定字段”列表中，然后单击 确定 按钮，在表单中调整各个控件的大小和位置。

④ 添加并设置“命令按钮组”控件。

在表单控件工具栏中单击“命令按钮组”按钮，在表单中创建一个“命令按钮组”控件，然后在该控件上单击鼠标右键，从弹出的快捷菜单中选择“生成器”命令，在“命令组生成器”对话框中设置“按钮数目”为5，分别将各个按钮的标题文字设置为“第一人”、“前一人”、“后一人”、“最后一人”和“退出”，在“布局”选项卡中设置“按钮布局”为“水平”，然后单击 确定 按钮，在表单中调整“命令按钮组控件”的位置。

⑤ 设置表单属性。

在属性窗口中，设置表单的 Caption 属性为“运动员浏览”。

⑥ 输入事件代码。

在表单中双击“命令按钮组”控件，然后在代码窗口中选择 CommandGroup1 的 InteractiveChange 事件，并输入如下代码：

```
DO CASE
CASE This.Value=1
          GO TOP
```

```
CASE This.Value=2
        SKIP -1
CASE This.Value=3
        SKIP
CASE This.Value=4
        GO BOTTOM
CASE This.Value=5
        Thisform.Release
ENDCASE
Thisform.Refresh
```

⑦ 保存并运行表单。

3）建立表单文件 SY5-3.scx，设计判断素数表单，表单设计图如图 5-14 所示，表单运行效果图如图 5-15 所示。

图 5-14　表单设计图

图 5-15　表单运行效果图

操作步骤如下：

① 建立表单并进入表单设计器。

单击“文件”菜单，选择“新建”命令，在“新建”对话框的“文件类型”选项列表中选择“表单”单选按钮，单击“新建文件”图标按钮。

② 添加控件。

在表单控件工具栏中，分别向表单中添加一个标签控件A、两个文本框控件abl和一个命令按钮控件▭，然后在表单中调整各个控件的大小和位置。

③ 设置表单和各个控件的属性。

在属性窗口中，根据表 5-8 设置表单及表单中各个控件的主要属性。

表 5-8　表单及表单中包含的控件及其属性

控 件 名	属　性	值
Form1	Caption	判断素数
Label1	Caption	输入一个数
Text1	Value	0
Text2	Value	0
Command1	Caption	判断

④ 输入事件代码。

在表单设计器中，双击“判断”按钮（Command1），打开代码窗口，然后在 Command1 的 Click 事件中输入如下代码：

```
FOR n=2 TO Thisform.Text1.Value-1
    IF Thisform.Text1.Value%N=0
        EXIT
    ENDIF
```

```
ENDFOR
IF N=Thisform.Text1.Value
      Thisform.Text2.Value="是素数"
ELSE
      Thisform.Text2.Value="不是素数"
ENDIF
```

⑤ 保存并运行表单。

4）建立表单文件 SY5-4.scx，设计文本格式设置表单，表单设计图如图 5-16 所示，表单运行效果图如图 5-17 所示。

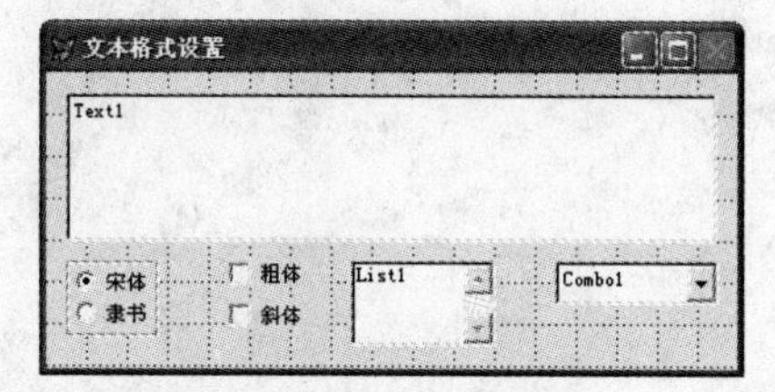

图 5-16　表单设计图

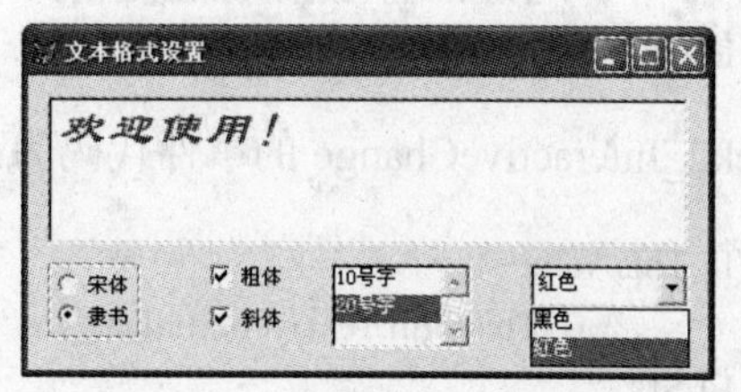

图 5-17　表单运行效果图

操作步骤如下：

① 建立表单并进入表单设计器。

单击“文件”菜单，选择“新建”命令，在“新建”对话框的“文件类型”选项列表中选择“表单”单选按钮，单击“新建文件”图标按钮。

② 添加控件。

在表单控件工具栏中，分别向表单中添加一个文本框控件、一个选项按钮组控件、两个复选框控件、一个列表框控件和一个组合框控件，并在表单中调整各个控件的大小和位置。

③ 设置表单和各个控件的属性。

在属性窗口中，根据表 5-9 设置表单及表单中所包含控件的主要属性。

表 5-9　表单及表单中包含控件及其属性

控 件 名	属　性	值
Form1	Caption	文本格式设置
OptionGroup1	ButtonCount	2
OptionGroup1.Option1	Caption	宋体
OptionGroup1.Option2	Caption	隶书
Check1	Caption	粗体
Check2	Caption	斜体
List1	RowSourceType	1
List1	RowSource	10 号字,20 号字
Combo1	RowSourceType	1
Combo1	RowSource	黑色,红色
Combo1	Style	2-下拉列表框

④ 输入事件代码。

Optiongroup1_InteractiveChange 的事件代码为：

```
IF This.Value=1
```

```
        Thisform.Text1.FontName="宋体"
    ELSE
        Thisform.Text1.FontName="隶书"
    ENDIF
```

Check1_InteractiveChange 的事件代码为：

```
IF This.Value=1
        Thisform.Text1.FontBold=.T.
ELSE
        Thisform.Text1.FontBold=.F.
ENDIF
```

Check2_InteractiveChange 的事件代码为：

```
IF This.Value=1
        Thisform.Text1.FontItalic=.T.
ELSE
        Thisform.Text1.FontItalic=.F.
ENDIF
```

List1_InteractiveChange 的事件代码为：

```
Thisform.Text1.FontSize=Val(This.Value)
```

Combo1_InteractiveChange 的事件代码为：

```
If This.Value="黑色"
        Thisform.Text1.FontColor=RGB(0,0,0)
ELSE
        Thisform.Text1.FontColor=RGB(255,0,0)
ENDIF
```

⑤ 保存并运行表单。

5）建立表单文件 SY5-5.scx，设计显示字符图形表单，表单设计图如图 5-18 所示，表单运行效果图如图 5-19 所示。

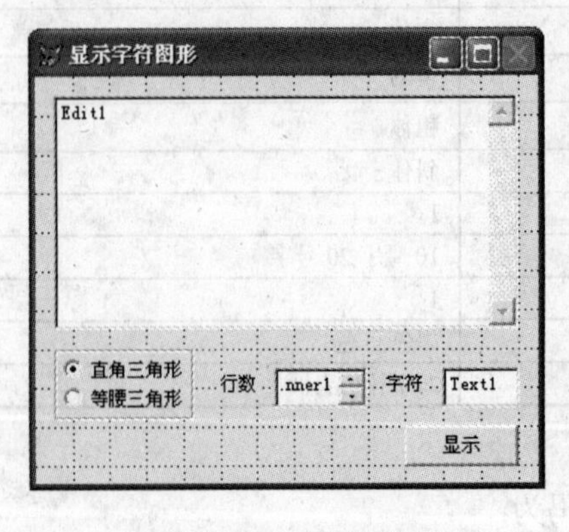

图 5-18　表单设计图

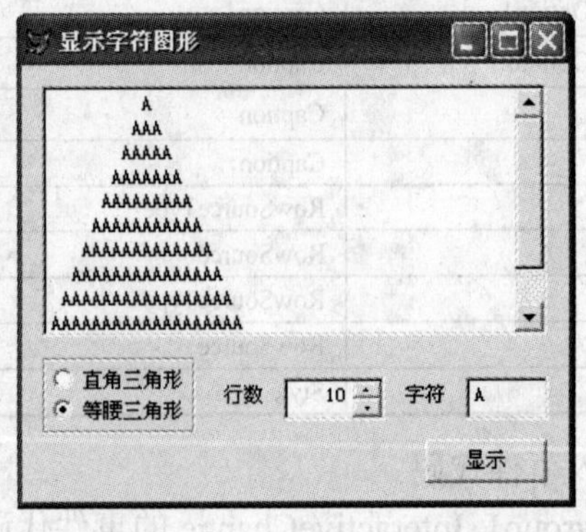

图 5-19　表单运行效果图

操作步骤如下：

① 建立表单并进入表单设计器。

单击“文件”菜单，选择“新建”命令，在“新建”对话框的“文件类型”选项列表中选择“表单”单选按钮，单击“新建文件”图标按钮。

② 添加控件。

在表单控件工具栏中，分别向表单中添加一个编辑框控件、一个选项按钮组、两个标签控件A、一个微调控件、一个文本框控件和一个命令按钮控件，并在表单中调整各个控件的大小和位置。

③ 设置表单和各个控件的属性。

在属性窗口中，根据表5-10设置表单及各个控件的主要属性。

表5-10 表单及表单包含的各个控件及其属性

控 件 名	属 性	值
Form1	Caption	显示字符图形
OptionGroup1	ButtonCount	2
OptionGroup1.Option1	Caption	直角三角形
OptionGroup1.Option2	Caption	等腰三角形
Label1	Caption	行数
Label2	Caption	字符
Spinner1	KeyboardHighValue	20
Spinner1	SpinnerHighValue	20
Spinner1	KeyboardLowValue	2
Spinner1	SpinnerLowValue	2
Command1	Caption	显示

④ 输入事件代码。

Command1_Click 的事件代码为：

```
S=""
T=Thisform.Spinner1.Value
FOR N=1 TO T
        IF Thisform.OptionGroup1.Value=2
            S=S+SPACE(T-N)
        ENDIF
        FOR M=1 TO 2*N-1
            S=S+TRIM(Thisform.Text1.Value)
        ENDFOR
        S=S+CHR(13)
ENDFOR
Thisform.Edit1.Value=S
```

⑤ 保存并运行表单。

6）建立表单文件SY5-6.scx，利用计时器控件制作一个可以倒计时10秒钟的表单，表单设计图如 5-20 所示，表单运行效果图如图 5-21 所示。

图 5-20　表单设计图

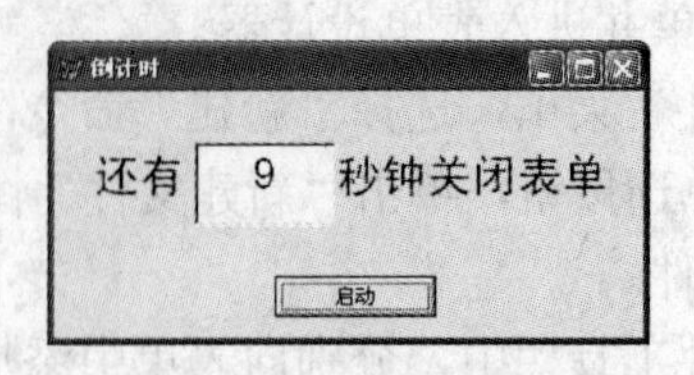

图 5-21　表单运行效果图

操作步骤如下：

① 建立表单并进入表单设计器。

单击“文件”菜单，选择“新建”命令，在“新建”对话框的“文件类型”选项列表中选择“表单”单选按钮，单击“新建文件”图标按钮。

② 添加控件。

在表单控件工具栏中，分别向表单中添加两个标签控件、一个文本框控件、一个命令按钮控件和一个计时器控件，并在表单中调整各个控件的大小和位置。

③ 设置表单和各个控件的属性。

在属性窗口中，根据表 5-11 设置表单及各个控件的主要属性。

表 5-11　表单及表单包含的各个控件及其属性

控 件 名	属　性	值
Form1	Caption	倒计时
Label1	Caption	还有
Label1	FontSize	20
Label1	FontName	黑体
Label2	Caption	秒钟关闭表单
Label2	FontSize	20
Label2	FontName	黑体
Text1	FontSize	20
Text1	FontName	黑体
Command1	Caption	暂停
Timer1	Interval	1000

④ 输入事件代码。

Timer1_Timer 事件代码为：

```
Thisform.Text1.Value=Thisform.Text1.Value-1
IF Thisform.Text1.Value=0
        Thisform.Release
ENDIF
```

Command1_Click 事件代码为：

```
IF Thisform.Timer1.Enabled
```

```
            This.Caption="启动"
            Thisform.Timer1.Enabled=.f.
    ELSE
            This.Caption="暂停"
            Thisform.Timer1.Enabled=.t.
    ENDIF
```

⑤ 保存并运行表单。

7）建立表单文件 SY5-7.scx，利用计时器制作一个“弹力球”表单，表单设计图如图 5-22 所示，表单运行效果图如 5-23 所示。小球在容器控件所形成的矩形中左右移动，当遇到边线时改变方向；通过“频率”微调控件可以控制小球移动的快慢，也就是控制计时器的 Interval 属性。

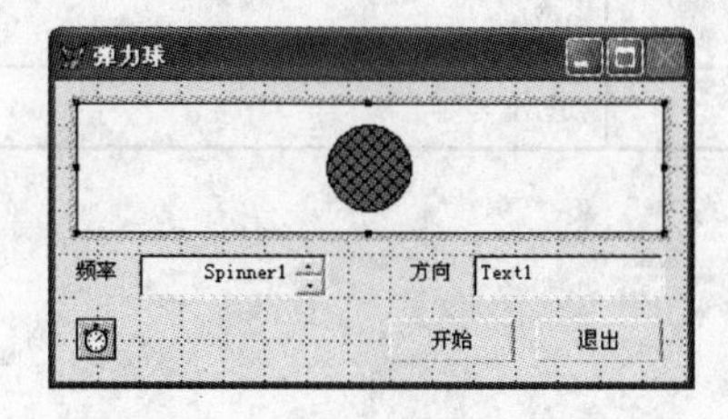

图 5-22　表单设计图

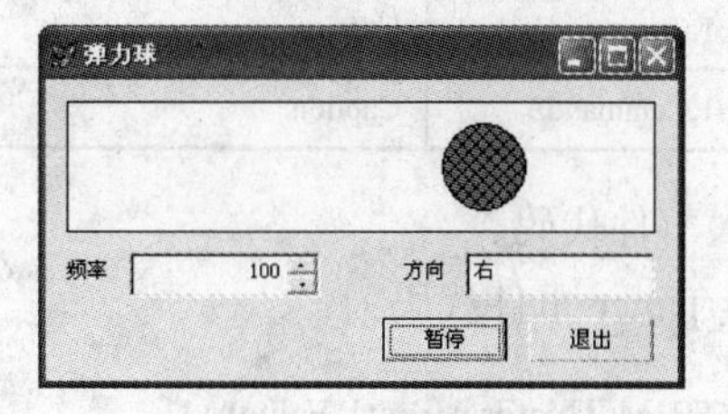

图 5-23　表单运行效果图

操作步骤如下：

① 建立表单并进入表单设计器。

单击“文件”菜单，选择“新建”命令，在“新建”对话框的“文件类型”选项列表中选择“表单”单选按钮，单击“新建文件”图标按钮。

② 添加控件。

在表单控件工具栏中，向表单中添加一个容器控件，然后在该控件上单击鼠标右键，在弹出的快捷菜单中选择“编辑”命令，再添加一个形状控件。

在表单控件工具栏中向表单中添加两个标签控件、一个微调控件、一个文本框控件、一个计时器控件和一个命令按钮组控件，并在表单中调整各个控件的大小和位置。

③ 设置表单和各个控件的属性。

在属性窗口中，根据表 5-12 设置表单及各个控件的主要属性。

表 5-12　表单及表单包含的各个控件及其属性

控 件 名	属　性	值
Form1	Caption	弹力球
Container1	BackColor	255,255,255
Container1.Shape1	BackColor	183,91,0
Container1.Shape1	Curvature	99
Container1.Shape1	FillColor	0,0,0
Container1.Shape1	FillStyle	7-对焦交叉线
Label1	Caption	频率
Label2	Caption	方向
Spinner1	KeyboardHighValue	1000

（续）

控 件 名	属 性	值
Spinner1	SpinnerHighValue	1000
Spinner1	KeyboardLowValue	1
Spinner1	SpinnerLowValue	1
Spinner1	Value	100
Text1	Value	右
Timer1	Interval	1000
CommandGroup1	ButtonCount	2
CommandGroup1.Command1	Caption	开始
CommandGroup1.Command2	Caption	退出

④ 输入事件代码。

Timer1_Timer 事件代码为：

```
D=TRIM(Thisform.Text1.Value)
WITH Thisform.Container1.Shape1
      IF .Left<0
            D="右"
      ENDIF
      IF .Left+.Width>Thisform.Container1.Width
            D="左"
      ENDIF
      Thisform.Text1.Value=d
      IF D="左"
            .Left=.Left-5
      ELSE
            .Left=.Left+5
      ENDIF
ENDWITH
CommandGroup1_InteractiveChange 事件代码为：
IF This.Value=1
      Thisform.Timer1.Enabled=!Thisform.Timer1.Enabled
      IF This.Command1.Caption="开始"
            This.Command1.Caption="暂停"
      ELSE
            This.Command1.Caption="开始"
      ENDIF
ELSE
      Thisform.Release
ENDIF
```

⑤ 保存并运行表单。

8）建立表单文件 SY5-8.scx，使用表格控件和命令按钮组控件，并利用表格控件的“生成器”功能，制作有关“参赛项目表”的表单。表单设计图如图 5-24 所示，表单运行效果图如图 5-25 所示。其中，“类型”所在列使用的是下拉列表框（即组合框）控件，数据项有“径赛”和“田赛”两个。

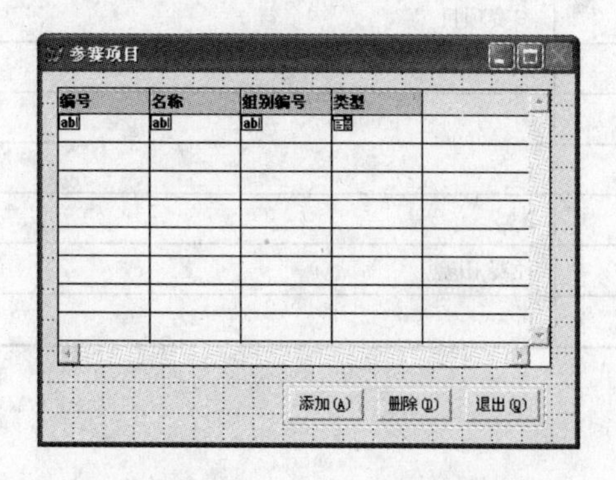

图 5-24　表单设计图

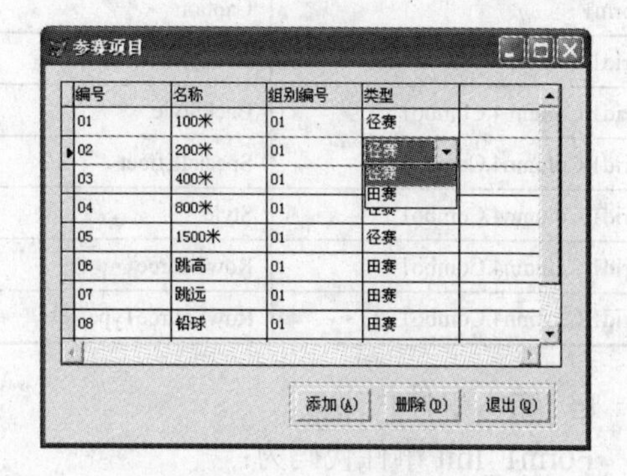

图 5-25　表单运行效果图

操作步骤如下：

① 建立表单并进入表单设计器。

单击“文件”菜单，选择“新建”命令，在“新建”对话框的“文件类型”选项列表中选择“表单”单选按钮，单击“新建文件”图标按钮。

② 在“数据环境”中添加表。

在表单设计器中单击鼠标右键，从快捷菜单中选择“数据环境”命令，然后在“添加表或视图”对话框中选择“参赛项目表”，单击 添加(A) 按钮，单击 关闭(C) 按钮。

③ 添加控件。

在表单控件工具栏中，向表单中添加一个表格控件和一个命令按钮组控件。

④ 使用“表格生成器”设置表格控件。

在表格控件上单击鼠标右键，从弹出的快捷菜单中选择“生成器”命令，然后在“表格生成器”对话框中单击“添加所有”按钮，添加所有字段，单击 确定 按钮。

⑤ 使用“命令组生成器”设置命令按钮组控件属性。

在命令按钮组控件上单击鼠标右键，从弹出的快捷菜单中选择“生成器”命令，在“命令组生成器”对话框中设置“按钮数目”为 3，按钮标题文字分别为“添加(\<A)”、“删除(\<D)”和“退出(\<Q)”，在“布局”选项卡中设置“按钮布局”为“水平”，单击 确定 按钮。

⑥ 为表格控件添加组合框控件。

在属性窗口中，选择表格控件的“类型”（Column4）列下的文本框“Text1”，然后用鼠标单击“表单设计器”标题栏，激活其窗口，按下〈Del〉键，删除文本框控件。在表单控件工具栏上，选择“组合框”按钮并添加到“类型”列上，则在表格的“类型”列下会显示“组合框”图标。

⑦ 设置表单和各个控件的属性。

在属性窗口中，根据表 5-13 设置表单及各个控件的主要属性。

表 5-13　表单及表单包含的各个控件及其属性

控 件 名	属 性	值
Form1	Caption	参赛项目
Grid1	DeleteMark	.T.
Grid1.Column4.Combo1	BackStyle	0
Grid1.Column4.Combo1	SpecialEffect	1
Grid1.Column4.Combo1	Style	2
Grid1.Column4.Combo1	RowSource	径赛,田赛
Grid1.Column4.Combo1	RowSourceType	1

⑧ 输入事件代码。

Form1_Init 事件代码为：

```
SET DELETED ON
```

CommandGroup1_InteractiveChange 事件代码为：

```
DO CASE
CASE This.Value=1
        APPEND BLANK
        Thisform.Grid1.Refresh
CASE This.Value=2
        DELETE
        Thisform.Grid1.Refresh
CASE This.Value=3
        Thisform.Release
ENDCASE
```

⑨ 保存并运行表单。

【注意事项】

1）表单设计完成后，需要运行表单才能观察表单的设计结果。

2）在使用表单控件时，要注意掌握控件的主要属性、主要事件和主要方法。

3）属性和方法的引用方式可以采用如下形式：

```
Object1.Object2.….属性名
Object1.Object2.….方法名
```

4）Name 属性和 Caption 属性的作用不同。添加到表单中的每个对象都有 Name 属性，但不一定有 Caption 属性；Name 属性是在编写代码时使用的，而 Caption 属性是显示在表单等对象上的标题文字。

5）在设置属性时，注意属性窗口对象列表应该是要设置属性的对象的 Name 属性。

6）编写代码时，在代码窗口中一定要确认对哪个对象编写代码，对对象的哪个事件编写代码，然后再输入事件代码。

7）在表单运行时，是事件触发运行，只有在某对象上发生了某事件，某对象的某事件的代码才能执行。

8）对象名、属性名和方法名称一定要书写正确。

9）Timer 对象的主要属性是 Interval，表示隔多长时间触发 Timer 对象的 Timer 事件。如果 Interval 属性的值为 0，将不触发 Timer 事件。

10）在用标签显示内容时，使用的属性是 Caption，类型为字符型，其表示形式为：

Thisform.Label1.Caption

11）利用文本框可以实现给变量赋值和显示的作用，其能够接收的数据类型可以是字符型、数值型、日期型和逻辑型。使用的属性是 Value，其表示形式为：

```
Thisform.Text1.Value
```

12）复选框可以有选中和未选中两种状态，使用的属性是 Value，当其值为 1 表示选中，当其值为 0 表示未选中。

13）命令按钮组和选项按钮组都是在一组按钮中选择某一个按钮，用 Value 属性表示选中按钮的序号，编写代码时通常用 DO CASE 语句。其形式可以参照下面给出的形式。

```
DO CASE
   Case Thisform.CommandGroup1.Value=1
                    ...
   Case Thisform.CommandGroup1.Value=2
                    ...
   Case Thisform.CommandGroup1.Value=3
                    ...
...
ENDCASE
```

14）列表框和组合框用于运行时显示内容并选择内容等，所选择的内容用 Value 属性表示，其表示形式为：

Thisform.List1.Value 或 Thisform.Combo1.Value

15）在页框控件中添加控件的方法要正确，一定要在页框的编辑状态下添加控件，在编辑状态下，页框周边是蓝色的线框。可以右击，在快捷菜单中选择“编辑”命令，或在属性窗口的对象名称列表中选择具体的页。在代码中表示页框中的控件时，表示方法要按级别表示，如 Thisform.Pageframe1.Page1.Command1.Caption。

【实训心得】

____

____

____

____

____

____

____

____

5.6.2 实训 2——使使用表单向导建立表单

【实训目标】

1）掌握用表单向导建立表单的方法。

2）掌握用一对多表单向导建立表单的方法。

【实训内容】

1）利用表单向导制作有关“比赛组别表”的表单。

2）利用一对多表单向导制作“参赛单位表”和“运动员表”的表单。

【操作过程】

1）建立表单文件 SY5-9.scx，利用“表单向导”制作有关“比赛组别表”的表单，运行效果图如图 5-26 所示。

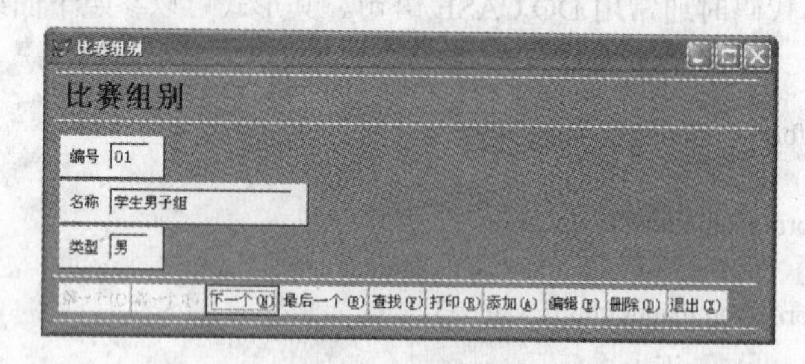

图 5-26 运行效果图

操作步骤如下：

① 建立表单并进入表单向导。单击“文件”菜单，选择“新建”命令，在“新建”对话框的“文件类型”选项列表中选择“表单”单选按钮，单击“向导”图标按钮，然后在“向导选取”对话框中选择“表单向导”选项，单击确定按钮。

② 选定字段。在“表单向导”的“步骤 1-字段选取”对话框中选择“比赛组别表”（如果没有列出“比赛组别表”，可以单击按钮进行查找），然后单击“全部添加”按钮将“比赛组别表”中所有字段添加到“选定字段”列表框中，单击下一步(N) >按钮。

③ 选定表单样式。在“表单向导”的“步骤 2-选择表单样式”对话框中，选择“样式”列表框中的“新奇式”，并在“按钮类型”列表框中选择“文本按钮”，单击下一步(N) >按钮。

④ 选定排序字段。在“表单向导”的“步骤 3-排序次序”对话框中，选择“编号”字段作为排序字段添加到“选定字段”列表中，并单击“升序”单选按钮，单击下一步(N) >按钮。

⑤保存并运行表单。在“表单向导”的“步骤 4-完成”对话框中，输入表单标题为“比赛组别”，并选择“保存并运行表单”选项，单击完成(F)按钮。

2）建立表单文件 SY5-10.scx，利用“一对多表单向导”制作“参赛单位表”和“运动员表”的表单，运行效果图如图 5-27 所示。

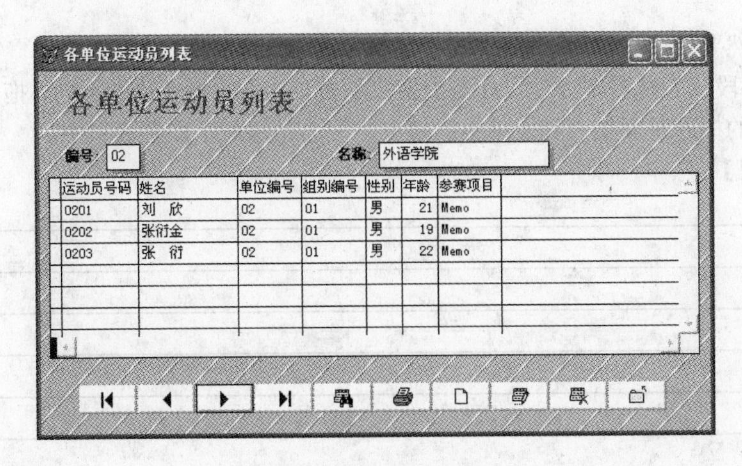

图 5-27 运行效果图

操作步骤如下：

① 建立表单并进入表单向导。单击“文件”菜单，选择“新建”命令，在“新建”对话框的“文件类型”选项列表中选择“表单”单选按钮，单击“向导”按钮，然后在“向导选取”对话框中选择“一对多表单向导”，单击确定按钮。

② 从“参赛单位表”中选择字段。在“表单向导”的“步骤 1-从父表中选定字段”对话框中选择“参赛单位表”（如果没有列出“参赛单位表”，可以单击...按钮进行查找），然后在“可用字段”列表中分别将“编号”和“名称”字段添加到“选定字段”，单击下一步(N) >按钮。

③ 从“运动员表”中选择字段。在“表单向导”的“步骤 2-从子表中选定字段”对话框中，选择“运动员表”，单击“全部添加”按钮▸▸，将所有字段添加到“选定字段”列表中，单击下一步(N) >按钮。

④ 建立表间关系。在“表单向导”的“步骤 3-建立表之间的关系”对话框中，选择“参赛单位表”中的“编号”字段和“运动员表”中的“单位编号”字段，单击下一步(N) >按钮。

⑤ 选定表单样式。在“表单向导”的“步骤 4-选择表单样式”对话框中，选择“样式”中的“亚麻式”选项，在“按钮类型”中选择“图片按钮”，单击下一步(N) >按钮。

⑥ 选定排序字段。在“表单向导”的“步骤 5-排序次序”对话框中，选择“编号”字段，单击添加(D) >按钮，然后选择“升序”单选按钮，单击下一步(N) >按钮。

⑦ 保存并运行表单。在“表单向导”的“步骤 6-完成”对话框中，输入表单标题为“各单位运动员列表”，并选择“保存并运行表单”选项，单击完成(F)按钮。

【注意事项】

1）当表单与表有关时，可以通过向导快速建立表单；也可以在表单设计器中建立表单，此时，需要设置数据环境。如果根据两个表建立一对多表单，数据环境中的两个表要设置关系才能建立。设置关系的方法：可以在两个表存在的数据库中建立两个表的关系，也可以在数据环境设计器中，将主表字段拖曳到子表相匹配的字段或索引名处。在数据环境设计器中要删除关系，只要选中关系连线，按〈Delete〉键即可。

2）“表单向导”和“一对多表单向导”只能设计固定模式的表单，若要设计复杂或个性化的表单，仍然要使用表单设计器。

3）当将字段或表从数据环境设计器中拖曳到表单中时，拖曳位置不同，拖曳结果将有所区别。拖曳表的标题是添加表到表单中；拖曳字段名是添加字段到表单中。

【实训心得】

5.7 习题

（一）选择题

1．下列关于属性、方法和事件的叙述中，错误的是（　　）。

A．属性用于描述对象的状态，方法用于表示对象的行为

B．基于同一个类产生的两个对象可以分别设置自己的属性值

C．事件代码也可以像方法一样被调用

D．在新建一个表单时，可以添加新的属性、方法和事件

2．下面关于数据环境和数据环境中两个表之间关系的叙述中，正确的是（　　）。

A．数据环境是对象，关系不是对象

B．数据环境不是对象，关系是对象

C．数据环境是对象，关系是数据环境中的对象

D．数据环境和关系都不是对象

3．在表单设计器中，要选定表单中某选项组中的某个选项按钮，可以（　　）。

A．单击该选项按钮

B．双击该选项按钮

C．先右键单击选项组，并选择“编辑”命令，再单击该选项按钮

D．B 和 C 都可以

4．下面关于列表框和组合框的叙述中，正确的是（　　）。

A．列表框和组合框都可以设置成多重选择

B．列表框可以设置成多重选择，而组合框不能

C．组合框可以设置成多重选择，而列表框不能

D．列表框和组合框都不能设置成多重选择

5．在下面给出的文件扩展名中，（　　）是表单文件的扩展名。

A．DBC　　B．DBF　　C．PRG　　D．SCX

6．在创建表单时，用（　　）控件创建的对象用于保存不希望用户改动的文本。

A．标签　　B．文本框　　C．编辑框　　D．组合框

7．在表单内可以包含的各种控件中，下拉列表框的默认名称为（　　）。

A．Combo　　B．Command　　C．Check　　D．Caption

8．在表单中加入一个复选框和一个文本框，编写 Checkl 的 Click 事件代码如下：

```
Thisform.Textl.Visible=This.Value
```

则当单击复选框后，（　　）。

A．文本框可见

B．文本框不可见

C．文本框是否可见由复选框的当前值决定

D．文本框是否可见与复选框的当前值无关

9．在 Visual Fon Pro 控件中，标签的默认名称为（　　）。

A．List　　B．Label　　C．Edit　　D．Text

10．用 CREATE FORM TEST 命令进入表单设计器，存盘后将会在磁盘上出现（　　）。

A．TEST.spr 和 TEST.sct　　B．TEST.SCX 和 TEST.sct

C．TEST.spx 和 TEST.mpr　　D．TEST.SCX 和 TEST.spr

11．若某表单中有一个文本框 Text1 和一个命令按钮组 CommandGroup1，其中，命令按钮组包含了 Command1 和 Command2 两个命令按钮。如果要在命令按钮 Command1 的某个事件中访问文本框 Text1 的 Value 属性值，则下列代码中正确的是（　　）。

A．This.ThisForm.Text1.Value　　B．This.Parent.Text1.Value

C．Parent.Parent.Text1.Value　　D．This.Parent.Parent.Text1.Value

12．在当前目录下有 M.prg 和 M.scx 两个文件，则在执行命令 DO FORM M 后，实际运行的文件是（　　）。

A．M.prg　　B．M.scx　　C．随机运行　　D．都运行

13．在设计表单时向表单中添加控件，可以利用（　　）。

A．表单设计器工具栏　　B．布局工具栏

C．调色板工具栏　　D．表单控件工具栏

14．以下关于 Visual FoxtPro 表单的叙述中，错误的是（　　）。

A．所谓表单就是数据表清单。

B．Visual FoxtPro 的表单是一个容器类的对象

C．Visual FoxtPro 的表单可用来设计类似于窗口或对话框的用户界面

D．在表单上可以设置各种控件对象

15．关于事件的不正确说法是（　　）。

A．事件是预先定义好的，能够被对象识别的动作

B．对象的每一个事件都有一个事件过程

C．用户可以建立新的事件

D．不同的对象能识别的事件不尽相同

16. 若将文本框的 PasswordChar 属性值设置为星号(*)，则当在文本框中输入“电脑 2007”时，文本框中显示的是（　　）。

A．电脑 2007　　B．*****

C．********　　D．错误设置，无法输入

17．决定微调控件最大值的属性是（　　）。

A．KeyboardHighValue　　B．Interval

C．KeyboardLowValue　　D．Value

18．用于指定活动页面的属性是（　　）。

A．PageCount　　B．Tabs　　C．ActivePage　　D．Pages

19．能够作为编辑框操作的数据类型为（　　）。

A．字符型　　B．数字型　　C．日期型　　D．逻辑型

20．下列事件中不属于对象触发事件的是（　　）。

A．Click　　B．GotFocus　　C．Refresh　　D．KeyPress

21．在 Visual FoxtPro 中，组合框可以分为（　　）两种。

A．下拉选项框和下拉列表框　　B．下拉组合框和下拉列表框

C．下拉组合框和下拉选项框　　D．下拉组合框和列表框

22．如果要将表文件中的备注型数据在表单中显示出来，应使用（　　）控件进行绑定。

A．文本框　　B．OLE 绑定控件　C．编辑框　　D．容器

23．在关闭表单窗口时，将会触发的最后一个事件是（　　）。

A．Destroy　　B．Unload　　C．Close　　D．Release

24．OptionGroup 是包含（　　）的容器

A．命令按钮　　B．复选框　　C．选项按钮　　D．任意控制

25．下列关于调用表单生成器的说法中，最确切的是（　　）。

A．选择“表单”菜单中的“快速表单”命令

B．单击表单设计器工具栏中的“表单生成器”按钮

C．右键单击表单窗口，然后在弹出的快捷菜单中选择“生成器”命令

D．以上说法都正确

26. 要使属性窗口在表单设计器窗口中显示出来，下列操作方法中不能实现的是（　　）。

A．选择“显示”菜单中的“属性”命令

B．选择“编辑”菜单中的“编辑属性”命令

C．单击表单设计器工具栏中的“属性窗口”按钮

D．右击表单设计器窗口中的某一个对象，在弹出的快捷菜单中选择“属性”命令

27．表单的 Name 属性是（　　）。

A．显示在表单标题栏中的名称　　B．运行表单程序时的程序名

C．保存表单时的文件名　　D．引用表单时的名称

28．在线条控件中，控制线条倾斜方向的属性是（　　）。

A．BorderWidth　　B．LineSlant　　C．BorderStyle　　D．DrawMode

29．在 Visual FoxPro 中，表单是指（　　）。

A．数据库中各个表的清单　　B．一个表中各个记录的清单

C．数据库查询的列表　　D．窗口界面

30．如果需要重新绘制表单或控件，并刷新其所有值，引发的是（　　）。

A．Click 事件　　B．Release 方法　　C．Refresh 方法　　D．Show 方法

31．下列有关子类和父类的关系叙述，错误的是（　　）。

A．子类可以继承父类的所有性质　　B．子类可以屏蔽父类的部分性质

C．子类可以定义自己的性质　　D．子类不可以定义自己的方法

32．在计时器控件中，决定 Timer 事件触发事件间隔的属性是（　　）。

A．Enabled　　B．Caption

C．Interval　　D．Value

33．在设计组合框时，通过设置（　　）属性，可以用不同数据源中的项目填充组合框。

A．RowSource　　B．RowSourceType

C．ColumnCount　　D．Style

34．在 Visual FoxPro 中，为了将表单从内存中释放（清除），可将表单中"退出"命令按钮的 Click 事件代码设置为（　　）。

A．ThisForm．Refresh　　B．ThisForm．Delete

C．ThisForm.Hide　　D．ThisForm．Release

35．在使用计时器时，若想让计时器在表单加载时就开始工作，应该设置 Enabled 属性为（　　）。

A．F.　　B．T　　C．N.　　D．YES.

36．命令按钮组中有 3 个按钮：Command1、Command2、Command3，在执行代码"ThisForm.CommandGroup1.Value=2"后，（　　）。

A．Command1 按钮被选中　　B．Command2 按钮被选中

C．Command1、Command2 按钮被选中　　D．Command3 按钮被选中

37．在表单设计器环境下，打开数据环境设计器的方法有很多，以下方法中错误的是（　　）。

A．单击表单设计器工具栏中的"数据环境"按钮

B．选择"显示"菜单中的"数据环境"命令

C．在表单设计器中单击鼠标右键，在弹出的快捷菜单中选择"数据环境"命令

D．选择"文件"菜单中的"打开"命令，在弹出的对话框中选择"数据环境"复选框

38．用来确定控件是否可见的属性是（　　）。

A．Enabled　　B．Default　　C．Caption　　D．Visible

39．用来显示控件上文字的属性是（　　）。

A．Enabled　　B．Default　　C．Caption　　D．Visible

40．向页框中添加对象，应该（　　）。

A．用鼠标单击控件，直接在表单中单击

B．用鼠标单击控件，再单击鼠标右键

C．用鼠标双击控件

D．用鼠标右击页框，在弹出的快捷菜单中选择“编辑”命令，然后向页框中添加对象

41．Visual FoxPro 既支持面向过程程序设计，又支持面向（　　）。

A．大众程序设计　　B．事实程序设计

C．对象程序设计　　D．个体程序设计

42．在 Visual FoxPro 中，运行表单 T1.scx 的命令是(　　)。

A．DO T1　　B．RUN FORM T1

C．DO FORM T1　　D．DO FROM T1

43．对象继承了（　　）的全部属性。

A．表　　B．数据库　　C．类　　D．图形

44．在下面关于“类”的描述中，错误的是（　　）。

A．一个类包含相似的有关对象的特征和行为方法

B．类只是实例对象的抽象

C．类并不实行任何行为操作，其仅表明该怎样做

D．类可以按所定义的属性、事件和方法进行实际的行为操作

45．运行表单的命令是（　　）。

A．RUN FORM　　B．EXECUTE FORM　　C．START FORM　　D．O FORM

46．在列表框中判定列表项是否被选中的属性是（　　）。

A．Checked　　B．Check　　C．Value　　D．Selected

47．打开已有表单文件的命令是（　　）。

A．REPLACE FORM　　B．CHANGE FORM

C．EDIT FORM　　D．MODIFY FORM

48．为了在文本框输入时显示*，应该设置文本框的（　　）属性。

A．PasswordChar　　B．PasswordAttr

C．PasswordWord　　D．Password

49．假定表单中包含一个命令按钮，运行表单，则在下面有关事件引发次序的陈述中，（　　）是正确的。

A．先是命令按钮的 Init 事件，然后是表单的 Init 事件，最后是表单的 Load 事件

B．先是表单的 Init 事件，然后是命令按钮的 Init 事件，最后是表单的 Load 事件

C．先是表单的 Load 事件，然后是表单的 Init 事件，最后是命令按钮的 Init 事件

D．先是表单的 Load 事件，然后是命令按钮的 Init 事件，最后是表单的 Init 事件

50．命令按钮组是（　　）。

A．控件　　B．容器　　C．控件类对象　　D．容器类对象

51．在 Visual FoxtPro 常用的基类中，运行时不可视的是（　　）。

A．命令按钮组　　B．形状　　C．线条　　D．计时器

52．在 Visual FoxPro 系统中，选择列表框或组合框中的选项，双击时触发（　　）事件。

A．Click　　B．DblClick　　C．Init　　D．KeyPress

53．使用（　　）工具栏可以在表单上对齐和调整控件的位置。

A．调色板　　B．布局　　C．表单控件　　D．表单设计器

54．在表单中加入 Command1 和 Command2 两个命令按钮，编写 Command1 的 Click 事

件代码如下：

ThisForm.Parent.Command2.Enabled=.F.

当单击 Command1 后，（　　）。

A．Command1 命令按钮不能激活

B．Command2 命令按钮不能激活

C．事件代码无法执行

D．命令按钮组中的第二个命令按钮不能激活

55．在表单 MyForm 控件的事件或方法代码中，改变该表单背景属性为绿色，正确的命令是（　　）。

A．MyForm.BackColor=RGB(0,255,0)

B．This.Parent.BackColor=RGB(0,255,0)

C．ThisForm.BackColor=RGB(0,255,0)

D．This．ThisForm.BackColor=RGB(0,255,0)

56．将"复选框"控件的 Enabled 属性设置为（　　）时，复选框显示为灰色。

A．0　　B．1　　C．.T.　　D．.F.

57．控件可以分为容器类和控件类，（　　）属于容器类控件。

A．标签　　B．命令按钮　　C．复选框　　D．命令按钮组

58．（　　）不是表单的功能。

A．添加各种控件　　B．设置控件属性

C．制作表格式　　D．设定关联数据

59．以下关于文本框和编辑框的叙述中，错误的是（　　）。

A．在文本框和编辑框中都可以输入和编辑各种类型的数据

B．在文本框中可以输入和编辑字符型、数值型、日期型和逻辑型数据

C．在编辑框中只能输入和编辑字符型数据

D．在编辑框中可以进行文本的选定、剪切、复制和粘贴等操作

（二）填空题

1．在命令窗口中执行 CREATE ________ 命令，可以打开表单设计器窗口。

2．向表单中添加控件的方法是：选定表单控件工具栏中某一控件，然后________，便可添加一个选定的控件。

3．编辑框控件与文本框控件最大的区别是，在编辑框中可以输入或编辑________行文本，而在文本框中只能输入或编辑________行文本。

4．表单中有一个文本框和一个命令按钮，要使文本框获得焦点，应该使用的命令是________。

5. 如果想在表单上添加多个同类型的控件，则可在选定控件按钮后，单击 ________按钮，然后在表单的不同位置单击，添加多个同类型的控件。

6．利用________工具栏中的按钮可以对选定的控件进行居中、对齐等多种操作。

7．数据环境是一个对象，泛指定义表单或表单集时使用的________，包括表、视图和关系。

8．若要为控件设置焦点，则控件的 Enabled 属性和__________属性必须为.T.。

9．组合框的数据源由 RowSource 属性和 RowSourceType 属性给定，如果在 RowSource 属性中写入一条 SELECT-SQL 语句，则它的 RowSourceType 属性应设置为______。

10．在表单中添加控件后，除了通过属性窗口为其设置各种属性外，还可以通过相应的____________对话框为其设置常用属性。

11．要编辑容器中的对象，必须先激活容器。激活容器的方法是右击容器，在弹出的快捷菜单中选定__________命令。

12．在程序中为了隐藏已显示的表单对象，应当使用的命令是__________。

13．将设计好的表单存盘时，会产生扩展名为__________和__________的两个文件。

14．如果要把一个文本框对象的初值设置为当前日期，则在该文本框的 Init 事件中设置代码为_______。

15．编辑框的 SelStart 和 SelLength 属性可以确定选中文本的______和______。

16．通过设置列表框的 Multiselect 属性，可以在列表框中选择______项。

17．为了在表格控件中显示数据，一般要用______属性指定数据源的类型，用 RecordSource 属性来指定数据源（表格中要显示的数据）。

18．为图像控件指定图片（如.bmp 文件）的属性是______。

19．在 Visual FoxPro 中提供了两种表单向导。当创建基于一个表的表单时可选择______；当创建基于两个具有一对多关系的表单时可选择______。

20．若想让计时器在表单加载时就开始工作，应将______属性设置为.T.。

21．类是对象的集合，而______是类的实例。

22．在一个表单对象中添加了 Command1 和 Command2 两个按钮，单击每个按钮会做出不同的操作，必须为这两个按钮编写的事件过程名称分别是______和______。

23．为刷新表单，应调用表单的 REFRESH 方法，正确的调用语法格式是______。

24．对象的数据特征称为______。

25．对于表单中的标签控件，若要使该标签显示指定的文字，应对其______属性进行设置。

26．在设计表单时，从“数据环境”设计器窗口直接将表拖入表单，则可产生______控件。

27．面向对象程序设计有 3 个基本特性：即封装性、______和多态性。

28．当用户单击命令按钮时，会触发命令按钮的______事件。

29．在表单中确定表单标题的属性（英文名称）是______。

（三）判断题

1．事件的选用是确定触发器。

2．在数据环境设计器中可以建立两个表的联系。

3．在设计表单时应特别注意控件及其属性、事件、方法程序与数据源的配合使用。

4．在“数据环境设计器”中可以移走调入的表。

5．对象是类的实例化。

6．表单不是容器。

7．命令按钮没有 Click 事件。

8．容器可以放置对象，但容器本身不是对象。

9．表单就是一个容器，其可以容纳多个控件。

10．用表单控件工具栏在表单上自下而上创建了 3 个文本框，则 3 个文本框的名字依次为 Text1、Text 2 和 Text 3。

11．运行表单时，Timer 控件不显示。

12．当复选框的 Value 值为 0 时，表示复选框未被选中。

13．在表单控件属性窗口中，属性值编辑框只能直接输入具体数值。

14．执行“MODIFY FORM <表单文件名>”命令，可打开“表单设计器”，新建一个表单。

15．对象的属性只能在属性窗口中进行设置。

（四）思考题

1．什么是数据环境？其在表单设计中有何作用？

2．命令按钮和命令按钮组有何异同？命令按钮组是容器类控件吗？容器类控件有什么特点？

3．列表框和组合框有何异同？

第 6 章　报表和标签设计

知识结构图

报表和标签设计

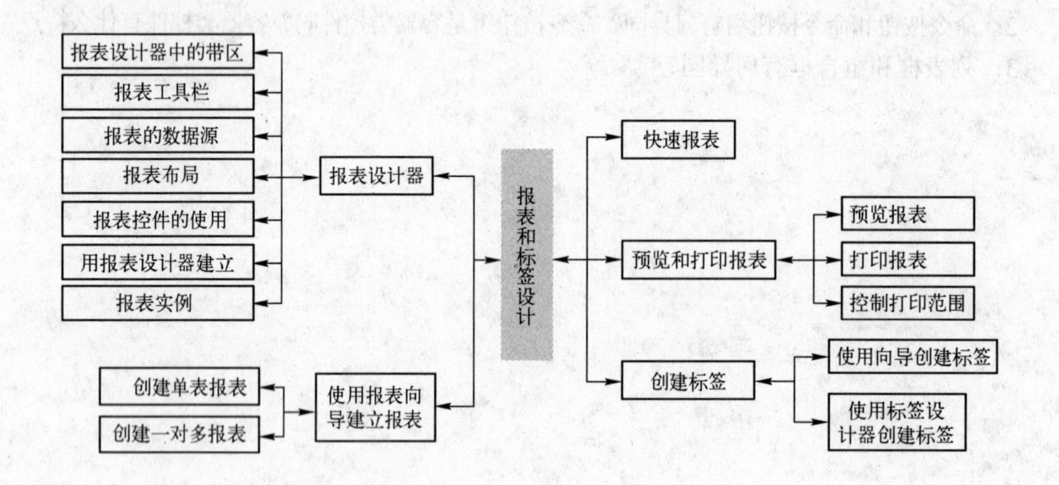

报表设计器

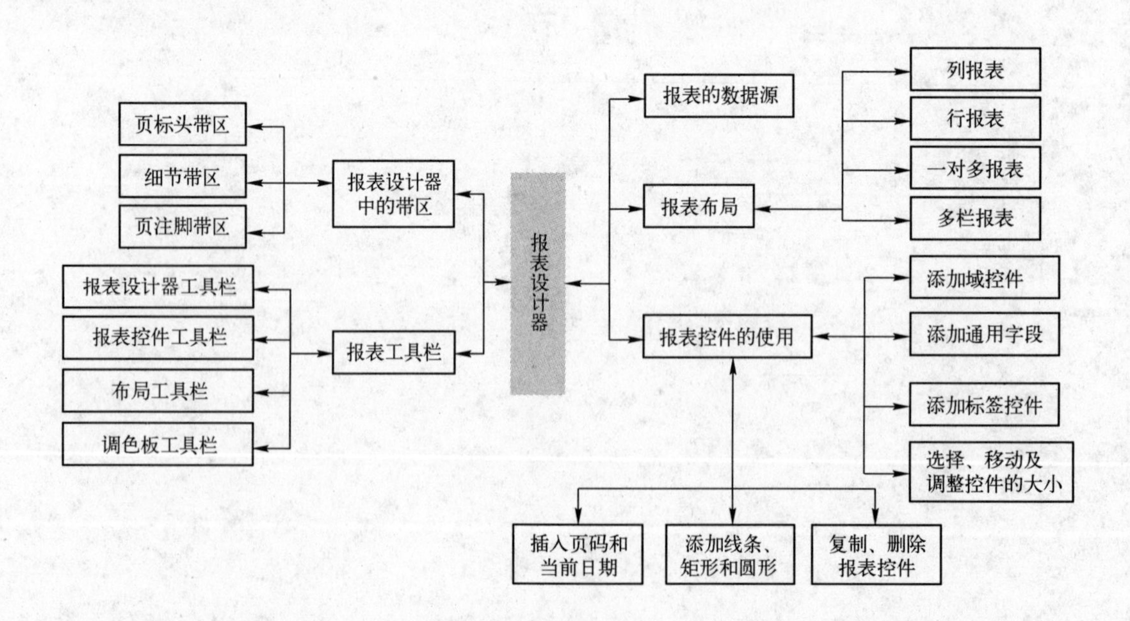

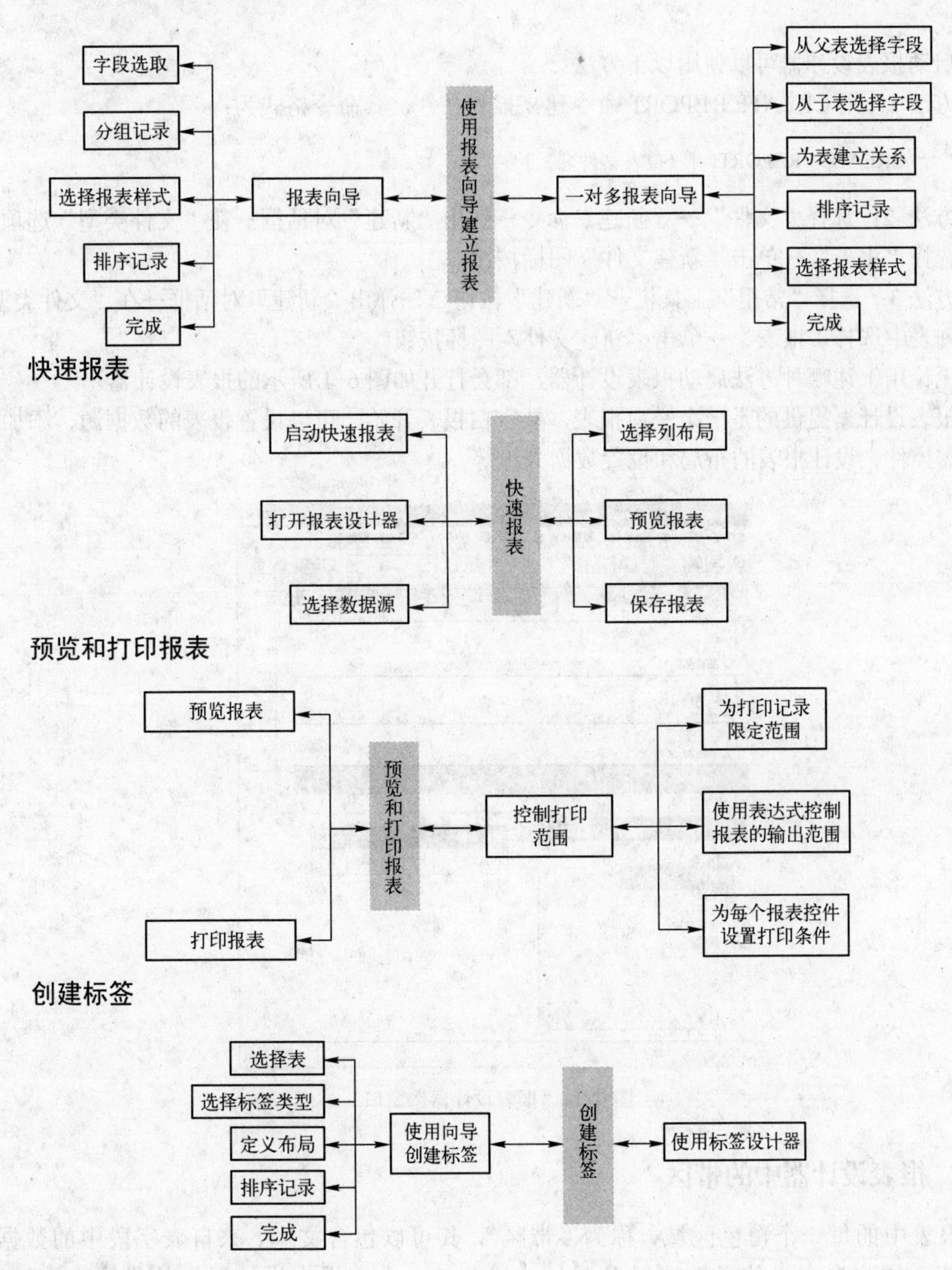

6.1 报表设计器

报表包括两个基本组成部分：数据源和布局。数据源通常是指数据库中的表，也可以是视图、查询或临时表，而报表布局定义了报表的打印格式。创建报表的过程包括定义报表的样式并指定数据源。系统将报表样式保存在报表格式文件中，报表文件保存后系统会产生扩展名为“·FRX”的报表定义文件和扩展名为“·FRT”的报表定义文件。

Visual FoxPro 提供的报表设计器允许用户通过直观的操作直接设计报表，或者修改已有的报表。

启动报表设计器可以使用以下方法：

方法 1：用 CREATE REPORT 命令建立报表文件，其命令格式为：

```
CREATE  REPORT  [〈报表文件名〉]
```

方法 2：选择“文件”→“新建”命令→弹出“新建”对话框→在“文件类型”选项列表中选择“报表”→单击“新建文件”图标按钮。

方法 3：选择“常用”工具栏→“新建”按钮→弹出“新建”对话框→在“文件类型”选项列表中选择“报表”→单击“新建文件”图标按钮。

无论用上述哪种方法启动报表设计器，都会打开如图 6-1 所示的报表设计器。

报表设计器提供的是一个空白报表，从空白报表开始，可以设置报表的数据源、添加报表所需控件、设计报表的布局和设置数据分组等。

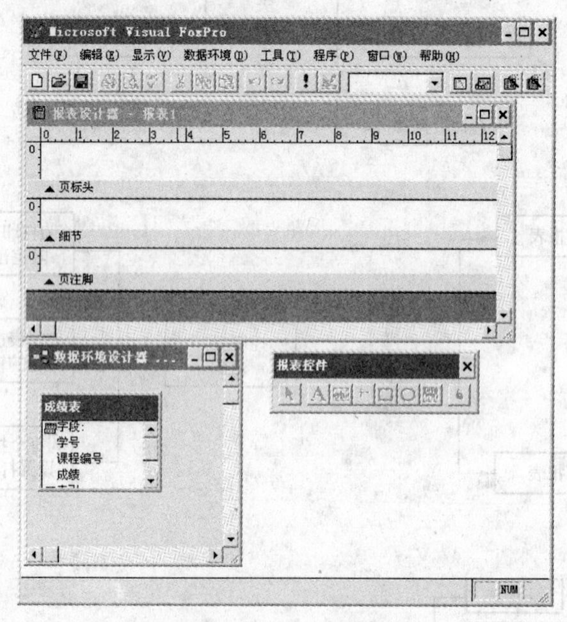

图 6-1 “报表设计器”窗口

6.1.1 报表设计器中的带区

报表中的每一个白色区域，称为“带区”，其可以包含文本、来自表字段中的数据、计算值、用户自定义的函数，以及图片、线条等。在“报表设计器”的带区中，可以插入各种控件，包含打印报表所需的标签、字段、变量和表达式。每一个带区底部的灰色条称为分隔栏。带区名称显示于分隔栏中靠近蓝箭头▲的位置，蓝箭头▲指示该带区位于每栏之上，而不是每栏之下。在默认情况下，报表设计器包含有页标头、细节和页注脚 3 个带区。

1）页标头带区：报表上方包含的信息，在每份报表中只出现一次。一般而言，出现在报表标头中的项目包括报表标题、栏标题和当前日期等内容。

2）细节带区：放置报表的内容，一般包含来自表中的一行或多行记录。

3）页注脚带区：在每一页的下方，常用来放置页码和日期等信息。

在设计报表时，根据需要可以添加“标题/总结”带区。

添加“标题/总结”带区的方法如下：

选择“报表”→“标题/总结”命令→弹出“标题/总结”对话框→选择“标题带区”和“总结带区”→单击 确定 按钮。

图 6-2 给出了报表中各类带区和带区之间的位置关系。

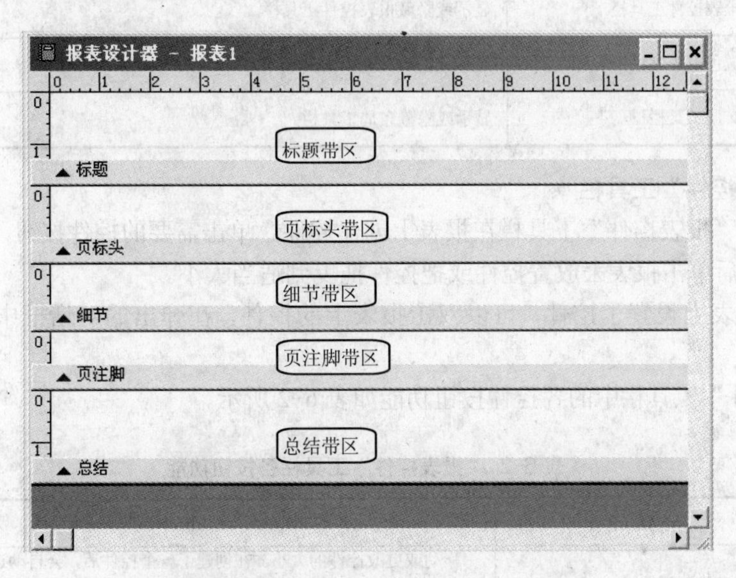

图 6-2　报表中各类带区和带区之间的位置关系

在报表设计器中，带区用来放置报表所需的各个控件。有时需要根据控件的多少、字体的大小及报表中各部分内容之间的距离来调整带区的大小。在调整时，只要将鼠标指针指向要调整带区的分隔栏，使鼠标指针变成上下双箭头，然后按下鼠标左键并上、下拖动鼠标，带区的大小也会随之调整。也可以双击带区分隔栏，设置带区的精确高度。如果带区内已经有控件了，带区的高度不能小于其中控件的高度。

6.1.2　报表工具栏

当报表设计器打开时，会显示“报表设计器”工具栏。“报表设计器”工具栏及其他有关报表工具栏如图 6-3 所示。

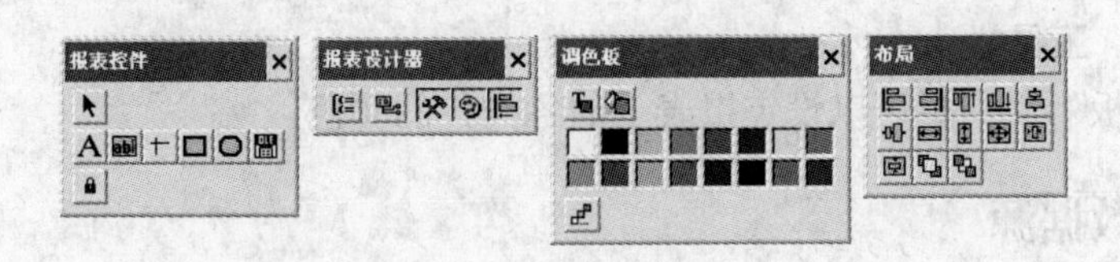

图 6-3　报表工具栏

1. “报表设计器”工具栏

“报表设计器”工具栏中的各按钮功能如表 6-1 所示。

表 6-1 “报表设计器”工具栏的各按钮功能

按钮	命令	说明
	数据分组	显示数据分组对话框，可以创建数据组并指定其属性
	数据环境	显示或隐藏数据环境设计器
	报表控件工具栏	显示或隐藏报表控件工具栏
	调色板工具栏	显示或隐藏调色板工具栏
	布局工具栏	显示或隐藏布局工具栏

2. “报表控件”工具栏

可以使用“报表控件”工具栏在报表上创建控件。单击需要的控件按钮，把鼠标指针移到报表上，然后单击报表来放置控件或把控件拖曳到适当大小。

如果在报表上设置了控件，可以双击报表上的控件，在弹出的对话框中设置或修改其属性。

“报表控件”工具栏中的各控件按钮功能如表 6-2 所示。

表 6-2 “报表控件”工具栏各按钮功能

控件按钮	命令	说明
	选定对象	移动或更改控件的大小。在创建了一个控件后，会自动选定“选定对象”按钮，除非按下了“按钮锁定”按钮
	标签	创建一个标签控件，用于保存不希望用户改动的文本，如复选框右侧或图形下面的标题
	域控件	创建一个域控件，用于显示表字段、内存变量或其他表达式的内容
	线条	用于在报表上绘制各种线条形状
	矩形	用于在报表上绘制矩形
	圆角矩形	用于在报表上绘制椭圆和圆角矩形
	图片/ActiveX 绑定控件	用于在报表上显示图片或通用数据字段的内容
	按钮锁定	允许添加多个相同类型的控件，而不需要多次单击此控件的按钮

3. “布局”工具栏

使用“布局”工具栏可以在报表上对齐和调整控件的位置。

4. “调色板”工具栏

使用“调色板”工具栏可以设定报表上的各控件的颜色。

6.1.3 报表的数据源

在设计报表时，首先要确定报表的数据源。可以把数据源添加到报表的数据环境中，这样，每次打开或运行报表时，系统都会自动打开数据环境中已定义的表或视图，并从中搜集报表所需的数据。当数据源中的数据更新之后，使用同一报表文件打印的报表将反映新的数据内容，但报表的格式不变。当关闭和释放报表时，系统也将关闭已打开的表或视图。

在数据环境设计器中设置报表的数据源，操作步骤为：

1）在报表设计器的空白带区单击鼠标右键→弹出快捷菜单→选择“数据环境”命令或者选择“显示”→“数据环境”命令。

2）在数据环境设计器中单击鼠标右键→弹出快捷菜单→选择“添加”命令或者选择“数据环境”→“添加”命令。

3）在“添加表或视图”对话框的“数据库”列表框中选择一个数据库。

4）在“选定”区域中选取“表”或“视图”。

5）在“数据库中的表”列表框中选取一个表或视图。

6）单击 添加(A) 按钮。

7）如果要选择多个数据源，可重复第3～6步，最后单击 关闭(C) 按钮。

6.1.4 报表布局

在创建报表之前，应该确定所需报表的常规格式。报表可能基于单表，也可能基于多个表，另外，还可以创建特殊种类的报表。常规报表布局如图6-4～图6-7所示。

学生情况表

学号	姓名	性别	是否党员	籍贯	出生日期	入学成绩
010101	金立明	男	Y	山东	01/23/89	577
010102	敬海洋	男	N	浙江	05/21/89	610
010103	李博航	男	N	黑龙江	05/01/88	598
010104	李文月	女	Y	辽宁	04/02/89	657
010201	徐月明	女	N	山东	10/23/89	583

图6-4　行报表

学生情况表

学号：010101
姓名：金立明
性别：男
是否党员：Y
籍贯：山东

学号：010102
姓名：敬海洋
性别：男
是否党员：N
籍贯：浙江

图6-5　列报表

学生情况表

学号: 010101
姓名: 金立明
性别: 男

课程编号	成绩
01	78
02	89
03	89

学号: 010102
姓名: 敬海洋
性别: 男

课程编号	成绩
01	78
02	89
03	90

图 6-6　一对多报表

学生情况表

学号: 010101
姓名: 金立明
性别: 男
是否党员: Y
籍贯: 山东

学号: 010204
姓名: 朴全英
性别: 女
是否党员: N
籍贯: 浙江

学号: 010102
姓名: 敬海洋
性别: 男
是否党员: N
籍贯: 浙江

学号: 010301
姓名: 蒋美丽
性别: 男
是否党员: N
籍贯: 广东

图 6-7　多栏报表

为了帮助用户更好地选择报表布局，表 6-3 给出了常规布局的一些说明。

表 6-3　常规布局类型说明

布局类型	说　明
行	每行一条记录，每条记录的字段在页面中按水平方向放置
列	一列的记录，每条记录的字段竖直放置
一对多	一条记录或一对多关系
多栏	多列记录，每条记录的字段沿左边缘竖直放置

在选定满足需要的常规报表布局后，即可用报表设计器创建报表布局文件。

6.1.5　报表控件的使用

1．添加域控件

域控件实际上就是与字段、变量或表达式链接的文本框。添加域控件的方法有以下两种。

方法 1：从数据环境中添加域控件。

在报表设计器窗口中打开报表的数据环境→选择表或视图→在数据环境设计器中用左键

按住选定字段→拖曳到报表设计器的相应带区放开。

方法 2：从工具栏添加域控件。

打开报表的数据环境→单击“报表控件”工具栏中的“域控件”按钮→在报表设计器的相应带区单击鼠标→弹出“报表表达式”对话框→单击“表达式”列表框右边的按钮→弹出“表达式生成器”对话框→选择需要的字段，或者创建一个表达式→单击确定按钮。

在“报表表达式”对话框中单击“格式”框右边的按钮→弹出“格式”对话框→设置数据输出格式→单击确定按钮→关闭“格式”对话框→在“报表表达式”对话框中单击确定按钮。

这样就在报表中添加了一个域控件，该控件按照指定的格式显示指定的字段或表达式的值。利用域控件可以创建计算字段，显示表或视图中没有的数据。

2．添加通用字段

在创建报表时，还可以在报表中添加“图片/ActiveX 绑定”控件。在添加图片时，图片不随记录变化；在添加 ActiveX 绑定控件时，显示的 ActiveX 内容将随记录的不同而不同。在 Visual FoxPro 中，可以使用“报表控件”工具栏添加“图片/ActiveX 绑定控件”，插入包含 OLE 对象的通用型字段。添加步骤为：

1）在“报表控件”工具栏中单击“图片/ActiveX 绑定”控件。

2）在报表设计器中的相应带区单击鼠标→弹出“报表图片”对话框。

3）在“报表图片”对话框中选择“图片来源”选项区域的“字段”。

4）在“字段”列表框中输入字段名，或者使用列表框来选取字段或变量。

5）单击确定按钮。

3．添加标签控件

在报表中，标签一般用作说明性的文字。

（1）添加标签控件

单击“报表控件”工具栏→“标签”按钮A→在要插入文本的位置单击鼠标→输入文本。

（2）编辑标签控件

选择要编辑的控件→单击“格式”→“字体”命令→弹出“字体”对话框→选定适当的字体、样式、大小和颜色→选择确定按钮。

4．选择、移动及调整控件的大小

如果在创建的报表布局上已经存在控件，则可以更改它们在报表上的位置和尺寸。可以单独更改每个控件，也可以选择一组控件作为一个单元进行处理。

（1）选择控件

选择一个控件：将鼠标指向任意控件→单击左键。

选择多个控件：

方法 1：按住鼠标左键在控件周围拖动以绘制选择框。

方法 2：在按住〈Shift〉键的同时单击要选择的控件。

（2）移动控件

选择控件→按住该控件→拖曳到“报表”带区中的新位置。

（3）调整控件的位置

选择控件，可以使用布局工具栏中的按钮，进行控件的对齐、居中来调整控件的位置。

5．复制、删除控件

（1）复制

方法 1：选择要复制的控件→单击鼠标右键→弹出快捷菜单→选择“复制”命令→单击鼠标右键→弹出快捷菜单→选择“粘贴”命令。

方法 2：选择“编辑”→“复制”命令，然后选择“编辑”→“粘贴”命令。

（2）删除

方法 1：选择要删除的控件，选择“编辑”→“剪切”命令。

方法 2：选择要删除的控件，按〈Delete〉键。

6．添加线条、矩形和圆形

（1）绘制线条

在“报表控件”工具栏中单击“线条”按钮→在报表设计器中拖动光标以调整线条。

（2）绘制矩形

从“报表控件”工具栏中单击“矩形”按钮→在报表设计器中拖动光标以调整矩形的大小。

（3）绘制圆角矩形和圆形

从“报表控件”工具栏中单击“圆角矩形”控件按钮→在报表设计器中拖动光标以调整该控件→再双击该控件→弹出“圆角矩形”对话框→在“样式”区域选择想要的圆角样式→单击 确定 按钮。

7．插入页码和当前日期

使用“报表控件”工具栏的域控件，可以在报表中插入页码和当前日期。插入步骤如下：

1）在报表设计器中打开要插入页码和当前日期的报表。

2）在“报表控件”工具栏中单击“域控件”按钮→在报表设计器的“页标头”或“页注脚”处单击鼠标→弹出“报表表达式”对话框→在该对话框中单击“表达式”输入框后面的按钮→弹出“表达式生成器”对话框。

3）如果要插入页码，在“表达式生成器”对话框中双击“变量”列表框中的“_pageno”。

4）如果要插入日期，单击“日期”列表框中的 DATE()函数。

5）单击 确定 按钮。

6.2　用报表向导建立报表

Visual FoxPro 有报表向导和一对多报表向导两种类型报表向导。

1）报表向导是基于单个表创建报表的向导。

2）一对多报表向导是基于两个表创建报表的向导。两个表要有字段类型和值域相同的字段。两个表分别为父表和子表，使用表间的父子关系来创建报表。

1．打开“向导选取”对话框

方法 1：选择“文件”→“新建”命令→弹出“新建”对话框→在“文件类型”选项列表中选择“报表”→单击“向导”图标按钮→弹出“向导选取”对话框。

方法 2：选择“文件”→“新建”命令→弹出“新建”对话框→在“文件类型”选项列表中选择“报表”→单击“新建文件”图标按钮→打开报表设计器→单击“工具”→“向导”→“报表”命令→弹出“向导选取”对话框。

2．使用“报表向导”创建基于一个表的报表

在“向导选取”对话框中选择“报表向导”选项→单击“确定”按钮→进入“步骤 1-字段选取”对话框。

（1）字段选取

在数据库和表列表框中选择需要创建报表的表或者视图→选取相应字段→单击下一步(N) >按钮→进入“步骤 2-分组记录”对话框。

（2）分组记录

使用数据分组将记录分类和排序，这样可以很容易地读取它们。在字段列表中选择分组字段。最多可以建立 3 层分组层次。如果是数值型字段，可以单击分组选项(G)...按钮，并确定分组的位数。

单击总结选项(S)...按钮进入“总结选项”对话框，在“总结选项”对话框中可以选择对某一字段取相应的值，进行总计并添加到输出报表中。

设置分组记录→单击下一步(N) >按钮→进入“步骤 3-选择报表样式”对话框。

（3）选择报表样式

在向导中有 5 种标准的报表风格供用户选择，当单击任何一种模式时，向导都在放大镜中更新成该样式的示例图片。

选择样式列表中的样式→单击下一步(N) >按钮→进入“步骤 4-定义报表布局”对话框。

（4）定义报表布局

指定列数或布局或选择方向→单击下一步(N) >按钮→进入“步骤 5-排序记录”对话框。

（5）排序记录

从可用字段或索引标志中选择用来排序的字段→确定排序方式→单击下一步(N) >按钮，进入“步骤 6-完成”对话框。

（6）完成

定义报表标题并完成报表向导建立报表的过程。

3．使用“一对多报表向导”创建一对多报表

在 Visual FoxPro 中，规定多表报表中的表不是处于同一个层次的，也就是所引用的表地位是不平等的，处在较高等级的表称为父表，处在较低等级的表称为子表。一般而言，父表是唯一的，在窗体中占有主导的位置，而子表则是嵌入到父表当中。

创建一对多报表，可以在父表和子表的记录之间建立联系，并用这些表和相应的字段创建报表。

在“向导选取”对话框中选择“一对多报表向导”选项→单击“确定”按钮→进入“步骤 1-从父表选择字段”对话框。

（1）从父表选择字段

该步骤主要用来选择来自父表中的字段，这些字段将组成“一对多报表”关系中最主要的“一”方，表中的数据将显示在报表的上半部。

选择父表中字段→单击下一步(N) >按钮→进入“步骤 2-从子表中选定字段”对话框。

（2）从子表选择字段

选择来自子表中的字段，即一对多关系中的“多”方，子表的记录将显示在报表的下半部分。

选择子表中字段→单击 下一步(N) > 按钮→进入“步骤3-为表建立关系”对话框。

（3）为表建立关系

在父表与子表之间确立关系，从中确定两个表之间的相关字段。

分别在父表和子表两个下拉列表框中选择建立关系的字段→单击 下一步(N) > 按钮→进入“步骤4-排序记录”对话框。

（4）排序记录

确定父表的排序方式。

从“可用字段或索引标识”中选择用于排序的字段→确定排序方式→单击 下一步(N) > 按钮→进入“步骤5-选择报表样式”对话框。

（5）选择报表样式

选择报表样式和页面方向，并可以添加总结样式。

在“样式”列表中选择报表样式→在方向选项中选择页面方向→单击 下一步(N) > 按钮→进入“步骤6-完成”对话框。

（6）完成

确定报表标题并选择报表完成时对向导建立报表结果的处理方式。可以单击 预览(P) 按钮查看报表输出效果，并随时按 <上一步(B) 按钮更改设置。

在“报表标题”文本框中输入报表标题→选择报表结果处理方式→单击 完成(F) 按钮。

6.3 快速报表

创建快速报表的步骤：

1）打开作为报表数据源的表。

2）选择“文件”→“新建”命令或者单击“常用”→“新建”按钮→弹出“新建”对话框→在“文件类型”选项列表中选择“报表”→单击“新建文件”图标按钮→打开报表设计器。

3）选择“报表”→“快速报表”字段及命令→弹出“快速报表”对话框。

4）在“快速报表”对话框中选择字段布局→单击 确定 按钮→返回报表设计器。

5）单击鼠标右键→弹出快捷菜单→选择“预览”命令→在“预览”窗口中观察快速报表的预览效果。

6）选择“文件”→“保存”命令。

6.4 预览和打印报表

6.4.1 预览报表

要预览报表布局，可以按照以下步骤进行：

（1）进入报表预览窗口

方法1：选择“显示”→“预览”命令。

方法2：单击“常用”工具栏→“打印预览”按钮。

方法3：使用 REPORT FORM 命令预览报表。REPORT FORM 命令格式为：

```
REPORT FORM <报表文件名> PREVIEW
```

（2）预览不同页面

在“打印预览”工具栏中，选择“前一页”按钮或“后一页”按钮进行前后页面切换，可以使用“第一页”、“最后一页”或“转到页”按钮翻到指定的页面。

（3）调整预览页面的显示比例

在预览窗口中通过单击鼠标左键可以使页面分别按照整面或 100%格式显示，也可以在“缩放”列表框中选择需要的缩放比例。

（4）返回报表设计器

单击“打印预览”工具栏→“关闭预览”按钮。

6.4.2 打印报表

可以按照以下步骤打印报表：

1）选择“文件”→“打印”命令，弹出“打印”对话框。

2）在标准的“打印”对话框中→单击 选项(O)... 按钮弹出“打印选项”对话框。

3）在“打印选项”对话框的“类型”列表框中→选择“报表”选项。

4）在“文件”列表框中输入相应的报表文件名，或者单击“文件”列表框右边的 ... 按钮→弹出“打印文件”对话框→在“打印文件”对话框中选择需要打印输出的报表文件位置及名称。

5）设置相应的打印选项。

6）单击 确定 按钮。

6.4.3 控制打印范围

在打印报表以前，用户可以通过一定的设置来控制打印出现在报表中的记录。

1）为打印记录指定一个范围或数量。

2）用 FOR 表达式选定与条件相匹配的记录。

3）用 WHILE 表达式选定记录，直到条件不匹配时停止。

用户也可以使用这些条件的组合来筛选记录。但必须注意，WHILE 表达式将覆盖其他条件。

1．为打印记录限定范围

如果需要限定打印输出的记录范围，可以按照以下步骤进行：

在“打印选项”对话框中输入报表文件名→单击 选项(O)... 按钮→弹出“报表和标签打印选项”对话框→在“作用范围”列表框中选择报表打印输出的范围→单击 确定 按钮。

范围有 4 个选项，各范围选项的含义如下。

1）All：指定打印所有报表记录。

2）Next：指定从当前记录开始后的 N 条记录，可以通过后边的微调按钮来调整记录数。

3）Record：指定的记录，记录号可由后边的微调按钮调整或者直接输入。

4）Rest：指定当前记录及其后面所有的记录。

Visual FoxPro 将使用用户设置的记录范围来打印输出报表。

2．使用表达式控制报表的输出范围

如果选择的记录在表内不是连续的，则可以建立一个逻辑表达式，以筛选打印记录。此时，只有与逻辑表达式相匹配的记录才被打印生成报表。

要建立这样的逻辑表达式，可以按照以下步骤进行：

在“报表和标签打印选项”对话框中的“FOR”输入框或者“WHILE”输入框中输入一个逻辑表达式→单击 确定 按钮。

逻辑表达式也可以通过单击输入框右边的 ... 按钮→显示“表达式生成器”对话框→在“表达式生成器”对话框中编辑 FOR（或 WHILE）表达式。Visual FoxPro 将对所有记录进行计算，只有满足逻辑表达式的记录才被打印输出。

3．为每个报表控件设置打印条件

用户也可以对报表中的每一个控件设置打印输出条件。要设置控件的打印条件，可以按照以下步骤进行：

在报表设计器中用鼠标左键双击控件→进入“报表表达式”对话框→单击 打印条件(P)... 按钮→进入“打印条件”对话框→设置表达式→单击 确定 按钮，完成设置。

设置打印条件后，只有表达式为.T.时，该控件才出现在报表的打印页面上。

6.5 创建标签

标签是一种特殊的报表，它的创建、修改方法与报表基本相同。和创建报表一样，可以使用标签向导创建标签，也可以直接使用标签设计器创建标签。

1．利用向导创建标签

操作步骤如下：

1）选择“文件”→“新建”命令，弹出“新建”对话框。

2）在“新建”对话框中，选择“标签”选项卡→单击“向导”图标按钮→进入标签向导的“步骤 1-选择表”对话框。

3）选择一个要使用的表→单击 下一步(N) > 按钮→进入“步骤 2-选择标签类型”对话框。

4）选择一种标签类型→单击 下一步(N) > 按钮→进入“步骤 3-定义布局”对话框。

5）设置好标签布局后→单击 下一步(N) > 按钮→进入“步骤 4-排序记录”对话框。

6）选择排序字段和排序方式→单击 下一步(N) > 按钮→进入“步骤 5-完成”对话框。

7）单击 预览(P) 按钮，预览标签效果。

8）单击 完成(F) 按钮，将标签保存到指定位置。

2．标签设计器

如果不想使用向导来建立标签，则可以使用标签设计器来创建标签。标签设计器是报表设计器的一部分，它们使用相同的菜单和工具栏。两种设计器使用的默认页面和纸张不同，报表设计使用标准纸张的整个页面，而标签设计器则将默认页面和纸张设置成标准的标签纸张。在标签设计器中设计标签的方法与在报表设计器中设计报表的方法基本相同。

打开标签设计器的步骤：

1）选择“文件”→“新建”命令→弹出“新建”对话框→在“文件类型”选项列表中选择“标签”单选按钮→单击“新建文件”图标按钮。

2）从“新建标签”对话框中选择标签布局→单击 确定 按钮→打开标签设计器。

6.6 上机实训

6.6.1 实训1——使用报表向导建立报表

【实训目标】

1）掌握报表向导建立报表的方法。

2）掌握一对多报表向导建立报表的方法。

【实训内容】

1）利用报表向导，对“运动员表”创建一个报表。

2）利用一对多报表向导，创建“参赛单位表”和“运动员表”的报表。

【操作过程】

（1）利用报表向导建立报表文件SY6-1.frx，对“运动员表”创建一个报表，要求如下：

1）输出字段为运动员号码、姓名、性别、年龄和参赛项目。

2）报表样式为带区式。

3）报表方向为横向。

4）排序方式为按运动员号码升序排序。

5）报表标题为“运动员名单”。

操作步骤如下：

① 建立报表并进入报表向导。单击“文件”菜单，选择“新建”命令，在“新建”对话框的“文件类型”选项列表中选择“报表”单选按钮，单击“向导”按钮，然后在“向导选取”对话框中选择“报表向导”选项，单击 确定 按钮。

② 选定字段。在“报表向导”的“步骤1-字段选取”对话框中选择“运动员表”（如果没有列出“运动员表”，可以单击 ... 按钮进行查找），然后在“可用字段”列表框中，将“运动员号码”、“姓名”、“性别”、“年龄”和“参赛项目”字段添加到“选定字段”列表中，单击 下一步(N) > 按钮。

③ 选定报表样式。在报表向导的“步骤3-选择报表样式”对话框中，选择“样式”列表中的“带区式”选项，单击 下一步(N) > 按钮。

④ 定义报表布局。在报表向导的“步骤4-定义报表布局”对话框中，选择“方向”选项中的“横向”选项，单击 下一步(N) > 按钮。

⑤ 选择排序字段。在报表向导的“步骤5-排序记录”对话框中，选择“运动员号码”

字段作为排序字段，并选择“升序”单选按钮，单击 下一步(N) > 按钮。

⑥ 保存并预览报表。在报表向导的“步骤6-完成”对话框中，输入报表标题“运动员名单”，单击 预览(P) 按钮，查看报表预览效果，如图 6-8 所示，单击 完成(F) 按钮，并将报表保存。

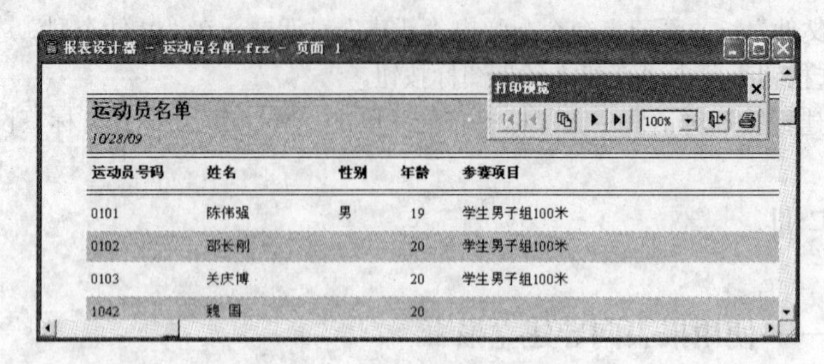

图 6-8　报表预览效果图

（2）利用一对多报表向导建立报表文件 SY6-2.frx，根据“参赛单位表”和“运动员表”创建报表，报表预览效果如图 6-9 所示。

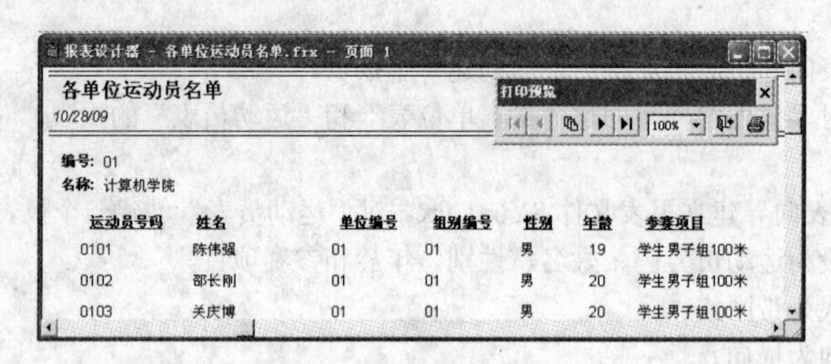

图 6-9　报表预览效果图

操作步骤如下：

① 建立报表并进入报表向导。

单击“文件”菜单，选择“新建”命令，在“新建”对话框的“文件类型”选项列表中选择“报表”单选按钮，单击“向导”图标按钮，然后在“向导选取”对话框中选择“一对多报表向导”选项，单击 确定 按钮。

② 从“参赛单位表”中选择字段。

在报表向导的“步骤 1-从父表中选定字段”对话框中选择“参赛单位表”（如果没有列出“参赛单位表”，可以单击 ... 按钮进行查找），分别将“可用字段”列表中的“编号”和“名称”字段，添加到“选定字段”列表中，单击 下一步(N) > 按钮。

③ 从“运动员表”中选择字段。

在报表向导的“步骤 2-从子表中选定字段”对话框中，选择“运动员表”，单击“全部添加”按钮 ▸▸，将所有字段添加到“选定字段”列表中，单击 下一步(N) > 按钮。

④ 建立表间关系。

在报表向导的“步骤 3-建立表之间的关系”对话框中，选择“参赛单位表”中的“编号”

字段和“运动员表”中的“单位编号”字段，单击 下一步(N) > 按钮。

⑤ 选定排序字段。

在报表向导的“步骤 4-排序次序”对话框中，选择“编号”字段为排序字段，单击 添加(A) > 按钮，选择排序方式为“升序”，单击 下一步(N) > 按钮。

⑥ 选定报表样式。

在报表向导的“步骤 5-选择报表样式”对话框中，选择“样式”列表中的“经营式”，选择“方向”列表中的“横向”，单击 下一步(N) > 按钮。

⑦ 保存并运行报表。

在报表向导的“步骤 7-完成”对话框中，输入报表标题为“各单位运动员名单”，单击 预览(P) 按钮，查看报表预览效果，然后单击 完成(F) 按钮并保存报表。

【注意事项】

使用报表向导创建的报表要达到需要的效果，还需要在报表设计器中对报表布局等进行设置。

【实训心得】

____

____

____

____

____

____

____

____

____

____

____

____

6.6.2 实训 2——使用报表设计器建立报表

【实训目标】

1）掌握报表设计器建立报表的方法。

2）掌握快速报表功能设计报表的方法。

3）掌握报表控件的用法。

【实训内容】

使用快速报表功能和报表设计器，根据“比赛成绩表”创建一个报表。

【操作过程】

建立报表文件 SY6-3.frx，用快速报表功能，对“比赛成绩表”创建一个报表，报表设计图如图 6-10 所示，报表预览图如图 6-11 所示。

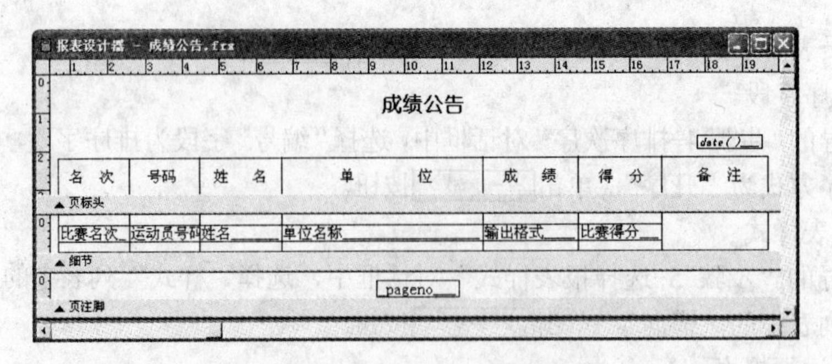

图 6-10 “成绩公告”报表设计图

报表设计器 - 成绩公告1.frx - 页面 1

打印预览

成绩公告

10/08/09

名 次	号码	姓 名	单 位	成 绩	得 分	备 注
7	0101	陈伟强	计算机学院	12.63	0.00	
6	0102	邵长刚	计算机学院	11.98	0.00	
2	0103	关庆博	计算机学院	11.89	0.00	
8	0201	刘 欣	外语学院	13.39	0.00	

图 6-11 “成绩公告”报表预览图

操作步骤如下：

1）建立报表并进入报表设计器。单击“文件”菜单，选择“新建”命令，在“新建”对话框的“文件类型”选项列表中选择“报表”单选按钮，单击“新建文件”图标按钮，进入“报表设计器”。

2）在“数据环境”中添加“比赛成绩表”。在“报表设计器”中单击鼠标右键，在弹出的快捷菜单中选择“数据环境”命令，显示数据环境设计器，在“添加表或视图”对话框中选择“比赛成绩表”，单击 添加(S) 按钮，然后单击 关闭(C) 按钮。

3）使用“快速报表”功能添加字段。单击“报表”菜单，选择“快速报表”命令，在“快速报表”对话框中取消“标题”选项中的“√”，单击 字段(F)... 按钮，分别将“比赛名次”、“运动员号码”、“姓名”、“单位名称”、“输出格式”和“比赛得分”字段添加到“选定字段”列表中，然后单击 确定 按钮，再单击“快速报表”对话框中的 确定 按钮。

4）使用“报表控件”工具栏设置报表控件。在“报表控件”工具栏中，根据图 6-10 设计报表页标头文本内容，单击“标签”按钮 A，在页标头的相应位置添加“成绩公告”，用相同方法分别添加“名次”、“号码”、“姓名”、“单位”、“成绩”、“得分”、“备注”。再单击“线条”按钮 + 和“矩形”按钮，添加直线和矩形，形成表格。调整各个控件的大小和位置，并利用“格式”菜单中的“字体”命令，设置各个控件的字体和字号。

5）保存并预览报表。单击“常用”工具栏中的“保存”按钮，保存报表文件，然后单击“打印预览”按钮，预览报表效果。

【注意事项】

1）多栏报表在“页面设置”对话框中设置列数，设置列数大于 1 即可。

2）在向多栏报表添加控件时，应注意不要超过报表设计器中带区的宽度，否则可能使打印的内容相互重叠。

3）细节带区的内容通常是表中的字段。

4）在调整带区的区间大小时，可以拖动带区标识。

5）域控件内容在报表输出时是可变的，标签控件的内容是不变的。

6）在输出报表时，若输出内容用线条分隔，则在报表设计器中应该画线。如果两端不封口，应该用线条控件在带区中画线；如果两端封口，可以直接使用矩形控件在带区中画线。

7）标签控件和域控件的格式设置方法是，先选中要设置格式的标签或域控件，然后在格式菜单中选择格式设置的选项。

【实训心得】

6.6.3 实训3——向导建立标签

【实训目标】

1）掌握标签向导建立标签的方法。

2）理解标签设计器各个部分的用法。

【实训内容】

1）用标签向导对“运动员表”创建标签。

2）用标签设计器修改标签。

【操作过程】

1）根据“运动员表”，建立标签文件 SY6-4.lbx，使用标签向导创建如图 6-12 所示的标签。

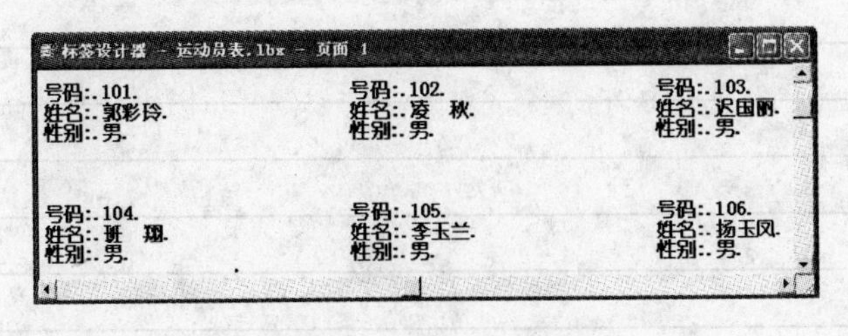

图 6-12　标签预览效果

操作步骤如下：

① 建立标签并进入标签向导。单击“文件”菜单，选择“新建”命令，在“新建”对话框的“文件类型”选项列表中选择“标签”单选按钮，单击“向导”图标按钮。

② 选定表。在“标签向导”的“步骤 1-选择表”对话框中，选择“运动员表”（如果没有列出“运动员表”，可以单击…按钮进行查找），单击 下一步(N) > 按钮。

③ 选定标签类型。在标签向导的“步骤 2-选择标签类型”对话框中，选择“类型”列表框中第 2 个选项，单击 下一步(N) > 按钮。

④ 定义布局。在标签向导的“步骤 3-定义布局”对话框中定义报表布局。

● 在“文本”框中输入文字“号码”，然后单击“添加”按钮 ▸，单击 : 按钮，在“可用字段”列表中选择“运动员号码”，单击“添加”按钮 ▸，再单击“回车”按钮 ↵。

● 在“文本”框中输入文字“姓名”，然后单击“添加“按钮 ▸，单击 : 按钮，在“可用字段”列表中选择“姓名”，单击“添加”按钮 ▸，再单击“回车”按钮 ↵。

● 在“文本”框中输入文字“性别”，然后单击“添加”按钮 ▸，单击 : 按钮，在“可用字段”列表中选择“性别”，单击“添加”按钮 ▸，再单击“回车”按钮 ↵。

● 单击 字体(O)... 按钮，在“字体”对话框中选择字体为“幼圆”、字形为“粗体”、字号为“12”。

在“步骤 3-定义布局”对话框中，单击 下一步(N) > 按钮。

⑤ 选定排序字段。

在标签向导的“步骤 4-排序记录”对话框中，选择“运动员号码”字段，单击 添加(D) > 按钮，将其添加到“选定字段”列表中，单击 下一步(N) > 按钮。

⑥ 保存并预览标签。

在标签向导的“步骤 5-完成”对话框中，单击 预览(P) 按钮，查看标签预览效果，选择“保存标签并在标签设计器中修改”选项，单击 完成(F) 按钮。

2）用标签设计器修改标签。

使用“报表控件”工具栏，在标签设计器中根据需要修改标签。

【注意事项】

标签的建立方法和建立过程与报表类似，区别在于在默认情况下输出时采用的纸张不同。

【实训心得】

6.7 习题

（一）选择题

1．在报表设计器中，可以使用的控件是（　　）。

A．标签、域控件和线条　　B．标签、域控件和列表框

C．标签、文本框和列表框　　D．布局和数据源

2．报表的数据源可以是数据表、视图、查询或（　　）。

A．表单　　B．记录　　C．临时表　　D．以上都不是

3．报表布局包括（　　）等设计工作。

A．报表的表头和报表的表尾

B．报表的表头、字段，以及字段的安排和报表的表尾

C．字段和变量的安排

D．以上都不是

4．在“报表设计器”中，任何时候都可以使用“预览”功能来查看报表的打印效果。在以下几种操作中，不能实现预览功能的是（　　）。

A．选择“显示”菜单中的“预览”命令

B．直接单击“常用”工具栏中的“打印预览”按钮

C．右击“报表设计器”，从弹出的快捷菜单中选择“预览”命令

D．选择“报表”菜单中的“运行报表”命令

5．报表以视图或查询为数据源，是为了对输出记录进行（　　）。

A．筛选　　B．分组　　C．排序和分组　　D．筛选、分组和排序

6．下列关于报表带区及其作用的叙述，错误的是（　　）。

A．对于“标题”带区，系统只在报表开始时打印一次该带区所包含的内容

B．对于“页标头”带区，系统只打印一次该带区所包含的内容

C．对于“细节”带区，每条记录的内容只打印一次

D．对于“组标头”带区，系统将在数据分组时每组打印一次该内容

7．在 Visual FoxPro 的报表文件.frx 中保存的是（　　）。

A．打印报表的预览格式　　B．报表的格式和数据

C．已经生成的完成报表　　D．报表设计格式的定义

8．报表标题要通过（　　）控件来定义。

A．类表框　　B．标签　　C．文本框　　D．编辑框

9．报表按照（　　）来处理数据。

A．数据源中记录的先后顺序　　B．主索引

C．任意顺序　　D．逻辑顺序

10．修改报表，打开报表设计器的命令是（　　）。

A．UPDATE REPORT　　B．MODIFY REPORT

C．REPORT FROM　　D．EDIT REPORT

11．在使用“快速报表”时需要确定字段和字段布局，默认将包含（　　）。

A．第一个字段　　B．前 3 个字段
C．空（不包含字段）　　D．全部字段

12．为了在报表中加入一个表达式，应该插入一个（　　）。
A．表达式控件　　B．域控件
C．标签控件　　D．文本控件

13．预览报表的命令是（　　）。
A．PREVIEW　REPORT　　B．REPORT　FORM … PREVIEW
C．PRINT　REPORT　PREVIEW　　D．REPORT … PREVIEW

14．要启动报表向导可以（　　）。
A．打开“新建”对话框
B．单击工具栏中的“报表”图标按钮
C．从“工具”菜单中选择“向导”选项
D．以上方法均可以

15．以下说法中正确的是（　　）。
A．报表的数据源不能是自由表　　B．报表的数据源可以是视图
C．报表的数据源不能是视图　　D．报表的数据源不能是临时表

16．设计报表，要打开（　　）。
A．表设计器　　B．表单设计器　　C．报表设计器　　D．数据库设计器

17．在默认情况下，报表设计器显示 3 个带区，它们分别是（　　）。
A．组标头、组注脚和细节　　B．页标头、页注脚和总结
C．组标头、组注脚和总结　　D．页标头、细节和页注脚

18．报表控件没有（　　）。
A．标签　　B．线条　　C．矩形　　D．命令按钮控件

（二）填空题

1．为了在报表中加入一个表达式，应该插入一个______控件。

2．打印报表的命令是_______。

3．报表由数据源和_________两个基本部分组成。

4．定义报表布局主要包括设置报表页面，设置________中的数据位置，以及调整报表带区宽度等。

5．报表文件的扩展名是________。

6．报表布局主要有列报表、________ 、一对多报表、多栏报表和标签 5 种基本类型。

7．报表中包含若干个带区，其中，________与 ________的内容将在报表的每一页上打印一次。

8．多栏报表的栏目数可以通过“页面设置”对话框中的________来设置。

9．域控件是指与字段、内存变量和表达式计算结果链接的________。

10．报表标题要通过_______控件定义。

11．报表中的图片可以通过________控件添加。

12．如果已对报表进行了数据分组，报表会自动包含________和________带区。

13．报表设计器的默认带区包括页标头、________和页注脚。

14．设计报表可以直接使用命令________启动报表设计器。

（三）判断题

1．在命令窗口中创建报表使用 CREATE REPORT 命令。

2．会打印就会设计使用报表。

3．报表可以有 3 种打印输出方式。

4．要在报表中打印表中通用型字段的值，应在“报表控件”工具栏中选择 OLE 控件。

5．报表包括数据源和数据布局两个部分。

（四）思考题

1．报表的基本格式分为几个带区？

2．报表有哪几种输出方式？

第7章　菜 单 设 计

知识结构图

菜单设计

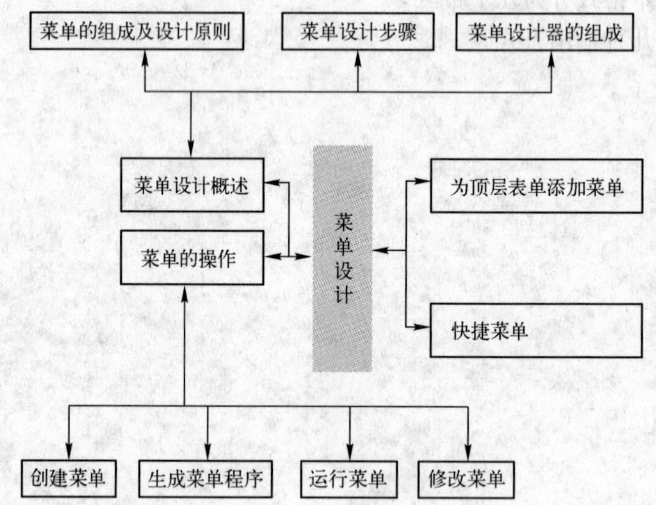

菜单设计概述

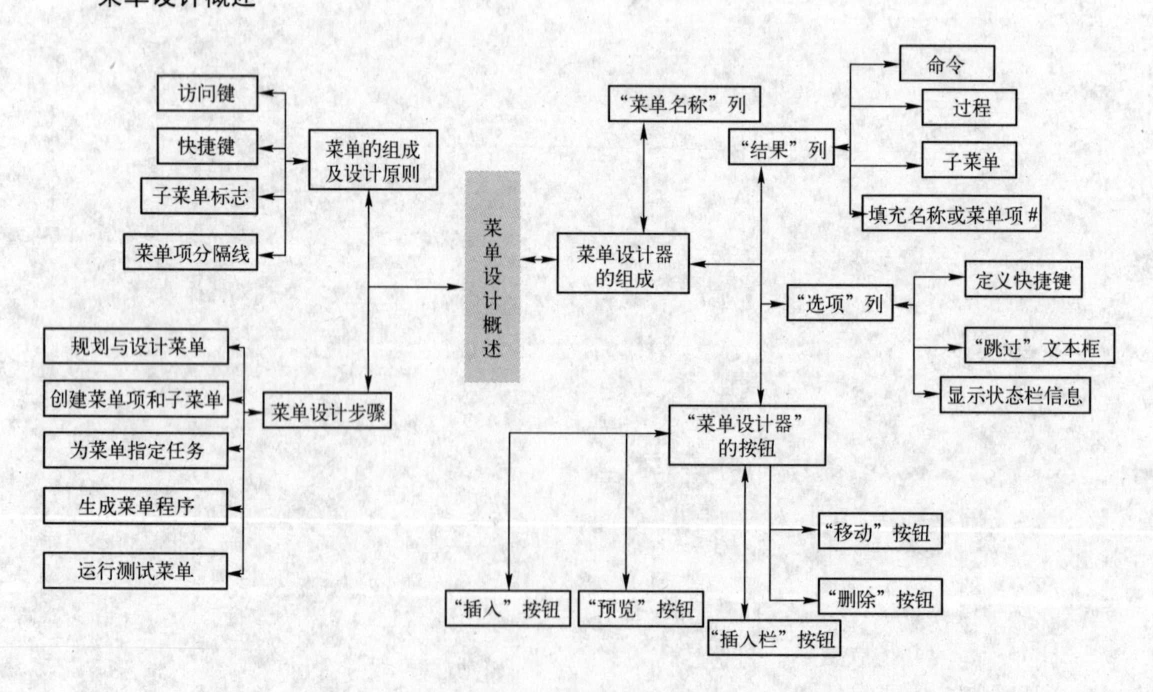

菜单的操作

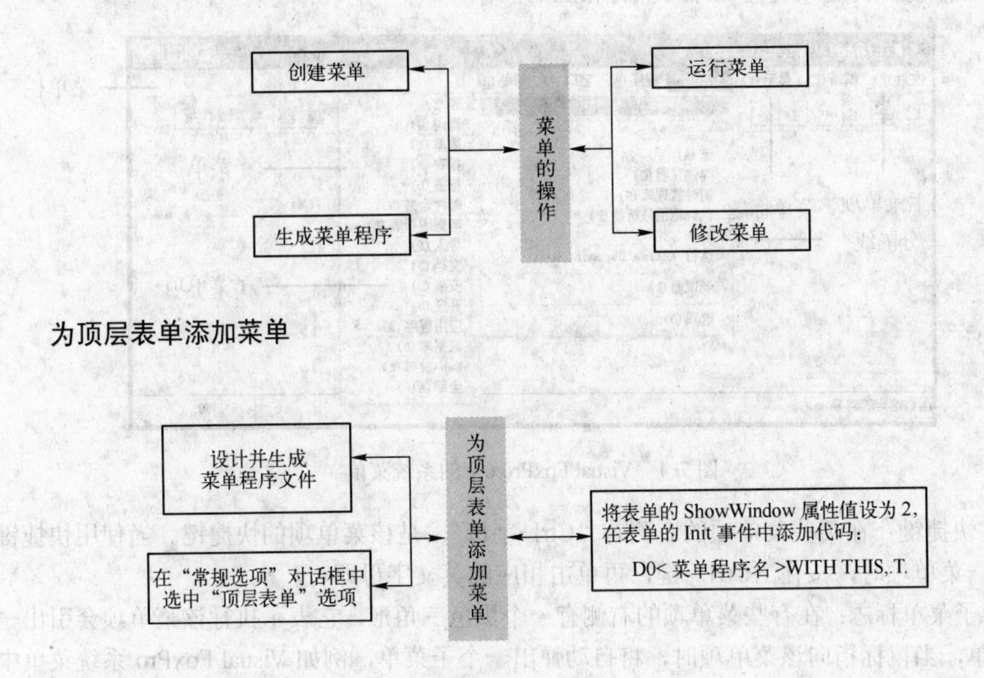

快捷菜单

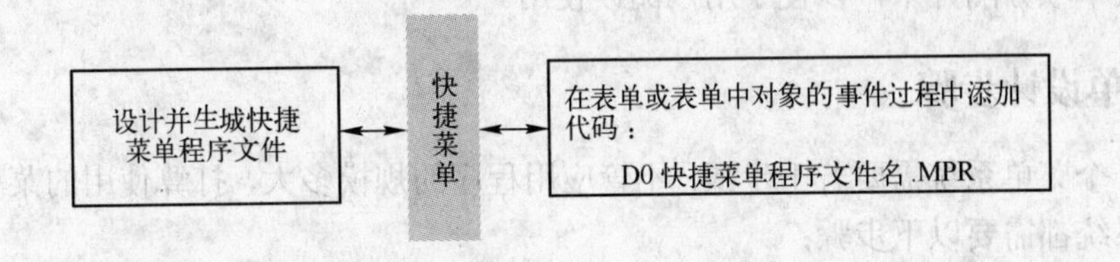

7.1 菜单设计概述

菜单是一个应用系统向用户提供功能服务的界面。在 Visual FoxPro 中，除了系统提供的菜单外，用户还可以在自己设计的应用程序中定义菜单，给应用程序添加一个友好的用户界面，从而便于操作应用程序。

7.1.1 菜单的组成及设计原则

一个菜单系统通常由菜单栏和菜单项组成。其中，菜单栏用于放置多个菜单项，每个菜单项可以有“命令”、“填充名称”、“子菜单”和“过程”4 个结果处理方式。一个菜单项有一个菜单标题，即菜单名称，单击某菜单标题，可以实现某一具体的任务。图 7-1 所示的是 Visual FoxPro6.0 的系统菜单。

对于菜单的使用，需要说明以下几点。

1）访问键：在每一个菜单项后面可以有一个用括号括起来的英文字母，该字母代表可访问菜单项的访问键，可以是 A～Z 的任意一个英文字母。当使用访问键访问某一菜单项时，按住〈Alt〉键，再键入访问键即可执行相应的操作。

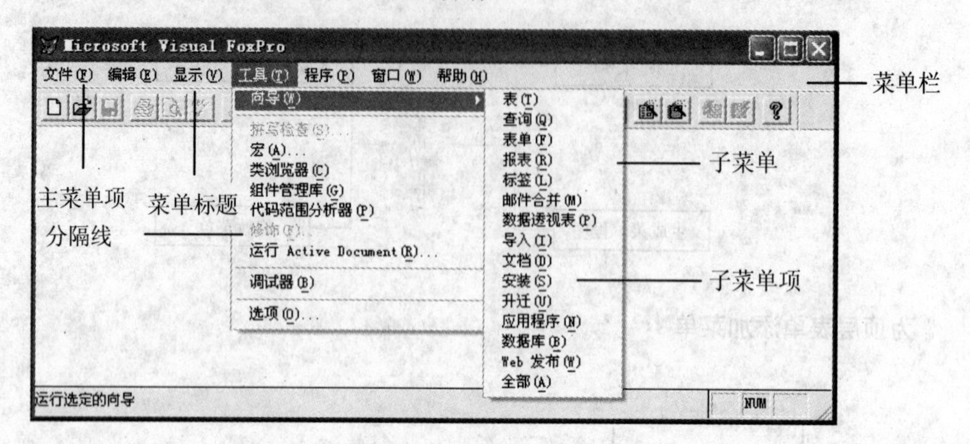

图 7-1　Visual FoxPro 6.0 的系统菜单

2）快捷键：在某些菜单项的右侧有“Ctrl+字母”，是该菜单项的快捷键。当使用快捷键访问某一菜单项时，按住〈Ctrl〉键，再单击相应的英文字母即可。

3）子菜单标志：在有些菜单项的右侧有一个黑色三角形，它表示执行该菜单项会引出一个子菜单，当鼠标指向该菜单项时，将自动弹出一个子菜单，例如 Visual FoxPro 系统菜单中的“向导（W）”菜单项。

4）菜单项分隔线：在菜单中为了将某些功能相关的菜单项集中在一起，在中间用一条直线与其他菜单项分隔开来，以便于用户阅读使用。

7.1.2　菜单设计步骤

创建一个菜单系统需要若干步骤，不管应用程序的规模多大，打算使用的菜单多么复杂，创建菜单系统都需要以下步骤：

1）规划与设计菜单系统。确定需要哪些菜单，出现在界面的何处，以及哪几个菜单要有子菜单等。

2）创建菜单项和子菜单。使用菜单设计器可以定义菜单标题、菜单项和子菜单。

3）按实际要求为菜单系统指定任务。指定菜单所要执行的任务，例如显示表单或对话框等。另外，如果有需要，还可以包含初始化代码和清理代码。初始化代码在定义菜单系统之前执行，其中包含的代码用于打开文件、声明变量，或将菜单系统保存到堆栈中，以便以后可以进行恢复。清理代码中包含的代码在菜单定义代码之后执行，用于选择菜单和菜单项可用或不可用。

4）生成菜单程序。

5）运行生成的程序，以测试菜单系统。

7.1.3　菜单设计器的组成

菜单设计器如图 7-2 所示，主要有以下几部分组成。

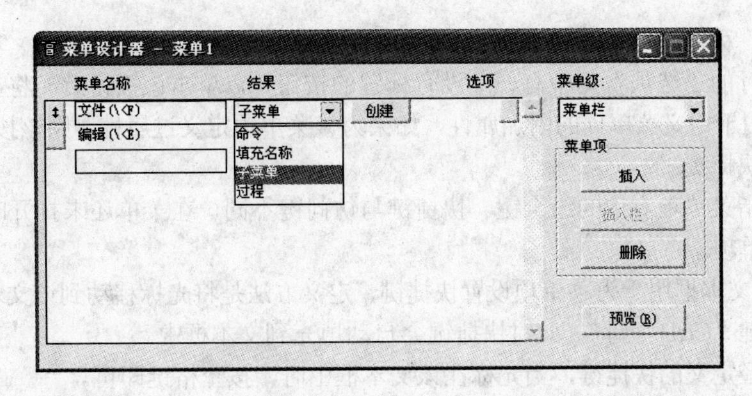

图 7-2 “菜单设计器”窗口

1.“菜单名称”列

“菜单名称”用来输入菜单项的标题文本。该文字是显示在界面中的菜单标题，不是程序中的菜单名称。

在 Visual FoxPro 中，允许用户在菜单项名称中为该菜单定义访问键。定义访问键的方法是，在要定义的字符前加上“\<”两个字符。

2.“结果”列

“结果”列用于定义菜单项的性质，其中包含命令、填充名称、子菜单和过程 4 项内容。

（1）命令

用于为菜单项定义一条命令。运行菜单后，选择该菜单项，即可运行该命令。在定义命令时，会在“结果”列的右边出现一个文本框，只要将命令输入到文本框中即可。

（2）过程

用于为菜单项定义一个过程，当需要选择该菜单项后，运行的不只是一条命令，而是多条命令时，就要使用该项选择。在选择该项后，在“结果”组合框的右边，单击 创建 按钮，会出现一个文本编辑窗口，输入程序命令即可。

☞提示

创建 按钮在修改已经存在的过程时是 编辑 按钮。

（3）子菜单

用于为菜单项定义一个子菜单，在结果列中选择“子菜单”后，单击 创建 按钮，菜单设计器将进入到子菜单设计界面，供用户建立和修改子菜单。

☞提示

创建 按钮在修改已经存在的子菜单时是 编辑 按钮。

通过菜单设计器右侧的“菜单级”下拉列表框，选择“菜单栏”可返回到第一级菜单。

（4）填充名称或菜单项#

该选项用于定义第一级菜单的菜单名或子菜单的菜单项序号。当前若是一级菜单，显示的就是“填充名称”，表示由用户自己定义菜单名；当前如果是子菜单项则显示“菜单项#”，表示由用户自己定义菜单序号。在定义时，名称或序号将输入到它右边的文本框中。

3．“选项”列

每个菜单行的“选项”列中有一个没有标题的按钮，单击该按钮后，将显示“提示选项”对话框，用于定义菜单项的附加属性，如果为该菜单项定义过属性，则该按钮显示为☑。

（1）定义快捷键

快捷键是指菜单项右边的组合键。快捷键与访问键不同，在菜单还未打开时，使用快捷键即可运行菜单项。

“键标签”文本框用于为菜单项设置快捷键，定义方法是将光标移动到该文本框中，按下要定义的快捷键“Ctrl+字母”，此时快捷键会自动填充到文本框中。

要取消已经定义的快捷键，当光标在该文本框中时，按空格键即可。

（2）“跳过”文本框

用于设置菜单或菜单项的跳过条件，用户可以在其中输入一个表达式表示条件。在菜单运行过程中当表达式条件为真时，该菜单以灰色显示，表示不可用。

（3）显示状态栏信息

“信息”文本框用于设置菜单项的说明信息，该说明信息显示在状态栏中。

4．分组菜单项

对于一个包含子菜单的菜单项，菜单分组可以使菜单的界面更加清晰。要将菜单分组，只需要在“菜单名称”栏中输入“\-”即可。

5．菜单设计器的按钮

（1）插入按钮

单击该按钮，可在当前菜单项之前插入一个新的菜单项。

（2）插入栏...按钮

在当前菜单项之前插入一个 Visual FoxPro 系统菜单命令。

单击该按钮，弹出“插入系统菜单栏”对话框，在对话框中选择所需的菜单命令，并单击插入按钮。

（3）删除按钮

单击该按钮，可删除当前菜单项。

（4）预览(R)按钮

单击该按钮，可预览菜单效果。

（5）↕按钮

每一个菜单项左侧都有一个移动按钮，拖动“移动按钮”↕可以改变菜单项在当前菜单项中的位置。

7.2 菜单的操作

7.2.1 创建菜单

创建菜单可以用以下方法：

方法 1：用命令方式建立菜单文件，其命令格式为：

```
CREATE MENU  [(菜单文件名)]
```

命令中的<菜单文件名>指菜单文件，其扩展名为.mnx，可以省略。

方法 2：选择“文件”→“新建”命令→弹出“新建”对话框→选择“菜单”单选按钮→单击“新建文件”图标按钮→弹出“新建菜单”对话框→单击“菜单”图标按钮→显示菜单设计器。

7.2.2 生成菜单程序

使用菜单生成器所建立的菜单系统以.mnx 为扩展名保存在存储器中，该文件是一个表，保存了菜单系统有关的所有信息。该文件并不是可执行的程序，必须生成一个扩展名为.mpr 的可执行菜单程序文件，应用系统才可以调用。

生成菜单程序文件的步骤：

1）在菜单设计器中→单击“菜单”→“生成”命令。

2）显示保存提示框→单击[是(Y)]按钮→弹出“生成菜单”对话框→输入菜单文件名→单击[生成]按钮。

生成的菜单程序文件扩展名为.MPR。

7.2.3 运行菜单

菜单程序文件也是一种程序文件，与程序文件（.prg）一样可以运行。运行菜单可以使用如下方法。

方法 1：以命令方式运行菜单程序文件。其命令格式为：

```
DO <菜单程序文件名>
```

使用 DO 命令运行菜单程序时，菜单程序扩展名.mpr 不可省略。

方法 2：选择“程序”→“运行”命令→弹出“运行”对话框→选择相应的文件名→单击[运行]按钮。

7.2.4 修改菜单

当通过菜单设计器修改菜单时，可以用以下方法打开菜单设计器。

方法 1：使用 MODIFY MENU 命令修改菜单文件。其命令格式为：

```
MODIFY MENU [〈菜单文件名〉]
```

方法 2：选择“文件”→“打开”命令→弹出“打开”对话框→选择打开的文件类型为“菜单（*.mnx）” →选择要修改的菜单文件名→单击[确定]按钮。

7.3 为顶层表单添加菜单

在一般情况下，使用菜单设计器设计的菜单，是在 Visual FoxPro 的窗口中运行的，也就是说，用户菜单不是在窗口的顶层，而是在第二层，因为“Microsoft Visual FoxPro”标题一直都被显示。

要去掉“Microsoft Visual FoxPro”标题并换成用户指定的标题，可以通过顶层表单的设计来实现，基本思路是：

1）首先建立一个下拉式菜单文件。

设计菜单时，选择“显示”→“常规选项”命令→弹出“常规选项”对话框→选中“顶层表单”复选框→执行生成菜单程序文件的操作。

2）创建一个表单，将表单的 ShowWindow 属性值设为 2，使该表单成为顶层表单，然后在表单的 Init 事件中添加如下代码：

```
DO <菜单程序名> WITH THIS,.T.
```

其中，<菜单程序名>指定被调用的菜单程序文件，其扩展名.mpr 不能省略。

7.4 快捷菜单

快捷菜单通常是一种的方法单击鼠标右键才出现的弹出式菜单，在 Visual FoxPro 中创建快捷菜单的方法与创建下拉式菜单基本相同，只是在“新建菜单”对话框中选择“快捷菜单”选项，然后利用快捷菜单设计器进行设计而已，快捷菜单设计器的使用方法与“菜单设计器”相同。

为了使控件或对象能够在单击右键时激活快捷菜单，需要在控件或对象的 RightClick 事件中添加执行菜单的命令，即：

```
DO 快捷菜单程序文件名.MPR
```

建立快捷菜单的操作步骤：

1）选择“文件”→“新建”命令→在“新建”对话框的“文件类型”选项列表中选择“菜单”→单击“新建文件”图标按钮→弹出“新建菜单”对话框。

2）在“新建菜单”对话框中单击“快捷菜单”图标按钮→显示快捷菜单设计器。

3）根据需要建立菜单中各项内容。

4）选择“菜单”→“生成”命令→在保存确认对话框中单击 是(Y) 按钮→弹出“生成菜单”对话框。

5）在“生成菜单”对话框中单击 生成 按钮。

在表单中调用快捷菜单的步骤：

1）按照上述步骤建立快捷菜单。

2）建立一个表单文件，在表单或表单中对象的事件中，编写调用菜单程序的命令。

```
DO 快捷菜单程序文件名.mpr
```

7.5 上机实训

7.5.1 实训 1——使用菜单设计器建立菜单

【实训目标】

1）掌握使用菜单设计器建立菜单的方法。

2）掌握生成菜单程序的方法。

【实训内容】

使用菜单设计器，建立菜单并生成菜单程序文件。

【操作过程】

使用菜单设计器，设计如图 7-3 所示的菜单，菜单文件名为 SY7-1.MNX，并生成菜单程序文件，文件名为 SY7-1.mpr。

系统维护(S)	代码维护(C)	运动员信息(A)	成绩录入(E)	统计与查询(T)	
数据备份(B)	参赛单位(U)	数据管理(D) CTRL+D	预赛成绩(U) CTRL+U	团体总分统计(L) ▸	男、女团体总分(A)
数据导入(O)	比赛项目(I)	超项统计(T)	决赛成绩(I) CTRL+I	破纪录统计(R)	男子团体总分(M)
退出系统(Q) CTRL+Q	比赛组别(G)	查找运动员(F) CTRL+F		单位单项成绩查询(S)	女子团体总分(F)
				纪录查询(D)	

图 7-3　菜单设计要求

操作步骤如下：

① 建立菜单并进选项入菜单设计器。单击“文件”菜单，选择“新建”命令，在“新建”对话框的“文件类型”列表中选择“菜单”单选按钮，单击“新建文件”图标按钮，在“新建菜单”对话框中单击“菜单”按钮。

② 创建菜单栏项。在菜单设计器中分别输入菜单名称“系统维护(\<S)”、“代码维护(\<C)”、“运动员信息(\<A)”、“成绩录入(\<E)”和“统计与查询(\<T)”。

③ 创建子菜单项。在“菜单名称”列中单击“系统维护”，再单击其右边的 创建 按钮，进入“子菜单级”，输入子菜单名称：“数据备份(\<B)”、“数据导入(\<O)”、“\-”和“退出系统(\<Q)”。

④ 定义快捷键。单击“退出系统”子菜单右边的“选项”按钮，在“提示选项”对话框中单击“键标签”右边的文本框，按〈Ctrl+Q〉组合键，单击 确定 按钮。

⑤ 完成菜单设置。在菜单设计器中，选择“菜单级”下拉列表框中的“菜单栏”选项，回到主菜单栏，然后重复步骤③～④，设置其他菜单的子菜单和快捷键。

⑥ 保存并生成菜单程序文件。单击“常用”工具栏中的“保存”按钮，保存菜单文件。单击“菜单”，选择“生成”命令，在“生成菜单”对话框中输入菜单程序文件名“SY7-1.mpr”，单击 生成 按钮。

【注意事项】

1）在定义菜单时，要清楚菜单的类型和层次结构。

2）在定义菜单时，要清楚单击菜单项所要实现的操作。实现的操作在结果选项中进行设置，常用选项有命令、过程和子菜单 3 种。其中，“命令”选项只能是一条命令，表示单击此菜单项时，会执行此命令。“过程”选项可以是一条命令或多条命令，表示单击此菜单项时，会执行这些命令。“子菜单”选项是由菜单项组成的，表示单击此菜单项时，会弹出对应的子菜单。

3）菜单栏中的菜单项不能设置快捷键，但可以设置热键，用“\<大写英文字母”形式设置热键。

4）子菜单的菜单项可以设置热键，也可以设置快捷键；通过“选项”按钮可以设置快键。

5）菜单设计器中正在设计的菜单项的级别可以通过菜单级标识出来。

6）在设计菜单项时，可以通过“插入栏”选项插入 Visual FoxPro 的系统菜单。

7）在菜单设计器建立好菜单后，保存的文件扩展名为.mnx 和.mnt，.mnx 文件要生成菜单程序文件才能执行，菜单程序文件的扩展名为.mpr。

8）执行菜单程序时，扩展名不能省略。

9）SET SYSMENU TO DEFAULT 将系统菜单恢复为默认设置。

10）每次在菜单设计器中修改菜单时，一定要生成菜单程序，再执行菜单程序，否则执行的菜单程序不是最新修改的结果。

【实训心得】

____

____

____

____

____

____

____

____

7.5.2 实训 2——为顶层表单添加菜单

【实训目标】

1）掌握创建顶层表单的方法。

2）掌握为顶层表单添加菜单的方法。

【实训内容】

创建一个顶层表单，将实训 1 中所设计的菜单添加到该表单上。

【操作过程】

创建一个顶层表单 SY7-2.scx，将实训 1 中所设计的菜单 SY7-1.mnx 添加到该表单上。

操作步骤如下：

① 打开实训 1 所设计的菜单文件。单击“文件”菜单，选择“打开”命令，在“打开”对话框中将“文件类型”设置为“菜单（.mnx）”，然后查找到实训 1 中所设计的菜单文件 SY7-1.mnx，单击“确定”按钮。

② 为菜单文件添加“顶层表单”设置。单击“显示”菜单，选择“常规选项”命令，在“常规选项”对话框中选中“顶层表单”复选框，单击“确定”按钮，然后单击“菜单”菜单，选择“生成”命令，重新生成菜单程序文件。

③ 创建一个顶层表单，设置 Init 事件代码。单击“文件”菜单，选择“新建”命令，在“新建”对话框的“文件类型”选项列表中选择“表单”单选按钮，单击“新建文件”图标按钮，进入表单设计器，将表单的 ShowWindow 属性值设置为 2，然后在表单的 Init 事件中添加如下代码：

```
DO SY7-1.mpr WITH THIS,.T.
```

④ 保存并运行表单。单击“常用”工具栏中的“保存”按钮，保存表单。然后单击

“常用”工具栏中的“运行”按钮 ！，运行表单。

【注意事项】

1）在设计菜单时，要通过“显示”菜单中的“常规选项”命令，设置此菜单是顶层表单中的菜单（选中“顶层表单”选项）。

2）将表单的 ShowWindow 属性值设置为 2，并在表单的 Init 事件中添加如下代码：

```
DO 菜单程序文件名.mpr WITH THIS,.T.
```

【实训心得】

7.5.3 实训 3——为表单添加快捷菜单

【实训目标】

1）掌握创建快捷菜单的方法。

2）掌握为表单添加快捷菜单的方法。

【实训内容】

为实训 2 所作的表单，添加一个快捷菜单。

【操作过程】

为实训 2 所作的表单，添加一个快捷菜单，快捷菜单文件名为 SY7-3.mnx。在实训 2 的表单 SY7-2.scx 中，用鼠标右键单击表单，将会弹出如图 7-4 所示快捷菜单。

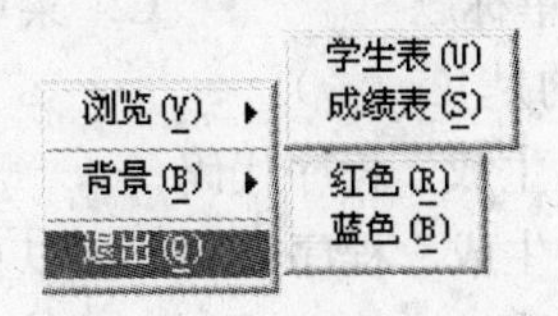

图 7-4 快捷菜单效果

操作步骤如下：

① 制作并生成快捷菜单。单击“文件”菜单，选择“新建”命令，在“新建”对话框的“文件类型”选项列表中选择“菜单”单选按钮，单击“新建文件”按钮，在“新建菜单”对

话框中单击“快捷菜单”图标按钮，进入菜单设计器。

② 参照实训 1 所述的方法制作并生成快捷菜单 SY7-3.mpr。

③ 为实训 2 所作的表单 SY7-2.scx 添加快捷菜单。单击“文件”菜单，选择“打开”命令，在“打开”对话框中将“文件类型”设置为“表单（.scx）”，然后查找到实训 2 中所设计的表单文件 SY7-2.scx，单击 确定 按钮，进入表单设计器，设置表单的 RightClick 事件代码：

```
DO SY7-3.mpr
```

④ 保存并运行表单。单击“常用”工具栏中的“保存”按钮，保存表单，然后单击“常用”工具栏中的“运行”按钮 !，运行表单。在表单上单击鼠标右键，查看快捷菜单。

【注意事项】

也可将运行快捷菜单的代码添加到其他事件中，例如 DblClick 事件，这样当双击表单时，也会弹出快捷菜单。

【实训心得】

7.6 习题

（一）选择题

1．以下（　　）不是标准菜单系统的组成部分。

A．菜单栏　　B．菜单标题　　C．菜单项　　D．快捷菜单

2．以下关于菜单的叙述正确的是（　　）。

A．菜单设计完成后必须“生成”程序代码

B．菜单设计完成后不必“生成”程序代码，可以直接使用

C．菜单设计完成后如果要连编成 EXE 程序，则必须“生成”程序代码

D．菜单设计完成后如果要连编成 APP 程序，则必须“生成”程序代码

3．菜单设计完成后，“生成”的程序代码文件的扩展名是（　　）。

A．.mnx　　B．.prg　　C．.mpr　　D．.mnu

4．在定义菜单时，若要编写相应功能的一段程序，则在结果一项中选择（　　）。

A．命令　　　　B．子菜单　　　　C．填充名称　　　　D．过程

5. 在使用菜单设计器时，选中菜单项后，如果要设计其子菜单，应在“结果”中选择（　　）。

A．命令　　　　B．子菜单　　　　C．填充名称　　　　D．过程

6．用 CREATE MENU TEST 命令进入菜单设计器建立菜单时，存盘后将会在磁盘上出现（　　）。

A．TEST.mpr 和 TEST.mnt　　　　B．TEST.mnx 和 TEST.mnt

C．TEST.mpx 和 TEST.mpr　　　　D．TEST.mnx 和 TEST.mpr

7．打开已有的菜单文件，修改菜单的命令是（　　）。

A．EDIT MENU　　　　B．CHANGE MENU

C．UPDATE MENU　　　　D．MODIFY MENU

8．若在菜单中制作一个分割线，则应（　　）。

A．在输入菜单名称时输入“-”　　　　B．在输入菜单名称时输入“-----------”

C．在输入菜单名称时输入“&”　　　　D．在输入菜单名称时输入“\-”

9．如果菜单项的名称为“输入”，热键是 S，则在菜单名称一栏输入（　　）。

A．输入（\S）　B．输入（Alt+S）　C．输入（\<S）　D．输入(S)

10．设计菜单要完成的最终操作是（　　）。

A．创建主菜单及子菜单　　　　B．指定各菜单任务

C．浏览菜单　　　　D．生成菜单程序

11．假设已经生成了文件名为 MYMENU.mpr 的菜单，为了执行菜单，应在命令窗口输入（　　）。

A．DO MYMENU　　　　B．DO MYMENU.mpr

C. DO MYMENU.pjx　　　　D．DO MYMENU.mnx

12．菜单设计器中的（　　）可以上、下级菜单间切换。

A．菜单级　　　　B．插入　　　　C．菜单项　　　　D．预览

13．利用菜单生成器制作下拉菜单，对每个菜单项目必须定义的是（　　）。

A．菜单项目的名称　　　　B．菜单项目是否可选的条件

C．激活菜单项目的快捷键　　　　D．菜单项目的提示和执行命令

14．将一个设计完成并预览成功的菜单保存后却无法在其他程序中调用，其原因通常是（　　）。

A．没有以命令方式执行　　　　B. 没有生成菜单程序

C．没有放入项目管理器中　　　　D．没有放在执行文件夹下

15．在 Visual FoxPro 中创建一个菜单，可以在命令窗口中输入（　　）命令。

A．CREATE MENU　　　　B．OPEN MENU

C．LIST MENU　　　　D．CLOSE MENU

16．下列新建菜单的方法中错误的是（　　）。

A．从“文件”菜单中选择“新建”命令，在弹出的“新建”对话框中选择“菜单”单选按钮，然后单击“新建文件”图标按钮，再在弹出的“新建菜单”对话框中单击“菜单”图标按钮

B．在命令窗口中输入 CREATE MENU <文件名>命令

C. 单击“常用”工具栏中的“新建”按钮，在弹出的“新建”对话框中选择“菜单”单选按钮，然后单击“新建文件”图标按钮，再在弹出的“新建菜单”对话框中单击“菜单”图标按钮

D. 在命令窗口中输入 OPEN MENU <文件名>命令

17. 下列说法中错误的是（　　）。

A. 如果指定菜单的名称为“文件(~F)”，那么字母 F 即为该菜单的快捷键

B. 如果指定菜单的名称为“文件(\<F)”，那么字母 F 即为该菜单的访问键

C. 要将菜单项分组，系统提供的分组手段是在两组之间插入一条水平的分组线，方法是在相应行的“菜单名称”列上输入“\-”两个字符

D. 指定菜单项的名称，也称为标题，只是用于显示，并非内部名称

18. 在命令窗口执行 CREATE MENU 命令等同于操作（　　）。

A. 选择“文件”菜单中的“新建”命令，然后从“新建”对话框中选择“菜单”单选按钮并单击“向导”图标按钮

B. 选择“文件”菜单中的“新建”命令，然后从“新建”对话框中选择“菜单”单选按钮并单击“新建文件”图标按钮

C. 选择“文件”菜单中的“新建”命令，然后从“新建”对话框中选择“新建文件”单选按钮并单击“菜单”按钮

D. 选择“文件”菜单中的“新建”命令，然后从“新建”对话框中选择“向导”单选按钮并单击“菜单”按钮

19. 用户可以在菜单设计器右侧的（　　）列表框中查看菜单所属的级别。

A. 菜单项　　B. 菜单级　　C. 预览　　D. 插入

20. 在定义菜单时，若按文件名调用已有的程序，则在菜单项结果一项中选择（　　）。

A. 命令　　B. 填充名称　　C. 子菜单　　D. 过程

21. 下列说法中错误的是（　　）。

A. 热键可以是一个字符

B. 不管菜单是否激活，都可以通过快捷键选择相应的菜单选项

C. 快捷键通常是〈Alt〉键和另一个字符键组成的组合键

D. 当菜单激活时，可以按菜单项的热键快速选择该菜单项

22. 在 Visual FoxPro 中，CD.MNX 是一个（　　）。

A. 标签文件　　B. 菜单文件

C. 项目文件　　D. 报表文件

（二）填空题

1. 使用______键可以在不显示、不选择菜单的情况下使用按键直接选择菜单中的一个菜单项。

2. 最终生成的菜单程序文件的扩展名是______。

3. 在 SET SYSMENU 命令中，选项______允许程序执行时访问系统菜单。

4. 要将 Visual FoxPro 系统菜单恢复成标准配置，可先执行__________命令，然后再执行________命令。

5. 要为表单设计下拉式菜单，首先需要在设计菜单时，在______对话框中选择“顶层表

单”复选框；其次要将表单的______属性值设置为 2，使其成为顶层表单；最后需要在表单的______事件代码中设置调用菜单程序的命令。

6．恢复系统菜单的命令是_________。

7．在命令窗口中执行______命令可以启动菜单设计器。

8．不带参数的______命令将会屏蔽系统菜单，使系统菜单不可用。

9．菜单设计器中的______组合框可用于上、下级菜单之间的切换。

10．若要对菜单项分组，在“菜单名称”栏中输入______，便可以创建一条分隔线。

11．所谓______，是指用户处于某些特定区域时单击鼠标右键而弹出的一个菜单。

12．在利用菜单设计器设计菜单时，当某菜单项对应的任务需要用多条命令来完成时，应利用______选项来添加多条命令。

13．在菜单设计器中，要为某个菜单项定义快捷键，可利用______对话框。

14．执行菜单文件 MC（扩展名为.mpr），可直接使用_____命令。

（三）判断题

1．利用菜单设计器设计完后，可直接运行菜单。 （ ）

2．在 Visual FoxPro 中，用菜单生成器可以设计一个菜单系统，并可生成扩展名为.spr 的菜单程序。 （ ）

3．在命令窗口中创建菜单，应使用 CREATE MENU 命令。 （ ）

4．可以直接运行扩展名为.mnx 的菜单文件。 （ ）

5．在 Visual FoxPro 中，系统菜单名称为 SYSMENU。 （ ）

6．可以使用表单实现菜单的功能。 （ ）

7．菜单其实是一个提供给用户选择、操作的工具。 （ ）

（四）思考题

1．使用菜单设计器可以建立哪几种类型的菜单？

2．简述创建菜单的步骤。

3．如何打开菜单设计器？

第8章　项目管理器

知识结构图

项目管理器

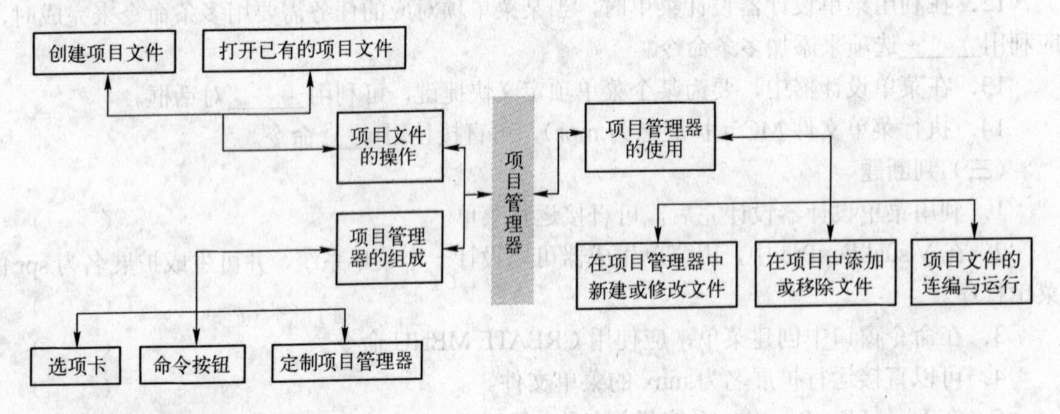

项目文件的操作

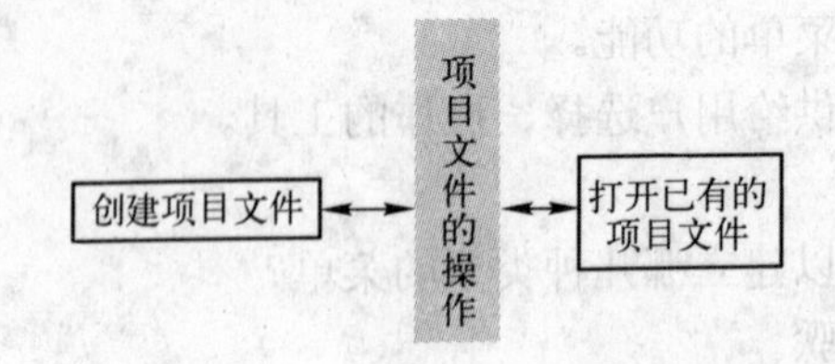

项目管理器的组成

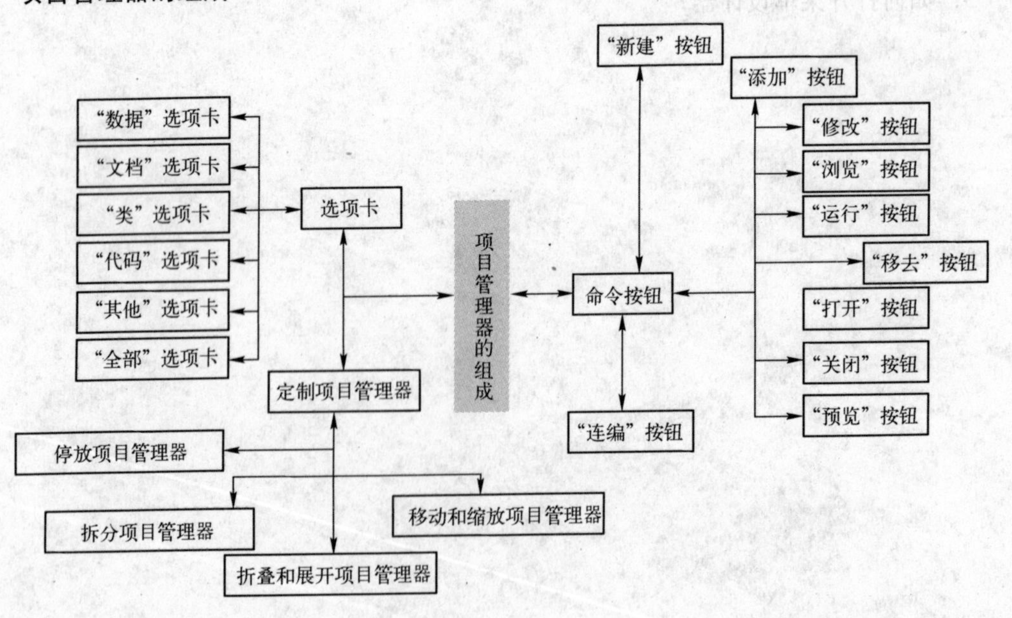

项目管理器的使用

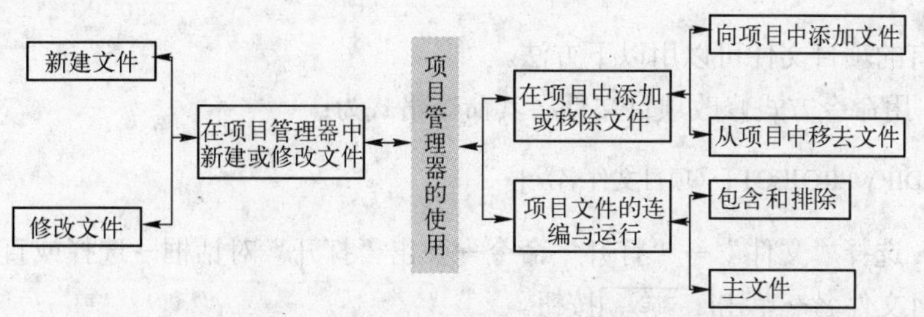

在 Visual FoxPro 中，所谓项目就是一种文件，用于跟踪创建应用程序所需要的所有程序、表单、菜单、库、报表、标签、查询及一些其他类型的文件，它是文件、数据、文档和 Visual FoxPro 对象的集合，项目文件以.pjx 扩展名保存在存储器中。

项目管理器是对项目进行维护的工具，即项目管理器是 Visual FoxPro 中处理数据和对象的主要组织工具，通过项目管理器能启动相应的设计器、向导来快速创建、修改和管理各类文件。项目管理器作为一种组织工具，能够保存属于某一应用程序的所有文件列表，并且根据文件类型将这些文件进行划分，为数据提供了一个精心组织的分层结构图。总之，在建立表、数据库、查询、表单、报表及应用程序时，可以用项目管理器来组织和管理文件，项目管理器是 Visual FoxPro 的“控制中心”。

8.1 项目文件的操作

8.1.1 创建项目文件

创建项目文件可以用以下方法。

方法 1：用命令方式建立项目文件。其命令格式为：

```
CREATE PROJECT [〈项目文件名〉]
```

方法 2：

① 选择“文件”→“新建”命令→弹出“新建”对话框→单击“文件类型”选项列表中的“项目”选项→单击“新建文件”图标按钮→弹出“创建”对话框。

② 在“创建”对话框中确定项目文件的存放路径并输入项目文件名→单击 保存(S) 按钮。在创建项目文件后，系统会打开项目管理器，如图 8-1 所示。

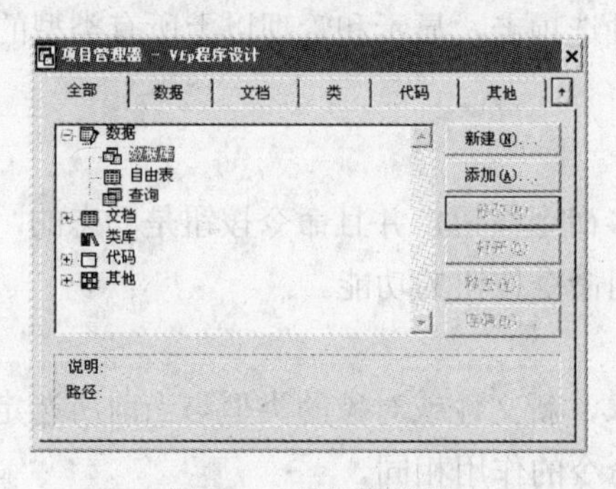

图 8-1 项目管理器

8.1.2 打开已有的项目文件

打开已有的项目文件可以用以下方法。

方法 1：用命令方式修改项目文件。其命令格式为：

MODIFY PROJECT [〈项目文件名〉]

方法 2：选择“文件”→“打开”命令→弹出“打开”对话框→选择或直接输入项目文件路径和项目文件名→单击 确定 按钮。

8.2 项目管理器的组成

项目管理器以树状的分层结构显示各个项目内容，其中主要包括选项卡和命令按钮。

8.2.1 选项卡

项目管理器共有“全部”、“数据”、“文档”、“类”、“代码”和“其他” 6 个选项卡，每个选项卡用于管理某一类型文件。

1.“数据”选项卡

该选项卡包含了一个项目中的所有数据：数据库、自由表、查询和视图。

2.“文档”选项卡

该选项卡中包含了处理数据时所用的全部文档，即输入和查看数据所用的表单，以及打印表和查询结果所用的报表及标签。

3.“类”选项卡

该选项卡显示和管理由类设计器建立的类库文件。

4.“代码”选项卡

该选项卡包含了程序文件、API 库文件和应用程序等所有代码程序文件。

5.“其他”选项卡

该选项卡显示和管理下列文件：菜单文件、文本文件、由 OLE 等工具建立的其他文件（如图形、图像文件）。

6.“全部”选项卡

该选项卡包含上述 6 种选项卡，显示和管理以上所有类型的文件。

8.2.2 命令按钮

在项目管理器中有许多命令按钮，并且命令按钮是动态的，选择不同的对象会出现不同的命令按钮。下面介绍常用命令按钮的功能。

1. 新建(N)... 按钮

创建一个新文件或对象，新文件或对象的类型与当前所选定的类型相同。此按钮与“项目”菜单的“新建文件”命令的作用相同。

☞ 提示

使用“文件”菜单中的“新建”命令可以新建一个文件，所建立的文件不会自动包含在项目中。而用项目管理器中的 新建(N)... 按钮或“项目”菜单中的“新建文件”命令，建立的文件会自动包含在项目中。

2. 添加(A)... 按钮

把已经存在的文件添加到项目中。

3. 修改(M)... 按钮

在相应的设计器中打开选定项进行修改。例如，可以在数据库设计器中打开一个数据库进行修改。

4. 浏览(B) 按钮

在“浏览”窗口中打开一个表，以便浏览表中内容。

5. 运行 按钮

运行选定的查询、表单或程序。

6. 移去(V)... 按钮

从项目中移去选定的文件或对象。Visual FoxPro 将询问是否从项目中移去此文件，还是同时将其从磁盘中删除。

7. 打开(O) 按钮

打开选定的数据库文件。当选定的数据库文件打开后，此按钮变为“关闭”。

8. 关闭(C) 按钮

关闭选定的数据库文件。当选定的数据库文件关闭后，此按钮变为“打开”。

9. 预览(R) 按钮

在打印预览方式下显示选定的报表或标签文件内容。

10. 连编(D)... 按钮

连编一个项目或应用程序，还可以连编一个可执行文件。

8.2.3 定制项目管理器

用户可以改变项目管理器的外观。例如，可以移动项目管理器的位置，改变其大小，也可以折叠或拆分项目管理器，以及使项目管理器中的选项卡始终浮在其他窗口之上。

1. 移动和缩放项目管理器

项目管理器窗口和其他 Windows 窗口一样，可以随时改变窗口的大小以及移动窗口的显示位置。将鼠标放置在窗口的标题栏上并拖曳鼠标即可移动项目管理器。将鼠标指针指向项目管理器窗口的边框上，拖动鼠标即可调整窗口大小。

2. 折叠和展开项目管理器

项目管理器右上角的向上箭头按钮用于折叠或展开项目管理器窗口。该按钮正常时显示为向上箭头，单击时，项目管理器缩小为仅显示选项卡，同时该按钮变为向下箭头，称为还原按钮。

在折叠状态，选择其中一个选项卡将显示一个较小窗口。小窗口不显示命令按钮，但是在选项卡中单击鼠标右键，弹出的快捷菜单增加了“项目”菜单中各命令按钮功能的选项。

如果要恢复包括命令按钮的正常界面，单击“还原”按钮即可。

3．拆分项目管理器

折叠项目管理器窗口后，可以进一步拆分项目管理器，使其中的选项卡成为独立、浮动的窗口，还可以根据需要重新安排它们的位置。

首先单击“向上折叠”按钮，折叠项目管理器，然后选定一个选项卡，将其拖离项目管理器。当选项卡处于浮动状态时，在选项卡中单击鼠标右键，弹出的快捷菜单增加了“项目”菜单中的选项。

对于从项目管理器窗口中拆分出的选项卡，单击选项卡上的图钉图标，可以钉住该选项卡，将其设置为始终显示在屏幕的最顶层，不会被其他窗口遮挡。再次单击图钉图标便取消其“顶层显示”设置。

如果要还原拆分的选项卡，可以单击选项卡中的“关闭”按钮，也可以用鼠标将拆分的选项卡拖曳回项目管理器窗口中。

4．停放项目管理器

将项目管理器拖到 Visual FoxPro 主窗口的顶部就可以使它像工具栏一样显示在主窗口的顶部。停放后的项目管理器变成了窗口工具栏区域的一部分，不能将其整个展开，但是可以单击每个选项卡来进行相应的操作。对于停放的项目管理器，同样可以从中拖离选项卡。对于停放的项目管理器，在选项卡中单击鼠标右键，从弹出的快捷菜单中选择“拖走”命令将项目管理器停放取消。

8.3 项目管理器的使用

在项目管理器中，各个项目内容都是以树状分层结构来组织和管理的。项目管理器按大类列出包含在项目文件中的文件。在每一类文件的左边都有一个图标形象地表明该类文件的类型，用户可以展开或折叠某一类型文件的图标。在项目管理器中，还可以在该项目中新建文件，对项目中的文件进行修改、运行和预览等操作，同时还可以向该项目中添加文件，把文件从项目中移去。

8.3.1 在项目管理器中新建或修改文件

1．在项目管理器中新建文件

选定要创建的文件类型（如数据库、数据库表和查询等）→单击 新建(N)... 按钮→显示与所选文件类型相应的设计工具。

2．在项目中修改文件

选定要修改的文件名→单击 修改(M)... 按钮。

8.3.2 在项目中添加或移除文件

1．向项目中添加文件

选定要添加文件的文件类型→单击 添加(A)... 按钮→弹出“打开”对话框→选择要添加的文件名→单击 确定 按钮。

2．从项目中移去文件

选择要移去的文件→单击 移去(V)... 按钮→打开要求确认操作的提示对话框→单击 移去(V)... 按钮。

3．从项目中删除文件

选择要移去的文件→单击 移去(V)... 按钮→打开要求确认操作的提示对话框→单击 删除 按钮。

☞ 提示

当把一个文件添加到项目时，项目文件中所保存的并非是该文件本身，而是对这些文件的引用。因此，对于项目管理器中的任何文件，既可以利用项目管理器对其进行操作，也可以单独对其进行操作，并且一个文件可同时属于多个项目文件。

8.3.3 项目文件的连编与运行

连编是将项目中所有的文件连接编译在一起，这是大多数系统开发都要做的工作。

1．主文件

主文件是项目管理器的主控程序，是整个应用程序的起点。在 Visual FoxPro 中必须指定一个主文件，作为程序执行的起始点。它应当是一个可执行的程序，这样的程序可以调用相应的程序，最后返回到主文件中。

设置主文件方法如下。

方法 1：在项目管理器中找到要设置为主文件的文件→单击“项目”→“设置主文件”命令。

方法 2：在项目管理器中找到要设置为主文件的文件→单击鼠标右键→弹出快捷菜单→选择“设置主文件”命令。

2．包含和排除

包含是指应用程序的运行过程中不需要更新的项目内容，也就是一般不会再变动的项目。它们主要有程序、图形、窗体、菜单、报表和查询等。

排除是指已经添加到项目管理器中，但又在使用状态上被排除的项目内容。通常，允许在程序运行过程中随意地更新它们，如数据库表。对于在程序运行过程中可以更新和修改的文件，应将它们修改成排除状态。

指定项目的包含与排除状态的方法如下。

方法 1：在项目管理器中单击“项目”→“包含/排除”命令。

方法 2：在项目管理器中单击鼠标右键→弹出快捷菜单→选择“包含/排除”命令。

在使用连编之前，要确定以下几个问题：

1）在项目管理器中加进所有参加连编的项目，如数据库、程序、表单、菜单、报表，以及其他文本文件等。

2）指定主文件。

3）对有关数据文件设置“包含/排除”状态。

4）确定程序（包括表单、菜单、程序、报表）之间明确的调用关系。

5）确定程序在连编完成之后的执行路径和文件名。

在上述问题确定后，即可对该项目文件进行编译。通过设置“连编选项”对话框的“选项”，可以重新连编项目中的所有文件，并对每个源文件创建其对象文件。同时在连编完成之后，可指定是否显示编译时的错误信息，也可指定连编应用程序之后，是否立即运行它。

8.4 上机实训

实训——建立项目文件及项目管理器的操作

【实训目标】

1）掌握建立项目文件的方法。

2）掌握项目管理器的操作。

【实训内容】

1）建立一个名为“田径运动会.pjx”的项目，将运动员.dbc 数据库添加到该项目中。

2）使用“田径运动会.pix”项目，分别建立表单、报表、菜单和程序，并指定其中一个程序文件为主文件。

【操作过程】

1）建立一个名为“田径运动会.pjx”的项目，将运动员.dbc 数据库添加到该项目中。

操作步骤如下：

① 建立项目文件。

方法 1：用命令方式建立项目文件。其命令格式为：

```
CREATE PROJECT 田径运动会
```

方法 2：单击“文件”菜单，选择“新建”命令，在“新建”对话框的“文件类型”选项列表中选择“项目”单选按钮，单击“新建文件”图标按钮，在“创建”对话框中确定项目文件的存放位置，并输入项目文件名“田径运动会”，单击 保存(S) 按钮。

② 将“运动员.dbc”数据库文件添加到项目中。

在项目管理器中，展开“数据”前面的“+”号，选择“数据库”，单击 添加(A)... 按钮，找到“运动会.dbc”文件，单击 确定 按钮。

2）使用.pix“田径运动会”项目，分别建立表单、报表、菜单和程序，并指定其中一个程序文件为主文件。

操作步骤如下：

① 建立表单文件。在项目管理器的“全部”选项卡中，展开“文档”前面的“+”号，选择“表单”，单击 新建(N)... 按钮。在“新建表单”对话框中，单击“表单向导”图标按钮或“新建表单”图标按钮建立表单。

② 建立报表文件。在项目管理器的“全部”选项卡中，展开“文档”前面的“+”号，选择“报表”，单击 新建(N)... 按钮。在“新建报表”对话框中，单击“报表向导”图标按钮或“新建报表”图标按钮建立报表。

③ 建立菜单文件。在项目管理器的“全部”选项卡中，展开“其他”前面的“+”号，选择“菜单”，单击 新建(N)... 按钮。在“新建菜单”对话框中，单击“菜单”图标按钮或“快

捷菜单”图标按钮来建立菜单。

④ 建立程序文件。在项目管理器的“代码”选项卡中，选择“程序”，单击[新建(N)...]按钮。

⑤ 指定一个程序文件为主文件。展开“程序”前面的“+”号，在需要设置为主文件的程序文件名上单击鼠标右键，从弹出的快捷菜单中选择“设置主文件”命令。

【注意事项】

1）项目管理器是 Visual FoxPro 中处理数据和对象的主要组织工具，一方面提供了简便的、可视化的方法来组织和处理表、数据库、表单、报表、查询和其他文件，通过单击鼠标即能实现对文件的创建、修改和删除等操作；另一方面在项目管理器中可以将应用系统编译成一个扩展名为.app 的应用文件或.exe 的可执行文件。

2）清楚项目管理器中各种类型文件的层次关系。

【实训心得】

____

____

____

____

____

____

____

____

____

____

____

____

____

8.5 习题

（一）选择题

1．为了使连编生成的 Visual FoxPro 应用程序能够在 Windows 环境下独立运行，需要连编生成的应用程序是（　　）。

A．APF 程序　　　　B．EXE 程序

C．FXP 程序　　　　D．PRG 程序

2．连编生成 APP 应用程序的命令是（　　）。

A．CREATE APP　　　　B．BUILD PROJECT

C．CREATE PROJECT　　　　D．BUILD APP

3．如果说某个项目包含某个文件，是指（　　）。

A．该项目和该文件之间建立了一种联系

B．该文件是该项目的一部分

C．该文件不可以包含在其他项目中

D．单独修改该文件不影响该目录

4．项目管理器的功能是组织和管理与项目有关的各种类型的（　　）。

A．文件　　B．程序　　C．字段　　D．数据表

5．连编应用程序不能生成的文件是（　　）。

A．APP 文件　　B．EXE 文件

C．DLL 文件　　D．PRG 文件

6．双击项目管理器的标题栏，可以将项目管理器设置成工具栏。如果要还原项目管理器，可以将项目管理器的工具栏拖到 Visual FoxPro 6.0 的窗口中，还可以（　　）。

A．双击项目管理器的标题栏

B．选择“窗口”菜单中的“项目管理器”菜单项

C．选择“显示”菜单中的“工具栏”菜单项

D．双击项目管理器工具栏的边框

7．有关连编应用程序，下面描述正确的是（　　）。

A．项目连编以后应将主文件视做只读文件

B．一个项目中可以有多个主文件

C．数据文件可以被制定为主文件

D．在项目管理器中文件名左侧带有符号？的文件在项目连编以后是只读文件

8．下列所述不是项目管理器任务的是（　　）。

A．向项目中增加一个已有的文件

B．从项目中删除一个文件

C．创建可运行的项目文件

D．执行一个命令。

9．在项目管理器中不可以设置的主文件是（　　）。

A．数据库文件　　B．菜单文件　　C．表单文件　　D．查询文件

10．项目管理器的“数据”选项卡用于显示和管理（　　）。

A．数据库、自由表和查询　　B．数据库、视图和查询

C．数据库、自由表、查询和视图　　D．数据库、表单和查询

11．项目管理器的“文档”选项卡用于显示和管理（　　）。

A．表单、报表和和查询　　B．数据库、表单和报表

C．查询、报表和视图　　D．表单、报表和标签

12．下面关于运行应用程序的说法，正确的是（　　）。

A．APP 应用程序可以在 Visual FoxPro 和 Windows 环境下运行

B．EXE 只能在 Windows 环境下运行

C．EXE 应用程序可以在 Visual FoxPro 和 Windows 环境下运行

D．APP 应用程序只能在 Windows 环境下运行

（二）填空题

1．打开“项目管理器”的同时，在 Visual FoxPro 菜单栏上自动添加一个__________菜单。

2．在 Visual FoxPro 中，一个项目对应一个__________。

3．项目文件的扩展名是________。

4．在项目管理器的__________选项卡下可以管理菜单。

5．初始化环境主要是用_______命令设置环境变量的值或状态。

6．在 Visual FoxPro 系统中，打开项目文件的命令是_______。

7．扩展名为.prg 的程序文件在项目管理器的 _______选项卡中显示和管理。

8．项目管理器的“移去”按钮有两个功能：一是 _______文件，二是_______文件。

9．在项目管理器中可以将应用系统编译成为一个扩展名为.app 的应用文件或扩展名为_______的可执行文件。

（三）判断题

1．项目管理器可以管理报表。

2．项目管理器中有菜单选项卡。

3．只有在项目管理器中才能进行连编。

4．连编后的应用程序文件扩展名为.prg。

5．在项目管理器中不可以新建表单。

6．创建项目管理文件的命令是“CREATE PROJECT <文件名>”。

7．在项目管理器中可以添加自由表。

（四）思考题

1．试说明项目管理器的主要功能。

2．分别说明设计器、向导和生成器的作用。

3．简述打开项目管理器的一般步骤。

附录　参 考 答 案

第1章:

（一）选择题

1～6　　ADDDBD

（二）填空题

1．数据库管理

2．工具　　　选项

3．区域

4．交互方式　　程序方式

（三）判断题

1．错　2．对　3．对　4．错　5．错　6．对　7．错

第2章

（一）选择题

1 ～ 5 A B A C A　　6～10 B D C B C　　11～15 A A A C A

16～20 A A A A D　　21 ～25 ABD C A　　26～30 D C A B C

31～35 A A A A B　　36～40 D C C C D　　41～45 A D A B A

46～50 A B B B C　　51～55 B B D D B　　56～60 B D A A D

61～65 C C C C A　　66～70 A D D D C　　71～75 C B B C C

76～80 D A D D B　　81～85 B A A C D　　86～89 D CC D D

91 A

（二）填空题

1．1　. F.

2．606.00

3．. F.

4．RECNO()

5．33

6．日期型

7．包含在

8．. T.　. T.

9．N+1

10．5

11．数据库表 自由表

12．.dbc

13．逻辑删除　物理删除

14．编辑 浏览

15．复合索引文件

16．/A

17．10

18．当前

19．唯一索引 主索引

20．EOF()

21．REPLACE ALL

22．ON　TAG

23．逻辑

24．UPDATE　SET

25．ALTER　　ADD

26．INSERT　　UPDATE

（三）判断题

1．错	2．对	3．对	4．错	5．错
6．错	7．错	8．对	9．错	10．错
11．对	12．错	13．对	14．对	15．错
16．错	17．错	18．错	19．对	20．错
21．对	22．对	23．错	24．对	25．错
26．对	27．错			

（四）答案略

第3章

（一）选择题

1～5 D C B D B	6～10 B D A D D	11～15 C B B C B
16～20 B A B B D	21～25 C C C B D	26～30 D D C D B
31～35 C A A D A	36～40 A D C B B	41～45 B A B A C
46 C		

（二）填空题

1．&&

2．SCAN…ENDSCAN

3．私有变量

4．局部变量

5．私有变量

6．循环

7．.txt

8．.prg

9. FOUND( )

10. LOOP

11. X=X+1

12. & NUM

13. REPLACE 等级 WITH "优秀"

14. (XY,N,2) SUBSTR(XY,5,4)

15. ??"*" J=J+1 I=I+1

16. LOCATE FOR 计算机>=90 AND 英语>=90
    OTHERWISE
    CONTINUE

17. 1
    1
    3848

18. MOD(X,2)=0
    EXIT
    ENDDO

19. NOT EOF( )
    OTHERWISE
    SKIP

20. USE XSDB
    NOT EOF( )
    MAX=奖学金

21. "STD"+M
    GO BOTTOM
    N=N+1

22. (编号,8)=1
    SKIP

23. LOOP
    DISPLAY

24. NOT EOF( )
    SKIP

25. 姓名=XM

26. I<=9
    X>MA
    X<MI

（三）判断题

1～5 对 对 对 错 对　　6～10 对 错 错 对 错　　11 错

（四）程序改错题

1. IF 系别="法律" OR 系别="中文"

IF　EOF( )

2．? 姓名,计算机

SKIP

3．L=LEN(S)

L=L-1

4．EOF( )

?工资,职称

5．DO　CASE

OTHERWISE　或 CASE　X>0

6．IF ANS<0　.OR.　ANS>3

CANCEL　或　EXIT　或 QUIT

（五）编程题

答案略

第4章

（一）选择题

1～5　D D A D A　　6～10　B C A A D　　11～15 A B B D D

16～20 C C B A D　　21～25 B D B B D　　26～30 D C B D A

31～35 B B B A D　　36～40 D A B D C

（二）填空题

1．不能　　2．条件　　3．更新　　4．连接

5．本地视图　　6．数据库　　7．表　表

8．GROUP BY　HAVING　　9．CREATE　VIEW　MODIFY VIEW

10．IS NULL　　11．DISTINCT　　12．AVG(工资)　WHERE

13．AVG　SUM　　14．借书证号+总编号　　15．联接　　16．ON

17．AVG(单价)　COUNT(*)　GROUP BY　　18．借书证号　COUNT(*)>=2

19．内部（或自然、Inner Join）　　20．TOP 2　　21．GROUP

22．INTO　　23．WHERE　　24．GROUP　BY

25．FROM　　26．ORDER BY　　27．=(或 in)　系

（三）判断题

1．对　2．对　3．对　4．对　5．对　6．错

（四）写出 SQL 命令

1．

SELECT　D.借书证号,姓名,单位,书名,分类号,单价,借阅日期 FROM;

DZB D,JYB　J,TSB T WHERE T.总编号=J.总编号 AND　D.借书证号=J.借书证号;

AND WHERE 借阅日期<{^2003/10/10} INTO DBF CXJG

2．

1）SELECT * FROM 学生成绩表　WHERE 成绩<60

2）SELECT * FROM 学生情况表　WHERE 班级="03 数学" OR 班级="03 中文"

3）SELECT 班级,Q.学号,姓名,成绩 FROM 学生情况表 Q,学生成绩表 C;
WHERE Q.学号= C.学号 AND 班级="03 数学" AND 课程="数学分析"

3.

SELECT T1.产品编号,产品名称,单价,数量 FROM T1,T2;
WHERE T1.产品编号=T2. 产品编号 AND 数量>=10 ORDER BY 数量 ;
INTO DBF 查询数量

4.

1）SELECT AVG(年龄) AS 平均年龄 FROM STUDENT WHERE 性别="男"
2）SELECT MIN(年龄) AS 最小年龄 FROM STUDENT WHERE 性别="女"
3）SELECT 姓名,性别,年龄 FROM STUDENT WHERE 姓名="李"

5.

1）SELECT 职工编号,职工姓名,职工性别,职工职称,基本工资 FROM YGB
2）SELECT * FROM YGB WHERE 性别="女"
3）SELECT MAX(基本工资),MIN(基本工资),AVG(基本工资),COUNT(*) FROM YGB
4）SELECT DISTINCT 职工职称 FROM YGB
5）SELECT 职工姓名,职工性别,出生日期 FROM YGB WHERE LEFT(姓名,2)=" 王"
6）SELECT 职工姓名,职工性别,职工职称,基本工资 FROM YGB ;
WHERE 基本工资>=1000 AND 基本工资<=2000
7）SELECT COUNT(*) AS 人数 FROM YGB GROUP BY 部门名称
8）SELECT COUNT(*) AS 人数, MAX(基本工资) ,MIN(基本工资),AVG(基本工资) ;
FROM YGB GROUP BY 职工职称
9）SELECT COUNT(*) AS 人数, MAX(基本工资) ,MIN(基本工资),AVG(基本工资);
FROM YGB GROUP BY 职称 HAVING AVG(基本工资)>1000
10）SELECT 职工姓名, 出生日期,职工职称,基本工资 FROM YGB ORDER BY 2
11）SELECT "* FROM YGB ORDER BY 性别,职称 DESC, 基本工资 DESC,
INTO CURSO RTEMP
12）SELECT 职工姓名 GZB.* FROM YGB INNER JOIN GZB ;
ON YGB．职工编号=GZB．职工编号;
WHERE 部门名称 ="生产部"
13）SELECT 职工姓名, GZB.* FROM YGB INNER JOIN GZB ;
ON YGB．职工编号=GZB．职工编号;
WHERE 职工职称 ="高级";
ORDER BY 基本工资 DESC;
INTO DBF JS1
SELECT 职工姓名, GZB.* FROM YGB INNER JOIN GZB ;
ON YGB．职工编号=GZB．职工编号;
WHERE 职工职称 ="高级";
ORDER BY 基本工资 DESC;
TO FILE JS2

第5章

（一）选择题

1 ～ 5 DCCBD　6～10 AACBB　11～15 DBDAC
16～20 CACAC　21～25 BBBCD　26～30 BDBDC
31～35 BCBDB　36～40 BDDCD　41～45 CCCDD
46～50 CDACB　51～55 DBBCC　56～59 DDCA

（二）填空题

1．FORM
2．在表单中单击 或者 在表单中拖曳鼠标
3．多　单（一 ）
4．Thisform.Text1.Setfocus
5．按钮锁定
6．布局
7．数据源
8．Visible
9．3
10．生成器
11．编辑
12．Thisform.Hide　或 Thisform．Visible=.F.
13．.scx　.sct
14．This.Value=DATE()
15．起始位置 长度
16．多
17．RecordSourceType
18．Picture
19．表单向导 一对多表单向导
20．Enabled
21．对象
22．Command1_Click　Command2_Click
23．Thisform.Refresh
24．属性
25．Caption
26．表格
27．继承性
28．Click
29．Caption

（三）判断题

1．对　2．对　3．对　4．对　5．对　6．错　7．错　8．错
9．对　10．对　11．对　12．对　13．错　14．对　15．错

（四）答案略

第6章

（一）选择题

1～5 ACBDD　6～10 BDBDB　11～15 DBBDB　16～18 CDD

（二）填空题

1．域　2．REPORT FORM　3．格式布局　4．细节带区
5．.frx　6．行报表　7．页标头 页注脚　8．列数
9．文本框　10．标签　11．图片/ActiveX 绑定控件
12．组标头　组注脚　13．细节　14．CREATE REPORT

（三）判断题

1．对　2．错　3．错　4．对　5．对

（四）答案略

第7章

（一）选择题

1～5　DACDB　　6～10　BDDCD　　11～15　BAABA

16～20　DABBA　　21、22　CB

（二）填空题

1．快捷　　2．.mpr　　3．ON

4．Set Sysmenu Nosave　　Set Sysmenu To Default

5．常规选项　Showwindow　Init

6．Set　Sysmenu　To　Default

7．CREATE MENU　　8．Set Sysmenu To

9．菜单级　　10．\-

11．快捷菜单　　12．过程

13．提示选项　　14．DO　MC.mpr

（三）判断题

1．错　2．错　3．对　4．错　5．对　6．错　7．对

第8章

（一）选择题

1～5　BBBAD　　6～10　DDDAA　　11～12　D　C

（二）填空题

1．项目　　2．应用程序　　3．.pjx　　4．其他

5．SET　　6．MODIFY　PROJECT　　7．代码

8．移去　删除　　9．.exe

（三）判断题

1．对　2．错　3．对　4．错　5．错　6．对　7．对

（四）答案略